YUNGUI DIQU HECAO + BAISANYE CAODI HE
SIYONG GUANMU ZIYUAN LIYONG YANJIU

云贵地区禾草+白三叶草地和饲用灌木资源利用研究

孙　红　于应文　著

中国纺织出版社有限公司

内 容 提 要

本书以云贵地区禾草（多年生黑麦草/鸭茅）+白三叶草地及灌木资源为研究对象，在该区域特殊气候和土壤条件下，从禾草+白三叶草地的建植和改良、刈牧利用及畜粪和气候因子对该类草地的影响等方面进行了系列研究，同时系统概述了该地区饲用灌木资源的主要种类及营养价值等，内容全面而丰富。书中提供的禾草+白三叶草地的利用技术具有较强的实用性，对我国云贵地区禾草+白三叶草地的刈牧利用及灌木资源的饲料化利用具有重要指导意义。本书不仅可供从事草地管理的人员及草业相关从业者参考，也可作为高等学校草学、农艺与种业等专业研究生教学的参考用书。

图书在版编目（CIP）数据

云贵地区禾草+白三叶草地和饲用灌木资源利用研究 / 孙红，于应文著. --北京：中国纺织出版社有限公司，2025.7. -- ISBN 978-7-5229-2800-5

Ⅰ. S816.5

中国国家版本馆 CIP 数据核字第 2025556AN3 号

责任编辑：闫 婷　　责任校对：高 涵　　责任印制：王艳丽

中国纺织出版社有限公司出版发行
地址：北京市朝阳区百子湾东里 A407 号楼　邮政编码：100124
销售电话：010—67004422　传真：010—87155801
http://www.c-textilep.com
中国纺织出版社天猫旗舰店
官方微博 http://weibo.com/2119887771
三河市宏盛印务有限公司印刷　各地新华书店经销
2025 年 7 月第 1 版第 1 次印刷
开本：710×1000　1/16　印张：15
字数：219 千字　定价：98.00 元

凡购本书，如有缺页、倒页、脱页，由本社图书营销中心调换

序

  禾草+白三叶（*Trifolium repens*）草地是世界温带地区种植面积最大的集约化草地之一，可作放牧和割草利用。20世纪80年代以来，禾草+白三叶草地在我国南方喀斯特山区广为建植，已成为该区域草地畜牧业生产的主要混播草地类型。云贵地区地处喀斯特山地地区，一方面，草山草坡等天然草地生产力低且品质较差；另一方面，被破坏的森林植被被次生灌木所取代后，该地区饲用灌木资源极其丰富。如何从传统天然草地转型为生产力更高的人工草地且持续利用，并将丰富灌木资源加以利用，一直受南方草业科研工作者、农业技术人员和管理者的关注。本书从禾草+白三叶草地的建植、改良、利用及外界因子影响和饲用灌木利用等方面，较全面地介绍了我国云贵地区禾草+白三叶草地及饲用灌木利用状况。希望本书的出版能为我国南方草地相关工作者提供一定的理论参考，也为南方草牧业发展提供有力支持。

  本书由来自贵州大学（孙红、郝俊、郑玉龙、谢艺潇）、兰州大学（于应文、徐震、李梦瑶、李艺妆）、云南省草地动物科学研究院（胡廷花）、云南省种羊繁育推广中心（王文）和中国农业大学（林炎丽）的十一位研究人员共同完成，内容基于研究人员在云贵地区的前期研究工作整理而成。本书第一章概述，主要由孙红、郝俊撰写。第一篇云贵地区禾草+白三叶草地利用研究：第二章禾草+白三叶草地的建植及改良，主要由孙红、于应文、王文、李梦瑶、郝俊、李艺妆、谢艺潇撰写；第三章禾草+白三叶草地的刈牧利用，主要由于应文、王文、孙红、胡廷花、徐震撰写；第四章畜粪和气候因子对禾草+白三叶草地植被构成及土壤养分的影响，由孙红、于应文、王文、郑玉龙撰写。第二篇云贵地区饲用灌木资源：第五章云贵地区主要饲用灌木资源及其营养价值，主要由孙红、胡廷花、于应文、林炎丽撰写。本书图表制作和参考文献标注由孙红、欧阳文、罗依梅、田诗敏完成。

  本书力求立论准确，语言流畅，但由于水平有限，时间仓促，书中难免有疏漏之处，恳请读者谅解。

  本书由贵州省科技计划项目《贵州省新型饲草资源开发与草畜一体化科技创新人才团队建设》（黔科合平台人才-BQW［2024］003）、贵州大学自然科学类专项（特岗）科研基金项目《木本源新型蛋白饲料加工与高效转化技术》（贵大领军合字（2023）05号）和云南省院士工作站项目《云南放牧草地建设及可持续利用技术》共同资助。

孙　红
2025年2月

目 录

第一章 概　述 ·· 1
　　第一节　云贵地区自然概况 ··· 1
　　第二节　南方建植人工草地的意义及优势 ································· 1
　　第三节　云贵地区的禾草+白三叶草地类型 ······························ 5
　　第四节　云贵地区灌木资源概述 ·· 6

第一篇　云贵地区禾草+白三叶草地利用研究

第二章　禾草+白三叶草地的建植及改良 ······································ 11
　　第一节　夏/秋播种禾草+白三叶草地建植效果比较 ················ 11
　　第二节　退化禾草+白三叶草地植被和土壤特征 ····················· 21
　　第三节　喀斯特区改良与未改良草地植被和土壤特征 ············ 30
　　第四节　不同改良年份禾草+白三叶草地群落特征和
　　　　　　土草养分 ··· 42
　　第五节　禾草+白三叶草地建植案例 ······································· 65

第三章　禾草+白三叶草地的刈牧利用 ··· 67
　　第一节　放牧强度对禾草+白三叶草地植被特征和
　　　　　　土壤养分的影响 ·· 67
　　第二节　不同刈割强度下黑麦草+白三叶草地植被
　　　　　　构成及种间关系 ·· 88

1

第三节　长期刈牧利用下黑麦草+白三叶草地植被
　　　　构成和养分特征 ··· 101

第四节　放牧牛羊对禾草+白三叶草地稳定性和
　　　　土壤养分的影响 ··· 112

第五节　禾草+白三叶草地刈牧管理案例 ·············· 122

第四章　畜粪和气候因子对禾草+白三叶草地植被构成及
　　　　土壤养分的影响 ··· 125

第一节　畜粪对禾草+白三叶草地植被构成与
　　　　养分特征的作用 ··· 125

第二节　气候因子对混播草地种群生长及其个体
　　　　消长的影响 ··· 143

第三节　气候因子和排泄物施肥对混播草地牧草
　　　　生长的影响 ··· 152

第二篇　云贵地区饲用灌木资源

第五章　云贵地区主要饲用灌木资源及其营养价值 ········· 159

第一节　云贵地区饲用灌木营养价值及生物活性物质
　　　　概述 ··· 159

第二节　贵州威宁喀斯特地区野生饲用植物资源
　　　　构成分析 ··· 179

第三节　黔西北岩溶区九种灌木综合营养价值
　　　　评价 ··· 189

参考文献 ·· 203

第一章 概 述

第一节 云贵地区自然概况

云贵高原位于中国西南部，地形复杂，广泛分布着山地、丘陵、盆地和峡谷，海拔1500 m以上山地顶部多保存着古代夷平的地面，平缓开旷，存在大面积天然草地和草山草坡。该区域不仅地形复杂，如贵州高原地貌可大致分为山原、盆地和峡谷三级地形面，云南高原地貌大致分为山原、高山、丘陵和河谷四种地形，也是喀斯特石漠化的主要分布地区，石灰岩山地占贵州省土地总面积的73%，占云南省土地总面积的29%，不利于种植业发展，耕地资源十分有限。同时，云贵高原属亚热带季风性湿润气候，年均温度14.9℃，年均降水1000~1200 mm，降水主要集中在5~8月，年无霜期平均284 d，年日照时数1163 h，气候温暖、湿润，冬无严寒，夏无酷暑，雨热同季。可见，云贵地区复杂的地形及良好的水热条件，为发展草牧业提供了得天独厚的基础，云贵地区自古以来都是畜牧之乡。

第二节 南方建植人工草地的意义及优势

一、人工草地建植的意义

人工草地是草地农业生产系统的关键组分之一，可有效缓解草—畜系统中牧草供给季节不平衡的问题。人工草地建植是实现集约化草地生产的重要基础，对提高动物生产水平和发展草食畜牧业具有很大作用，一定程度上还能为环境生态保护作出贡献。资料显示，人工草地面积每增加10%，其畜牧业生产力约增加1倍（胡自治，1995，2000）。欧洲人工草地种植面积占草地总面积的50%以上，其中，丹麦为30%；新西兰的家畜饲养主要依靠人工草地放牧。虽然我国具有悠久的人工草地栽培历史，近20年来，人工草地面积和类型得到了长足发展，但我国人工草地总体发展仍然缓慢。

20世纪80年代，我国草地资源调查显示南方地区拥有约10亿亩草山草坡（草丛和灌草丛），主要分布在云南、贵州、湖南、湖北等亚热带山区的丘陵地带。但这些草山草坡与北方草地相比，天然牧草品质比较粗劣，而且时常夹杂灌木，因此难以作为优质饲草利用，生产潜力远远没有被发挥出来。同时期，南方人工草地开发利用得到国家重视。我国在第六个五年计划期间，组织了湘、鄂、黔三省11个县（市）的草山草坡改良与畜牧业发展示范工程，启动了"南方草山草坡综合开发示范项目"，积累了一定经验。草地畜牧业虽然在南方各地得到不同程度发展，但没有形成比较完整的草食畜牧业产业链。1998年，两院院士曾组织联合考察论证，认为南方草地是我国可以开发利用的后备食物资源。张新时院士和李博院士联合发表了"南方草地资源开发利用对策研究"；任继周院士发表了"中国南方草地资源及其发展战略"。这些研究都认为，我国南方草山草坡次生杂灌丛有五分之一位于山地夷平面及缓坡地带、夏季最高温度低于39℃的区域，气候湿润、温度适宜，具有良好的适宜发展人工草地的自然资源条件，在解决一些制约的关键技术后，可以通过改造建立与新西兰及欧洲媲美的永久性人工草地带，用于畜牧生产。

南方山地土层瘠薄，不当开发易导致水土流失和石漠化。2018~2023年，国家牧草产业体系在湖北人工草地实验发现，改良草地土壤碳氮累积虽略低于天然草坡，但远高于农田，有效保持土壤碳库。人工草地根系密集，径流量低，水土保持和减少面源污染效果显著。家畜放牧可控制灌木化，维持生产力。南方人工草地以豆科和禾本科优质牧草为主，根系密度、土壤碳氮储量和水土保持能力优于或接近天然灌草丛，同时能提供优质牧草和蛋白质，实现生态与生产双赢。

二、人工草地管理的意义

在草牧业发展和生态环境保护的大背景下，人工草地管理有着不可忽视的重要意义。适当且合理的管理措施有利于维持人工草地草畜平衡和生态平衡，保持草地高产、稳产，对草地稳定性、生产力维持和可持续利用具有重要作用。施肥、刈割、放牧是人工草地最常见的3种管理方式，其作用及适宜程度各有不同。

适度施肥能改变草地群落物种组成，维持草地生态系统养分平衡，使草地生产力和群落结构处于较优水平（沈振西等，2002；周国英等，2005）。但施肥对草地群落物种多样性的影响尚未统一，一些研究认为施肥会导致草地物种多样性降低（Gough et al.，2000），而另一些研究观点则相反（王鹤龄等，2008；汪依妮等，2018）。一定范围内，氮、磷施用量与牧草品质、产量和生长速率呈正相关，但超过此范围，则呈负相关（彭永欣等，1987；姜宗庆等，2006）。在南方人工草地上，磷元素是草地退化的主要养分限制因子，其次是钾元素，磷、钾肥配施增产作用明显（文亦芾等，2001）。据研究，南方人工草地最适施肥种类为 NPK 肥配施（徐明岗等，1998；文亦芾等，2001）。

刈割和放牧是人工草地利用的两种主要方式，影响着草地牧草组分构成、牧草产量、土草营养成分及草地稳定性等（田冠平等，2010；徐鑫磊等，2021；马燕丹等，2022）。刈割对草地的影响主要是刈割强度（留茬高度）、频率和时间。留茬过低，会导致植物大部分生长点和光合器官损失，植物生长受限，表现出欠补偿效应（Trlica et al.，1993；García et al.，2012）；留茬高度适宜，可以消除牧草顶端优势和生长冗余，刺激植物侧枝（分蘖）生长和能量积累，表现出超补偿效应（Huhta et al.，2003；包国章等，2003）。中留茬刈割有利于南方草地地上生物量的补偿性生长和可持续利用（李馨等，2011；付秀琴等，2014）。各刈割频次下，苜蓿（*Medicago sativa*）表现为超补偿生长，老芒麦（*Elymus sibiricus*）和草地雀麦（*Bromus* sp.）为等补偿生长（包乌云等，2015）；多年生黑麦草的净分蘖数和年积累随刈割频率增加而降低，高频刈割会逐年增强对分蘖的抑制作用，低频刈割则逐年减弱（于应文等，2002）。研究也发现，不同时期刈割对牧草的刺激作用不同，多年生黑麦草不同部件在生长旺盛期和后期对外界刺激的敏感程度更高，在此时期，刈割明显促进叶片生长而抑制分蘖（于应文等，2002）。

放牧对草地的影响主要取决于放牧家畜种类、放牧方式和强度。由于家畜对牧草的选食、粪斑处植物的弃食程度不同（Hodgson et al.，1990；孙红，2014），以及家畜粪斑大小不同致使分解时间有异（孙红，2014），因此，放牧家畜种类对草地物种组成、草地生产力及草地异质性的形成存在差异化影响。轮牧、划区轮牧和连续放牧是人工草地常见的三种放牧方式，轮牧和划区轮牧能显著增加人工草地草层高度、密度和生物量，平衡牧草分配，提高草地质量，维持草地物种多样性等（罗京焰，2006；高秀芳等，2018）；连续放牧则在一定程度上降低了群落中白三叶组分（Curll et al.，1985）。放牧强度不仅会影响草地利用率和牧草现存量，还对禾草与白三叶有不同程度的影响（徐震等，2003），这不利于禾草与白三叶的组分维持。轻度、重度及过度放牧会造成禾草+白三叶草地的退化演替（呼天明等，1995）；适牧能提高禾草+白三叶草地群落物种多样性、草地生产力和稳定性（呼天明等，1995；Phillips et al.，1998；徐震等，2003）。

三、南方建植人工草地的优势

南方牧草资源丰富。自20世纪60年代以来，南方草地研究取得显著进展，已筛选出多种生产性能优异的禾本科和豆科牧草草种。禾本科中，多年生黑麦草（*Lolium perenne*）、多花黑麦草（*Lolium multiflorum*）、鸭茅（*Dactylis glomerata*）、非洲狼尾草（*Pennisetum massaicum*）、象草（*Pennisetum purpureum*）、雀稗（*Paspalum thunbergii*）、苏丹草（*Sorghum sudanense*）、甜高粱（*Sorghum bicolor* "Dochna"）、皇竹草（*Pennisetum×sinese*）等适应性强；豆科牧草曾被视为我国南方热带、亚热带草地的难题，但通过诸多牧草学家努力，已成功人工驯化并引入白三叶（*Trifolium repens*）、地三叶（*Trifolium subterraneum*）、山蚂蝗（*Hylodesmum podocarpum* ssp. *oxyphyllum*）、柱花草（*Stylosanthes* spp.）、大翼豆（*Macroptilium lathyroides*）、银合欢（*Leucaena leucocephala*）等草种，为我国南方热带和亚热带草地发展开辟了新路径。

南方气候适宜，草山、草坡面积大，适于高产人工草地建立。首先，我国南方降水多、湿度大，草地改良较易成功，翻耕再种或直接撒播均能有效建植人工或半人工草地。例如，贵州威宁草场通过飞机补播、人工补播等方法，成功建植了以白三叶、地三叶和多年生黑麦草为主的混合牧草地，盖度达70%~80%，青草产量高，解决了秋冬枯草期饲草短缺问题。其次，我国南方广为分布的次生草地或草山、草坡上，通过科学管理（如适时割草、放牧、施肥等），均可建立高产优质的永久人工草地。英国和新西兰等国的经验表明，这类草地不仅能长期维持生产力，还能改善草原基底，水土保持效果与原生森林相当。此外，我国南方郁蔽度60%以下的疏林地可建植林下草地，既能保证牧草充足光照，又能为家畜提供遮阴，形成丰产优质的半人工草地，而在郁蔽度60%以上的森林中，林下草、树木分蘖和灌丛也可为家畜提供饲料资源。

第三节　云贵地区的禾草+白三叶草地类型

云贵高原气候温和湿润，适合多种草种生长，例如，多年生黑麦草（*Lolium perenne*）、鸭茅（*Dactylis glomerata*）、草地早熟禾（*Poa pratensis*）、高羊茅（*Festuca elata*）、白三叶（*Trifolium repens*）等冷季型草，以及结缕草（*Zoysia japonica*）、狗牙根（*Cynodon dactylon*）等暖季型草。目前，云贵地区常见人工草地混播组合主要为多年生黑麦草+鸭茅+白三叶、多年生黑麦草+白三叶、鸭茅+白三叶、多年生黑麦草+鸭茅+紫羊茅（*Festuca rubra*）、绒毛草（*Holcus Lanatus*）+鸭茅+白三叶等。

禾草+白三叶草地是世界温带和我国云贵地区最主要放牧地和割草地之一。虽然禾草（多年生黑麦草、鸭茅）和白三叶存在对光、水分和养分的激烈竞争，但混播草地中豆科植物将其根瘤固定的 N 向禾草输入，从而豆禾混播可显著提高草地生产力（Weller et al.，2001），利于草地中豆禾牧草的稳定共存（Humphreys et al.，2009），进而保持草地群落结构和生产力稳定，延长草地刈牧年限。同时，豆禾混播牧草饲喂家畜后，家畜体况与畜产品质量都优于单播草地（Roche et al.，2009），提高家畜健康水平和畜产品质量（陈敬峰等，1999；王元素等，2006；Hammond et al.，2013）。

当前，世界畜牧业发达国家，如澳大利亚、新西兰、美国和日本等国家的禾—豆混播草地面积逐年增加，且该类草地比例均维持在较高比例（王平，2006）。虽然我国具有悠久人工草地建设历史，但人工草地发展速度一直缓慢。由于我国南方岩溶地区具有建植禾草+白三叶草地得天独厚的优越条件，20 世纪 80 年代以来，禾草+白三叶草地在我国南方喀斯特山区广为建植，已成为南方喀斯特山区草地畜牧业主要生产基地之一（蒋文兰等，1992；Yu et al.，2008）。因此，禾草+白三叶草地在世界温带和我国南方喀斯特山区草地畜牧业生产中具有重要地位和作用。

第四节　云贵地区灌木资源概述

饲用灌木作为畜禽特别是黑山羊日粮组分（Devendra，1990；Papanastasis et al.，2008），大部分具有高蛋白、低纤维、高矿质及适口性好等特点（杨泽新等，1994；李向林等，1998；万里强，2001；何蓉等，2001；孙红等，2013），可为家畜提供饲料而缓解家畜饲草压力（Torres，1983；Joffre et al.，1988）；有的饲用灌木因其特殊气味或表观特征，致使家畜不喜食，但富含生物活性物质和较高药用价值（刘明生等，1994；向艳辉，2004；肖志勇等，2007；朱珊等，2010），可提高家畜消化率，降低家畜死亡率（李昌林等，1995；Guevara et al.，2003），在家畜健康养殖和天然饲料添加剂开发方面有重要利用价值。因此，饲用灌木在山区草地畜牧业生产中发挥重要作用。

云贵喀斯特区特殊的气候条件为野生饲用植物生长提供适宜自然条件。虽然该区草地面积有限，草山草坡牧草生产力低且品质较差，但因森林植被遭受破坏后被次生灌木和旱生植物所取代（何方，2003），从而该区饲用灌木资源极其丰富（黄芬等，2010a），为山区草地畜牧业发展提供优越条件。据报道，在云贵喀斯特区具有17科53属100种主要灌木科属种，包括豆科（Leguminosae）、蔷薇科（Rosaceae）、桑科（Moraceae）、荨麻科（Urticaceae）、菊科（Compositae）、云实科（Caesalpiniaceae）、锦葵科（Malvaceae）、苋科（Amaranthaceae）、马钱科（Loganiaceae）、杨柳科（Salicaceae）、漆树科（Anacardiaceae）、木兰科（Magnoliaceae）、木犀科（Oleaceae）、马桑科（Cortariaceae）、藤黄科（Guttiferae）、蒺藜科（Zygophyllaceae）胡颓子科（Elaeagnaceae）（唐一国等，2003；陈超等，2014；胡廷花等，2019）。其中，营养价值高且研究系统的集中于豆科、蔷薇科和桑科，这些科属的灌木普遍具有高蛋白、低纤维、高含量微量元素及适口性好等特点，是理想的植物蛋白饲料，具有较高的综合利用价值。较重要的饲用灌木有豆科的合欢属、千斤拔属、杭子梢属、羊蹄甲属、山蚂蝗属、槐属、黄花木属、槐兰属及舞草属，蔷薇科的扁核木属、蔷薇属及火棘属，桑科的桑属和构属等。因此，对云贵地区主要饲用灌木科属如豆科、蔷薇科及桑科营养成分和生物活性物质进行系统分析，可为该区饲用灌木的深入开发和草地畜牧业的健康发展提供一定参考依据。

第一篇

云贵地区禾草+白三叶草地利用研究

第二章 禾草+白三叶草地的建植及改良

第一节 夏/秋播种禾草+白三叶草地建植效果比较

禾草+白三叶（*Trifolium repens*）草地是世界温带地区建植面积最大的混播组合之一（蒋文兰和李向林，1993；Griffiths et al.，2003；Soegaard & Karen，2009），具有优质、高产、提高畜产品质量和家畜生产力等特点（Wen et al.，2005；Dodd et al.，2011；周姗姗等，2012）。20世纪80年代以来，在我国南方喀斯特地区广为种植，多用于退耕地、幼林和开阔疏林地、草山草坡改良或植被恢复。禾草+白三叶草地混播，不仅可增加植被覆盖率，防止水土流失，还可改善草地质量，提高草畜生产力，进而提高草地经济和生态效益（谢双红，2005）。因此，禾草+白三叶草地在我国南方喀斯特山区草牧业发展和生态环境保护中发挥重要作用（王元素等，2007；Yu et al.，2008；孙红，2014）。

禾草+白三叶草地建植和管理是其高产、稳产及群落稳定性维持的关键。研究表明，禾草+白三叶草地建植效果和稳定性维持，不仅与其建植方法和建植时间等有关，还与建植后的草地管理和利用模式有关。通常，不同播种时期禾草+白三叶草地土、草特征存在差异（于应文等，2002；徐震等，2003），进而影响草地植物群落组分和功能特征（孙红，2014；王元素等，2006）。因此，比较不同播种时期禾草+白三叶草地土草特征、建植效果及稳定性水平，可为该类草地的建植和管理提供一定实践价值。

国外对禾草+白三叶草地的建植和管理研究涉及土—草—畜—环境系统各环节，研究内容系统而深入（Roche et al.，2009；Soegaard et al.，

2009），具有维持禾草+白三叶草地高产、稳产和稳定性的成熟技术体系。与国外相比，国内禾草+白三叶草地研究起步较晚，对其研究涉及土—草—畜系统，集中于草地群落植被构成（Wen & Jiang，2005；Yu et al.，2007）、物种竞争（傅林谦等，1996）、群落演替（呼天明等，1995；蒋建生，2002）、草地稳定性及其影响因素（徐震等，2003；王元素等，2006）、土草养分（孙红，2014；傅林谦等，2014）等。我国禾草+白三叶草地建植，主要采用飞播法和机械翻耕播种法，虽然也采用绵羊宿营法，但因其改良速度慢且成本高而仅用于试验研究，并未在生产实践中推广应用。近年来，云南寻甸县种羊场，采用轮作改良建植方法（刘慧紧，2019），其草地建植效果较好，并在相关区域推广，取得显著的经济、社会和生态效益。长期以来，我国南方喀斯特地区禾草+白三叶草地建植常在春末夏初和秋季播种；但近年来，气候异常，有时春末夏初播种后因气候干旱而影响草地建植效果。鉴于此，本研究通过对夏+秋播种时期禾草[鸭茅（*Dactylis glomerata*）和多年生黑麦草（*Lolium perenne*）]+白三叶草地植物种群和群落特征、土草养分及草地稳定性对比分析，探求禾草+白三叶草地建植的适宜播种时期，为研究该类草地的建植和管理提供实践依据。

一、材料与方法
（一）研究区概况

研究区位于云南省寻甸县种羊推广繁育中心，地理坐标为103°13′38″E，25°36′35″N，年均气温11.0℃，年均降水量1429.6 mm，海拔2050 m。无霜期285 d，为典型亚热带季风气候。土壤类型为砖红壤。主要伴生种有黑穗画眉草（*Eragrostis nigra*）、扁穗雀麦（*Bromus cartharticus*）、牛膝菊（*Galinsoga parviflora*）和砖子苗（*Cyperus cyperoides*）等。

（二）样地设置和草地管理

2019年6月末，在研究区分别选择2014年秋季（8月）和夏季（5月）建植的禾草（鸭茅和多年生黑麦草）+白三叶草混播草地各4块，作为4次样地重复，每块样地面积约0.5 hm^2。草地于每年4~11月轮牧利用，轮牧时间为每月下旬，每次轮牧 7~10 d，旺盛期牧后草层高度为 6~8 cm、其他时期为 4~6 cm，放牧家畜均为波尔山羊繁育母羊。每年牧草生长旺盛期（7 月中、下旬），因草地利用不足，可刈割收获牧草并裹包青贮，留茬高度 5~6 cm。每年刈割后施一次钙镁磷复合肥（过磷酸钙）300 kg·hm^{-2}、尿素（含 N 46.2%）75 kg·hm^{-2} 和硫酸钾（K_2SO_4）75 kg·hm^{-2}。

（三）测定指标和方法

植物群落特征测定：2019 年 7 月初，在已设置的秋播和夏播草地各样地内，轮牧前均匀设置 20 个 50 cm×50 cm 的样方，调查各样方内牧草的高度、盖度及分种植物种的高度和密度（以株计）及鸭茅的株丛基径和株丛分蘖数，然后齐地刈割收获地上生物量，先按绿色物质（活物质）和死物质分开，再将绿色物质按不同植物种分开，所有植物样品装袋带回实验室，65℃下烘干称干重后，将分种地上生物量和死物质按同一样方混合，粉碎备养分分析用。

植物种重要值计算：以样方植物种的高度、密度、生物量数据为基础，按公式 $IV=(RH+RD+RB)/3$ 计算植物种重要值。式中，IV 为植物种重要值，RH、RD 和 RB 分别为植物种的相对高度（relative height，RH，样方内某植物种的高度/该样方内所有植物种的高度之和）、相对密度（relative density，RD，样方内某植物种的密度/该样方内所有植物种的密度之和）和相对生物量（relative biomass，RB，样方内某植物种的生物量/该样方内所有植物种的生物量之和）。

功能群地上生物量构成计算：基于样方地上分种生物量数据，按播种禾草（鸭茅和多年生黑麦草）、白三叶、非播种禾草和其他 4 类，统计类群地上生物量及其构成。

植物种多样性指数计算：基于样方植物物种数和重要值数据，按公式 Patrick 丰富度指数 $(R)=S$、Shannon-Wiener 多样性指数 $(H)=-\sum_{i=1}^{S}(P_i \ln P_i)$，$P_i=N_i/N$；均匀度指数 $(E)=H/\ln S$ 和 Simpson 优势度指数 $(D)=-\sum_{i=1}^{S}(P_i^2)$，分别计算各植物种的多样性指数。式中，$S$ 表示群落物种数，P_i 表示第 i

个植物种的相对重要值，N_i 指该草地类型中的第 i 个物种的重要值；N 指该草地类型中所有物种重要值之和。

白三叶匍匐茎特征测定：在牧草地上生物量收获后的各样方内，随机布置 2 个 10 cm×10 cm 小样方，挖取小样方内 0~5 cm 深土芯。先拣出各个小样方内所有白三叶匍匐茎，按不同样方测定白三叶匍匐茎总长度；再装入信封袋，带回实验室，洗净后于 65℃下烘干称干重，即为白三叶匍匐茎质量，换算为单位面积内匍匐茎质量（$g·m^{-2}$）；最后依据白三叶地上生物量质量（$g·m^{-2}$）和匍匐茎密度（$m·m^{-2}$），计算出白三叶匍匐茎个体质量（$g·m^{-1}$）。

鸭茅年龄结构划分及年龄锥图绘制：基于鸭茅株丛基径和株丛分蘖数数据，对其龄级进行等级划分。鸭茅株丛分蘖数等级划分从 20 个分蘖起，按 20 个分蘖级差分级统计；基径等级划分从 2 cm 起，按 2 cm 级差分级统计。同时，绘制不同龄级鸭茅植株年龄结构锥形图，用横柱高低表示株丛分蘖数或基径大小的龄级等级，横柱宽度表示不同株丛分蘖数或基径大小龄级的株丛数及其比例。

土壤样品采集：植被特征测定同期，在各个设置的 50 cm×50 cm 样方内，用直径 5 cm 土钻，采集 2 钻 0~10 cm 土壤，混合后挑出植物根系、石块等杂物，风干过筛后用于养分分析。土壤有机质（SOM）：重铬酸钾法；土壤和牧草全氮含量：凯氏定氮法；土壤和牧草全磷含量：钼锑抗比色法。具体分析见杨胜（1993）和鲁如坤（2000）的方法。

(四) 数据统计分析

用 Origin 9.0 制图，SPSS 19.0 中的 T-test 对草地植被（除鸭茅龄级分级）及土草养分等数据进行差异显著性分析，数据格式为均值±标准误（Mean±SE）。

二、结果与分析

(一) 植物种重要值

禾草+白三叶草地群落主要植物种重要值结果显示，夏播和秋播禾草+白三叶草地分别有 19 个和 22 个植物种，两个群落优势种均为鸭茅，重要值分别为0.204和0.417，且秋播草地鸭茅重要值是夏播草地的2.0倍；秋播草地群落亚优势种为白三叶和艾蒿，夏播草地为艾蒿和黑穗画眉草，且秋播草地白三叶重要值是夏播草地的1.3倍，夏播草地艾蒿和黑穗画眉草的重要值分别是秋播草地的3.7倍和2.1倍（表2-1）。其中，多年生黑麦草、狗牙根、苦苣菜、砖子苗、积雪草的重要值均为秋播高于夏播，且前者分别是后者的6.0倍、1.2倍、5.0倍、2.5倍和1.4倍。秋播草地特有种有风轮菜、鼠曲草、小飞蓬、长柔毛野豌豆、猪殃殃、蓝花参、凹头苋、百里香、紫花地丁、荠菜10种；夏播草地特有种有戟叶酸模、石生繁缕、铺地狼尾草、鱼眼草、尼泊尔蓼、马鞭草6种。表明，秋播草地播种的优良牧草比例高且杂草比例低，夏播草地非播种植物比例较高，秋播草地较符合人工草地建植目的。

表2-1 禾草+白三叶草地主要植物种重要值

植物名称	秋播草地	夏播草地
鸭茅（*Dactylis glomerata*）	0.417±0.020	0.204±0.010
多年生黑麦草（*Lolium perenne*）	0.030±0.011	0.005±0.000
白三叶（*Trifolium repens*）	0.090±0.010	0.070±0.000
黑穗画眉草（*Eragrostis nigra*）	0.040±0.030	0.083±0.010
牛膝菊（*Galinsoga parviflora*）	0.030±0.000	0.040±0.020
戟叶酸模（*Rumex hastatus*）		0.035±0.010
狗牙根（*Cynodon dactylon*）	0.040±0.030	0.034±0.020
艾蒿（*Artemisia argyi*）	0.050±0.020	0.187±0.010
风轮菜（*Clinopodium chinense*）	0.010±0.010	
石生繁缕（*Stellaria vestita*）		0.048±0.010
苦苣菜（*Sonchus oleraceus*）	0.030±0.020	0.006±0.010
砖子苗（*Cyperus cyperoides*）	0.050±0.000	0.020±0.010
鼠曲草（*Pseudognaphalium affine*）	0.040±0.020	
铺地狼尾草（*Pennisetum clandestinum*）		0.028±0.030
积雪草（*Centella asiatica*）	0.010±0.010	0.007±0.010
小飞蓬（*Erigeron canadensis*）	0.010±0.010	
鱼眼草（*Dichrocephala integrifolia*）		0.012±0.010

续表

植物名称	秋播草地	夏播草地
长柔毛野豌豆（Vicia villosa）	0.010±0.010	
猪殃殃（Galium aparine）	0.020±0.020	
酢浆草（Oxalis corniculata）	0.030±0.010	0.038±0.010
尼泊尔蓼（Persicaria nepalensis）		0.024±0.010
藜（Chenopodium album）		0.010±0.010
马鞭草（Verbena officinalis）		0.071±0.010
蓝花参（Wahlenbergia marginata）	0.020±0.020	
凹头苋（Amaranthus blitum）	0.020±0.010	
反枝苋（Amaranthus retroflexus）	0.010±0.010	0.080±0.010
百里香（Thymus mongolicus）	0.030±0.040	
紫花地丁（Viola philippica）	0.010±0.010	
荠菜（Capsella bursa-pastoris）	0.010±0.010	

（二）种群特征

1. 鸭茅年龄结构

基于株丛分蘖数的鸭茅年龄锥显示，秋播时，在 $n \leqslant 20$ 时，其株丛数所占比例约为 0.36；在 $20 < n \leqslant 40$ 时，其株丛数所占比例约为 0.41；在 $40 < n \leqslant 60$ 时，其株丛数所占比例约为 0.15；在 $60 < n \leqslant 80$ 时，其株丛数所占比例约为 0.06；在 $80 > n$ 时，其株丛数所占比例约为 0.02 [图 2-1（a）]。夏播时，鸭茅分蘖数分布较不均匀，在 $n \leqslant 20$ 时，其株丛数所占比例约为 0.55；在 $20 < n \leqslant 40$ 时，其株丛数所占比例约为 0.26；在 $40 < n \leqslant 60$ 时，其株丛数所占比例约为 0.10；在 $60 < n \leqslant 80$ 时，其株丛数所占比例约为 0.03；在 $80 > n$ 时，其株丛数所占比例约为 0.06 [图 2-1（b）]。总体上，秋播草地，鸭茅株丛分蘖数在 $20 < n \leqslant 40$ 数时所占比例最多，在 $80 > n$ 时所占比例最少，且前者是后者的 21 倍；夏播草地，鸭茅株丛分蘖数在 $n \leqslant 20$ 时所占比例最多，在 $60 < n \leqslant 80$ 时所占比例最少，且前者是后者的 18 倍。结果说明，同一生长时期内，秋播草地鸭茅分蘖普遍比夏播草地多，生长较为旺盛，产量较高。

基于株丛基部直径的鸭茅年龄锥显示,秋播时,在 $d≤2$ 时,其株丛数所占比例约为 0.16;在 $2<d≤4$ 时,其株丛数所占比例约为 0.44;在 $4<d≤6$ 时,其株丛数所占比例约为 0.23;在 $6<d≤8$ 时,其株丛数所占比例约为 0.10;在 $d>8$ 时,其株丛数所占比例约为 0.07 [图 2-1(a)]。夏播时,在 $d≤2$ 时,其株丛数所占比例约为 0.22;在 $2<d≤4$ 时,其株丛数所占比例约为 0.36;在 $4<d≤6$ 时,其株丛数所占比例约为 0.25;在 $6<d≤8$ 时,其株丛数所占比例约为 0.07;在 $d>8$ 时,其株丛数所占比例约为 0.10 [图 2-1(b)]。总体上,秋播草地,鸭茅株丛基部直径在 $2<d≤4$ 时所占比例最多,在 $d>8$ 时,所占比例最少,且前者是后者的 6 倍;夏播草地,鸭茅株丛基部直径在 $2<d≤4$ 时所占比例最多,在 $6<d≤8$ 时所占比例最少,且前者是后者的 5 倍。

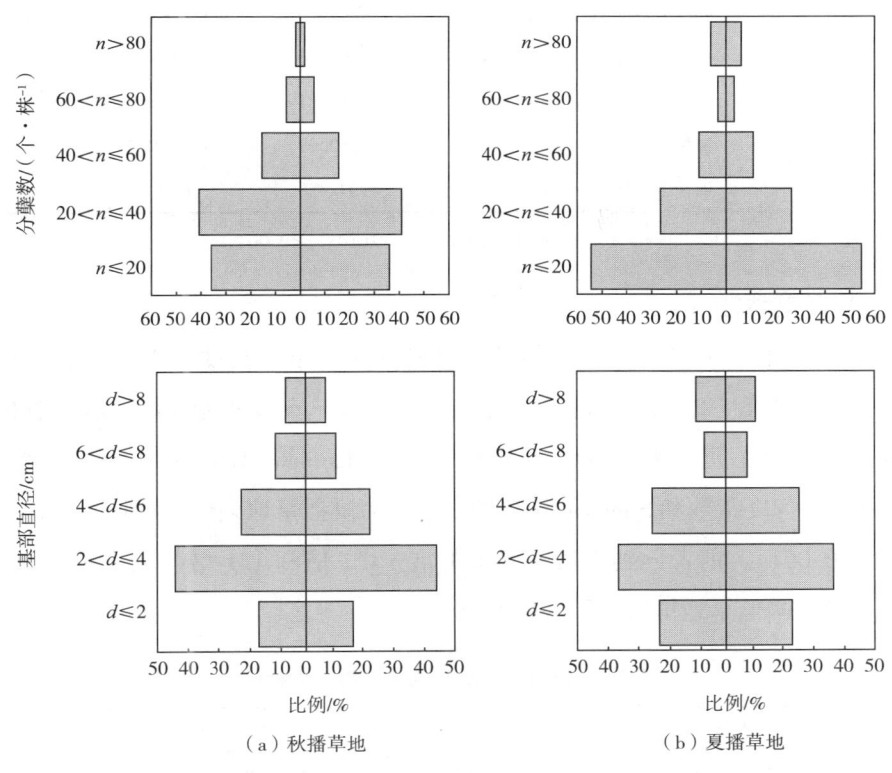

图 2-1 禾草+白三叶草地中鸭茅的年龄结构

表明，鸭茅株丛年龄结构秋播与夏播相近，整体上均为幼年植株密度大，属于增长型，且相对而言，秋播较合理。

2. 鸭茅分蘖和白三叶匍匐茎特征

鸭茅分蘖和白三叶匍匐茎特征结果显示，鸭茅株丛密度为秋播>夏播（$p<0.05$），前者为后者的1.3倍；鸭茅株丛分蘖数和分蘖密度在秋播和夏播之间相近（$p>0.05$）（表2-2）。白三叶匍匐茎密度、匍匐茎质量和匍匐茎大小均为秋播>夏播（$p<0.01$ 或 $p<0.001$），前者分别为后者的1.3倍、1.4倍和1.1倍。表明，秋播利于草地中鸭茅植株数量的增加和白三叶匍匐茎的生长。

表2-2　禾草+白三叶草地中鸭茅分蘖和白三叶匍匐茎特征

植物名称	种群特征	秋播草地	夏播草地	显著性
鸭茅 （D. glomerata）	株丛密度/（株·m^{-2}）	68.75±9.93	51.84±24.01	*
	株丛分蘖数/（个·株$^{-1}$）	30.27±1.20	25.22±1.83	ns
	分蘖密度/（蘖·m^{-2}）	2070.25±315.44	1218.13±298.77	ns
白三叶 （T. repens）	匍匐茎密度/（m·m^{-2}）	18.25±0.87	14.01±3.12	**
	匍匐茎质量/（g·m^{-2}）	20.22±0.69	14.14±2.77	***
	匍匐茎个体大小/（g·m^{-1}）	1.12±0.07	1.04±0.08	**

注　ns，*，**，*** 分别为 $p>0.05$，$p<0.05$，$p<0.01$，$p<0.001$，下同。

(三) 群落特征

禾草+白三叶草地植物群落特征结果显示，草层高度、盖度、活物质量、死物质量、地上生物量以及植物物种Patrick丰富度指数在秋播草地和夏播草地的之间均无差异（$p>0.05$），而Shannon-Wiener多样性指数、Pielou均匀度指数和Simpson优势度指数均为夏播草地>秋播草地（$p<0.05$ 或 $p<0.001$），前者分别为后者的1.1倍、1.1倍和1.1倍（表2-3）。说明，秋播降低草地植物物种多样性指数。

表2-3　禾草+白三叶草地植物群落特征

群落特性	秋播草地	夏播草地	显著性
草层高度/cm	15.50±2.87	12.40±1.43	ns
草层盖度/%	97.46±1.33	99.49±0.37	ns

续表

群落特性	秋播草地	夏播草地	显著性
活物质量/(g·m^{-2})	271.96±28.25	236.20±16.99	ns
死物质量/(g·m^{-2})	106.77±12.03	71.57±12.17	ns
地上生物量/(g·m^{-2})	378.73±30.31	307.77±21.53	ns
Patrick 丰富度指数	13.50±0.87	12.75±0.95	ns
Shannon-Wiener 多样性指数	2.05±0.07	2.33±0.06	*
Pielou 均匀度指数	0.79±0.02	0.92±0.01	***
Simpson 优势度指数	0.79±0.01	0.88±0.00	***

禾草+白三叶草地功能群生物量及其构成结果显示，播种禾草、白三叶和非播种禾草的生物量及生物量比例均为秋播草地>夏播草地（$p<0.05$ 或 $p<0.001$），前者生物量分别为后者的 1.5 倍、8.7 倍和 4.4 倍，前者生物量构成比例分别为后者的 1.5 倍、5.2 倍和 4.0 倍；其他杂类草的生物量及生物量比例均为夏播草地>秋播草地（$p<0.001$），前者生物量及其生物量构成比例分别为后者的 4.6 倍和 5.1 倍（图 2-2）。说明，秋播可以有效抑制杂草比例，利于播种牧草生长。

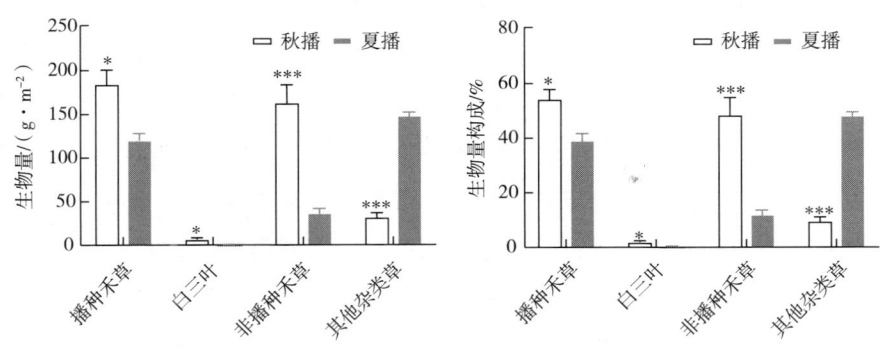

图 2-2　禾草+白三叶草地功能群生物量及其生物量构成

（四）土草养分

禾草+白三叶草地土草养分结果显示，土壤全氮和全磷含量在秋播和夏播草地之间相近（$p>0.05$），但土壤有机质和牧草全氮含量为秋播草地>夏播草地（$p<0.05$），前者分别为后者的 1.3 倍和 1.5 倍；牧草全磷含

量为夏播草地>秋播草地（$p<0.001$），前者为后者的 3.2 倍（表 2-4）。表明，秋播草地土壤培肥和牧草营养价值提高。

表 2-4 禾草+白三叶草地土草养分

指标/%	秋播草地	夏播草地	显著性
土壤全氮	0.210±0.015	0.172±0.021	ns
土样全磷	0.063±0.011	0.051±0.002	ns
土壤有机质	5.677±0.263	4.289±0.502	*
牧草全氮	1.873±0.157	1.264±0.073	*
牧草全磷	0.063±0.011	0.203±0.009	***

三、讨论与结论

本研究中，秋播草地播种牧草生物量及其构成比例大而杂草比例小，牧草营养价值高，较符合人工播种草地预期和需求。夏播草地植物物种多样性高，播种牧草比例相对降低，草地呈一定退化趋势。这与以往报道中群落物种多样性增加，群落更稳定（Tilman et al.，2001；刘晓媛，2013）的结果不一致；可能是因为秋播时气温、地温正适合播种牧草种子发芽生长，而当地野生草不再出土，来年返青后，秋播牧草已经占据了生态位，使得野生草返青受限，进而减少杂草比例。此外，草地建植后，一定刈牧措施的实施，利于草地群落中播种牧草生长（于应文等，2002），使播种牧草在和野生牧草的竞争中处于绝对优势地位，进而增强其竞争力，由此降低野生物种的入侵（定植）机会，最终使草地群落物种数基本保持平衡（吴艳玲等，2016）。因此，禾草+白三叶草地建植中的种群格局变化及其表现，可视为草地群落结构特征变化的关键种。秋播可提高草地群落中鸭茅株丛密度，使其分蘖数和分蘖密度具有增加趋势，这与包国章等（2003）的研究结果相一致，随着采食强度的增加，鸭茅种群会向小株丛个体分配更多能量来提高单个株丛的生存概率，进而提高种群竞争力（包国章等，2001）。

本研究中，秋播草地白三叶生物量比例、匍匐茎的密度、质量和个体大小以及牧草氮含量均高于夏播草地,是因为白三叶属于匍匐型生长牧草,其节间的伸长和叶片数目的增多受到红光/远红光比率的调节(Turkington and Harper, 1979; Thompson and Harper, 1988),夏播草地中戟叶酸模、艾蒿和苦苣菜等阔叶类杂草生长较多,且艾蒿株型高大,会极大减弱到达白三叶匍匐茎生长点上的辐射量,进而抑制白三叶匍匐茎生长点及其叶片的生长。

本研究中秋播草地土壤有机质高于夏播草地,其原因是夏播草地较秋播草地杂类草比例高,家畜不喜食草质粗糙、营养价值低的杂类草,家畜对夏播草地利用程度不够,进而经家畜转化后输入到草地土壤的养分有限,由此降低夏播草地土壤有机质含量;另一方面,植物生长过程中产生的凋落物的分解与自身碳、氮和木质素含量密切相关(Berg et al., 1991;宋新章等,2008),通常凋落物中氮含量越高且木质素含量越低,凋落物越容易分解(Pei et al., 2019),而夏播草地中杂类草比例较高,其凋落物中 N 含量也可能较秋播草地低,因凋落物分解缓慢而导致的夏播草地土壤养分输入减少也是造成其土壤有机质含量较低的重要原因。

综上,在喀斯特地区秋季建植禾草+白三叶草地可有效抑制杂草生长,提高草地饲用价值和土壤有机质,维持草地高产稳定,可大范围推广应用。

第二节　退化禾草+白三叶草地植被和土壤特征

禾草+白三叶(*Trifolium repens*)草地是世界温带地区种植面积最大的集约化人工草地之一,也是该区域主要放牧地和割草地。自 20 世纪 80 年代以来,禾草+白三叶草地在我国南方喀斯特山区广为建植,已成为南方喀斯特山区草地畜牧业主要生产基地之一(于应文等,2002;Yu et al., 2007),能有效改善当地受损生态环境并解决农牧民的生计问题。但禾草+白三叶草地建植后,人类不合理的社会经济活动及不当的刈牧管理措施,导致该生态系统发生逆向演替,草地极易退化,主要表现在草地生产力、牧草营养价值、植物群落多样性和稳定性降低，种群格局及其地位改变，土壤结构及其肥力下降，主要播种牧草、少量播种牧草及当地非播种牧草组分比例发生变化等（Hodgson，1990；王刚等，1998；徐震等，2003；周姗姗等，2012），严重制约当地畜牧业的发展及人类生活水平的提高。因此，根据退化草地等级进行合理划分，制定适宜的退化草地恢复措施，以有效缓解禾草+白三叶草地退化趋势，优化该生态系统结构和功能，对促进当地农牧业发展具有重要作用。

通常，植物群落特征和土壤质量变化是草地退化和演变的最敏感指标，故草层高度、盖度和生产力（王合云等，2015）、土壤养分和水分（蔡晓布等，2010；吕桂芬等，2010）常作为草地退化等级划分的直接指标，且一些学者进一步将群落演替度、物种多样性、活力及恢复力作为草地退化分级标准（王立新等，2010；包秀霞等，2015）。同时，由于草地退化往往导致植物群落物种组成、优势种和建群种比例（梁燕等，2016）、杂草或毒草植物比例（李剑杨等，2016）及可食牧草比例（马玉寿等，2008）等变化，众多学者将其视为草地退化的关键分级指标，但不同草地类型及退化阶段的植物群落组成差别较大，因而学者们也依据草地经济类群组分或生活型比例对草地进行退化等级划分（王钦，2005；刘学敏等，2019；张建贵等，2019），如任继周（1998）将草地群落中的植物分为减少者（decreasers）、增加者（increasers）、入侵者（invaders）三类，并根据其数量划分草地退化等级。此外，植物个体功能性状，如花大小和叶数量（张茜等，2015）、茎矮化度（李西良等，2014）和根系直径、根长（史亚博，2016）也可作为退化草地分级依据。因此，草地变化体现于植物个体、种群、群落及土草养分4个水平，需从这4个层次进行草地退化特征研究，以客观反映退化草地的演变特征。

目前禾草+白三叶草地退化特征研究，限于植被群落水平上播种牧草生产力降低及土壤养分衰竭方面，而对播种牧草个体和种群特征方面的定量分析相对缺乏。鉴于此，本研究试图从退化和未退化禾草+白三叶草地播种牧草的个体、种群和群落水平及土草系统角度，探究退化禾草+白三叶草地植被和土壤变化规律及稳定性特征，为禾草+白三叶草地退化等级的划分提供科学依据。

一、材料与方法

（一）研究区概况

本试验位于贵州省威宁种羊场凉水沟草场，地理坐标为103°36′~104°45′E，26°36′~27°26′N，冬无严寒，夏无酷暑，年均气温10~12℃，年均降水量962 mm，海拔2200 m以上。草地为1992年建植的多年生黑麦草（*Lolium perenne*）+鸭茅（*Dactylis glomerata*）+白三叶（*Trifolium Repens*）草地，草地植物种主要有多年生黑麦草、白三叶、鸭茅、黑穗画眉草（*Eragrostis nigra*）、裂稃草（*Schizachyrium brevifolium*）、旋叶香青（*Anaphalis contorta*）、荷兰豆草（*Drymaria cordata*）、白苞蒿（*Artemisia lactiflora*）、蒲公英（*Taraxacum sp.*）等；土壤以高原山地黄棕壤为主。

（二）样地选择

2018年7月末，在研究区1992年建植，每年4月初~11月末多年连续放牧利用的多年生黑麦草+鸭茅+白三叶草地上，基于草地植被特征，选择显著退化（degration grasslands，DG）和未退化（control，CK）的面积为0.1~0.3 hm²的多年生黑麦草+鸭茅（禾草）+白三叶草地各4块（即4次样地重复）。放牧家畜为2~3岁健康考力代绵羊。草地每年6月中下旬和10月中下旬分别施氮肥（尿素）60 kg·hm^{-2}和钙镁磷肥（过磷酸钙）300 kg·hm^{-2}。

（三）测定指标和方法

植被特征：2018年8月初，在每块已设置样地上，均匀设置5个0.25 m²的正方形样方，测定各样方内草层的高度、盖度，计数测定各样方内多年生黑麦草的分蘖密度。然后齐地刈割收获地上生物量，先将死（凋落物+立枯体）、活物质分开，再将活物质按不同种分开后烘干称干重。并基于样方分种生物量数据，统计植物物种数。

多年生黑麦草分蘖和白三叶匍匐茎特征测定：在测定完地上生物量的各样方内，分别设置0.01 m²的正方形样方2个，挖取0~5 cm深度土芯，测量白三叶匍匐茎总长度（折算为匍匐茎密度，m·m^{-2}），烘干称干重，获得白三叶匍匐茎重（质量）（g·m^{-2}）。由多年生黑麦草地上生物量除以其分蘖密度，计算其分蘖重（mg·tiller^{-1}）；由单位面积白三叶匍匐茎重除以其匍匐茎密度，计算其个体匍匐茎重（g·m^{-1}）。

牧草功能群生物量构成统计：基于样方分种生物量数据，按多年生黑麦草、鸭茅、白三叶、杂类草4类，分别统计退化和未退化草地各功能群生物量及其占地上总绿色生物量比例。

土壤采集：在测定完植被特征的各样方内，用直径3.5 cm土钻采集表层0~10 cm土样，将同一重复样地内5个样方土样混合，共得到8个混合土样，用于土壤养分分析。

土壤养分分析：采用酸度计法测定土壤pH，重铬酸钾法测定土壤有机质（organic matter，OM）；凯氏定氮法测定土壤全氮（total nitrogen，TN）含量，钼锑抗比色法测定土壤全磷（total phosphorus，TP）含量。具体分析方法见鲁如坤（2000）。所有指标数据均换算为干物质基础数据。

草地稳定性：基于样方植物出现与否和分种生物量数据，分别用Raunkiaer植物种频度系数（Raunkiaer，R）和草地演替度（degree of succession，DS）评价。Raunkiaer植物种频度系数由R（%）=（某植物种在全部取样样方中出现的次数/总样方数）×100%计算（任继周，1998），分为A（级）=1%~20%、B（级）=21%~40%、C（级）=41%~60%、D（级）=61%~80%和E（级）=81%~100%共5个等级，本研究退化和未退化草地的总样方数均为20个，该频度图越呈反J型，草地群落越稳定。

草地演替度，由式（2-1）计算。

$$DS = \frac{\sum(e \times d)}{N} \times \mu \qquad (2-1)$$

式中，e为物种的寿命；d为植物种重要值（本研究用分种生物量比例数据）；N为各重复样地内群落总植物种数；μ为植被覆盖度。DS越大，草地群落越趋于顶极阶段。

（四）数据分析

用SPSS16.0中的T-Test对退化和未退化草地植被和土壤养分及草地稳定性等数据进行显著性检验分析。数据格式为均值±标准误（Mean±SE）。

二、结果分析

(一) 牧草高度、盖度及地上生物量

草地植物群落特征结果显示,牧草高度、盖度、活物质量和死物质量及地上生物量均为未退化草地极显著高于退化草地($p<0.01$ 或 $p<0.001$),且前者地上生物量约为后者的 3.1 倍,但植物物种数在退化和未退化草地之间差异不显著($p>0.05$)(表 2-5)。

表 2-5 禾草+白三叶草地植物群落特征

草地类型	草层高度/cm	草层盖度/%	活物质量/($g \cdot m^{-2}$)	死物质量/($g \cdot m^{-2}$)	地上生物量/($g \cdot m^{-2}$)	样方物种数/个
退化草地	11.5±14.5**	84.25±3.52***	34.00±1.87***	1.93±0.19***	35.93±1.78***	6.50±0.65ns
未退化草地	12.5±15.5	99.00±0.71	100.50±4.98	10.75±1.11	111.25±5.28	5.75±0.48

注 *,**,*** 和 ns 分别表示 $p<0.05$,$p<0.01$,$p<0.001$ 和 $p>0.05$。下同。

(二) 多年生黑麦草分蘖密度和白三叶匍匐茎特征

多年生黑麦草分蘖密度和白三叶匍匐茎特征结果显示,多年生黑麦草分蘖密度和分蘖重均为未退化草地显著或极显著高于退化草地($p<0.05$ 或 $p<0.001$),且前者为后者的 3.4 倍和 1.4 倍;白三叶匍匐茎密度、个体匍匐茎重和匍匐茎重在未退化草地与退化草地之间均差异不显著($p>0.05$)(表 2-6)。说明,禾草+白三叶草地退化显著降低多年生黑麦草个体生长,而对白三叶匍匐茎特征影响小。

表 2-6 多年生黑麦草和白三叶种群密度和个体大小特征

植物名称	种群特征	退化草地	未退化草地
多年生黑麦草 L. perenne	分蘖密度/(分蘖·m^{-2})	1912.00±157.65***	6427.50±523.95
	分蘖重/(mg·分蘖$^{-1}$)	9.50±0.65*	13.00±0.91
白三叶 T. repens	匍匐茎密度/(m·m^{-2})	64.25±8.84ns	54.50±4.27
	个体匍匐茎重/(g·m^{-1})	1.05±0.07ns	1.23±0.06
	匍匐茎重/(g·m^{-2})	65.30±8.77ns	55.73±4.24

(三) 功能群生物量及构成

草地地上生物量及其比例结果显示，多年生黑麦草地上生物量及其比例为未退化草地极显著高于退化草地（$p<0.01$ 或 $p<0.001$），且前者分别为后者的 4.6 倍和 1.6 倍；杂类草草地上生物量及其比例为未退化草地显著或极显著低于退化草地（$p<0.05$ 或 $p<0.01$），且后者分别为前者的 2.0 倍和 5.7 倍；鸭茅地上生物量为未退化草地显著高于退化草地（$p<0.05$），但二者生物量占地上总绿色生物量比例差异不显著（$p>0.05$）；白三叶地上生物量在未退化与退化草地之间相近（$p>0.05$），但其生物量比例则为退化草地极显著高于未退化草地（$p<0.01$）（图 2-3）。播种禾草（多年生黑麦草+鸭茅）地上总生物量及其比例均为未退化草地（83.89 g·m^{-2} 和 83.75%）极显著或显著高于退化草地（18.65 g·m^{-2} 和 55.10%）（$p<0.05$ 或 $p<0.001$），且前者为后者的 4.5 倍和 1.5 倍。说明，退化禾草+白三叶草地植被特征主要为播种禾草生产力降低，而当地野生杂类草生产力增加，进而导致草地退化。

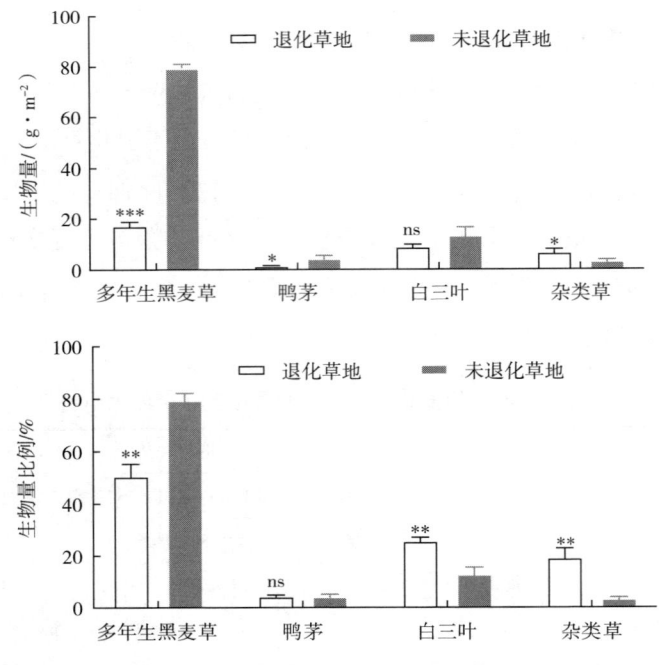

图 2-3　禾草+白三叶草地功能群地上生物量及比例

(四）土壤养分

草地土壤养分结果显示，土壤 pH、OM 和 TP 含量为未退化草地显著高于退化草地（$p<0.05$ 或 $p<0.01$），且前者分别为后者的 1.1 倍、1.1 倍和 1.5 倍，而土壤 TN 含量在两种草地之间差异不显著（$p>0.05$）；土壤 TC：TN、TC：TP 及 TN：TP 在退化与未退化草地中差异显著（$p<0.05$ 或 $p<0.01$），且前者分别是后者的 0.9 倍、1.4 倍和 1.5 倍（表2-7）。说明，退化禾草+白三叶草地表现为土壤酸化且有机质衰竭，土壤 C：N：P 化学计量比平衡失调。

表 2-7 禾草+白三叶草地土壤养分

草地类型	pH	OM/%	TN/%	TP/%	TC：TN	TC：TP	TN：TP
退化草地	5.13±0.08**	5.30±0.16*	0.15±0.00ns	0.06±0.01**	19.90±0.67*	50.02±5.10*	2.50±0.20**
未退化草地	5.75±0.10	6.03±0.17	0.15±0.00	0.09±0.00	22.48±0.46	37.46±0.54	1.67±0.04

（五）草地稳定性

群落植物种 Raunkiaer 标准频度直方图结果显示，未退化草地符合 Raunkiaer 频度定律，其频度图呈一定反 J 型；而退化草地不符合典型的 Raunkiaer 频度定律，其频度图偏离 J 型（图2-4）。草地群落演替度值为退化草地（53.27±3.64）大于未退化草地（42.25±3.43）（$p<0.05$）。这说明，未退化草地的植物物种分布较均匀，群落整体处于相对稳定状态；而退化草地处于更高演替阶段，群落更不稳定。

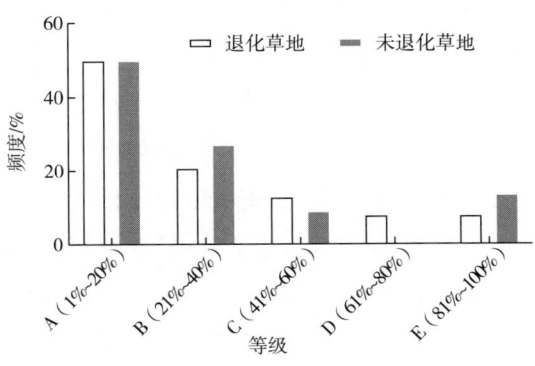

图 2-4 禾草+白三叶草地植物物种 Raunkiaer 标准频度直方图

三、讨论与结论

（一）讨论

草地群落特征变化是草地退化最直观的表现，常作为最直接的草地退化等级划分依据。本研究中，退化禾草+白三叶草地的草层高度、盖度、地上生物量和稳定性均明显下降，这与张建贵等（2019）、胡小龙等（2011）的研究结果一致。本研究中两类草地群落物种数无差异，其可能原因为，随着人工草地退化，草地群落中野生杂草类比例的增加仅中和了播种牧草比例降低的生物量和牧草构成的损失，但并未给草地群落以外的野生物种的入侵提供有利条件，致使退化草地物种数保持相对稳定；也可能由于本研究的退化草地尚处于适度和重度退化过渡时期，野生物种还未充分侵入退化禾草+白三叶草地中。

植物个体小型化是其对不良环境或不合理利用的一种负反馈机制（王炜等，2000）。植物个体可通过调整其功能性状和物质分配以应对外界干扰（李有涵等，2011），其个体生长对草地退化的响应敏感性既可反映其在退化生境中的适应机制，也可作为退化等级划分依据。本研究发现，退化禾草+白三叶草地中多年生黑麦草分蘖密度和分蘖重显著降低，白三叶匍匐茎密度和匍匐茎重无显著变化；这与以往研究中刈牧通过降低多年生黑麦草对白三叶的遮阴作用，使更多红光照射于白三叶而刺激其匍匐茎生长（Teuber et al.，1996）的结果存在差异。其原因是，本研究中因家畜对草地主要禾草多年生黑麦草过度采食，对其造成较大采食损伤而不利其恢复生长，使多年生黑麦草种群密度和高度降低，解除了多年生黑麦草对白三叶生长点的遮阴，这虽能促进白三叶的快速生长（于应文等，2002），但因草地退化，禾草与豆科牧草对光、水和土壤矿物元素竞争加剧，禾草由于依赖白三叶的固氮作用而形成的偏利关系大于白三叶对禾草的竞争影响（李莉等，2014），同时多年生黑麦草对白三叶生长的依赖作用与放牧对白三叶匍匐茎的损伤作用保持平衡，以致白三叶匍匐茎密度无明显变化。由此说明，混播草地中多年生黑麦草分蘖和白三叶匍匐茎对刈牧利用的响应差异，是退化禾草+白三叶草地与未退化草地植被差异的重要表现。

群落中优势植物数量和退化指示植物及其占草群总产量的比例是草地退化分级主要依据。本研究中，退化禾草+白三叶草地白三叶和杂类草生物量比例增加，而多年生黑麦草比例降低，这可能是因为多年生黑麦草、白三叶和杂类草间通过生物量相互补偿，以维持合理比例和混播组分之间动态平衡（吴艳玲等，2016）。本研究中，退化禾草+白三叶草地鸭茅生物量明显降低，是由于鸭茅作为一种根茎-疏丛型牧草，具有良好环境适应性，且在放牧或割草以后，恢复迅速，同时在稍贫瘠土壤中也能生长较旺盛（张荣华，2010），但在退化禾草+白三叶混播草地，因具较强竞争力的杂类草生长旺盛，以致鸭茅竞争能力下降，生物量减小。因此，可以推断，禾草和白三叶种群生物量比例对刈牧利用的不同响应，是退化禾草+白三叶草地植被群落种群格局变化的主要表现，而鸭茅作为播种的生物量少量种，可视为草地群落结构特征变化的主要关键种。

地表状况常作为草地退化分级的重要条件。以往研究表明，土壤 N∶P 升高导致土壤生物固氮量下降（王玉琴等，2019），较高的土壤 C∶P 不利于微生物在有机质分解过程中的养分释放，降低土壤中有效磷含量（张萍等，2018），进而降低植物所吸收的有效氮量，使植物生长受氮素限制（Güsewell，2004），表现出较低的植被高度、盖度及地上生物量；同时，不当刈割等影响草地植物群落环境资源利用率，使优势种与偶见种的生态位发生分化，重叠部分变少，致使群落种间关系松散，稳定性降低（徐满厚等，2018）。本研究发现，退化禾草+白三叶草地土壤具较低 pH、有机质与 TP 含量，这可能是因为土壤中盐基离子淋失，致使酸离子含量增加，导致土壤酸化（王喜艳，2018），而退化草地较低的植物覆盖率、生物量及植物根系，减弱了土壤养分的富集，加之退化草地中土壤养分分解速率加快，导致土壤中有机质和 TP 含量下降，且相比有机质及 TP 含量，土壤 pH 降低程度更显著。同时，本研究也发现，退化禾草+白三叶草地土壤中 TN 含量无明显变化，这可能是因为试验草地为禾草+白三叶混播草地，草地中豆科植物的固氮作用和土壤中较高 C∶N 对氮的矿化养分释放的抑制作用（张蕊等，2014），维持了植被—土壤系统中的氮素平衡。因此，土壤 pH 对禾草+白三叶草地刈牧利用响应更敏感，可作为该类草地退化的主要土壤指示指标。

（二）结论

在草地植物群落和土草系统水平上，退化禾草+白三叶草地植物群落高度、盖度以及地上生物量显著降低，群落处于较高演替阶段、稳定性低，土壤酸化、有机质衰竭和 TP 含量呈降低趋势；在草地植物个体和种群水平上，退化禾草+白三叶草地多年生黑麦草的分蘖密度、分蘖重与种群生物量及比例降低，白三叶种群地上生物量比例增加。多年生黑麦草对草地退化响应敏感，白三叶对草地退化具有一定耐性。多年生黑麦草分蘖、播种牧草的生物量构成及土壤 pH，可作为禾草+白三叶草地退化等级划分依据。

第三节 喀斯特区改良与未改良草地植被和土壤特征

东非狼尾草（*Pennisetum clandestinum*），又称隐花狼尾草、铺地狼尾草，是一种下繁优良禾草，根状茎蔓延，叶片常内卷，须根粗硬，入土深，在成熟前放牧利用较好，家畜较喜食（匡崇义，1989）。由于东非狼尾草既有较好适口性，又有较强抗逆性和侵占性，故其在水土保持、草坪建植和草地建植、改良等方面具有十分广阔的应用前景（许喆等，2018）。东非狼尾草原产于东非高原，目前作为重要牧草资源被广泛栽培于澳大利亚、中国、新西兰、南非、美国等地（朱熙梅，2010）。东非狼尾草自 20 世纪 90 年代引入我国云南以来，在云南广泛栽培，呈现出良好的生态适应性和竞争优势，成为云南省人工草地建植中重要草种（董仲生，2005），并用于草坪建植、高速公路护坡、水土保持、园林绿化及抑制恶性杂草等方面（匡崇义等，1996）。

研究表明，东非狼尾草能自然侵入白茅（*Imperata cylindrica*）、石生繁缕（*Stellaria vestita*）、牛尾蒿（*Artemisia dubia*）等群落，并促进这些群落

向良性方向发展，且能够替代入侵物种紫茎泽兰（*Ageratina adenophora*）（董仲生等，2006）。同时，东非狼尾草与白三叶（*Trifolium repens*）混播能维持草地群落稳定性，获得较高草地生产力（袁璐，2013）。东非狼尾草对氮肥敏感，新枝长出后，施适量氮肥能促其生长（沈益新，1990）。

目前，对于东非狼尾草的研究集中于其生长特性及牧草品质等方面（Kozloski et al.，2008；Hlophe，2014），但将其用于难利用的石砾区域草山草坡及退化禾草+白三叶草地改良或建植研究相对较少。由于我国南方喀斯特山区许多区域属严重石砾地，该地形石头多，土壤缺乏，难于耕作和建植人工草地，因此该地形草地改良一直是我国南方喀斯特山区人工草地建植的难点。本研究通过对东非狼尾草改良和未改良草地植物种重要值、物种多样性、功能群生物量构成、土草养分特征、群落稳定性特征及定量禾草+白三叶草地建植效果比较，探究南方喀斯特石砾区域草山草坡改良或禾草+白三叶草地适宜建植方法，为东非狼尾草在我国南方喀斯特山区石砾地的开发利用和退化草地改良提供实践依据。

一、材料与方法

（一）试验地概况

试验地设置在云南省寻甸回族彝族自治县种羊场，位于103°13′38″E、25°36′42″N，平均海拔高度2008 m，降水多集中在6~8月，年均降雨量1043 mm，年均温为13.5℃，土壤类型为砖红壤，土壤相对黏重，保水能力较差，是pH值为5.6~6.1的酸性土壤。属低纬高原季风气候，冬春两季受平直西风环流控制，大陆季风气候明显，干旱少雨；夏秋季主要受太平洋西南或印度洋东南暖湿气流控制，海洋季风突出，多雨，凉爽潮湿。

（二）样地设置

2018年6月，随机选择2014年8月播种的改良草地（improved grasslands, IG）3块，以3块未改良退化草地为对照（control，CK）；每块面积分别约为0.3 hm^{2}和0.1 hm^2，作为3个重复样地。其中，改良草地改良前用机械平整原生草地，并拣出较大石块，播种草种及比例为东非狼尾草∶鸭茅∶多年生黑麦草∶白三叶＝6∶2∶1∶1。每年9~10月中旬施肥一次，即施钙镁磷复合肥（过磷酸钙）300 kg·hm^{-2}、硫酸钾（K$_2$SO$_4$）75 kg·hm^{-2}和尿素（含N 46.2%）75 kg·hm^{-2}。草地建植后，在牧草生长季4~11月的每月中旬，进行家畜轮牧利用，每次放牧8~10 d，每次轮牧时间和家畜数量依据牧前牧草生长状况而变化，牧后草层高度为5~8 cm。

未改良草地为多年前飞播过禾草（多年生黑麦草 *Lolium perenne*+鸭茅 *Dactylis glomerata*）+白三叶的退化半天然草地，主要植物种为白茅（*I. cylindrica*）、黑穗画眉草（*Eragrostis nigra*）、百里香（*Thymus mongolicus*）和猪殃殃（*Galium aparine*）等，还伴生有一定量鸭茅、多年生黑麦草和白三叶。未改良草地不施肥，每年和改良草地一起轮牧利用。

(三) 测定指标和方法

植物群落特征：2018年和2019年的7月中旬至8月中旬，在各样地上均匀设置15个50 cm×50 cm的样方，调查各样方内所有植物种的高度、密度（以株计算）、盖度和地上生物量。地上生物量齐地刈割后，将收获的各样方内地上生物量先将死物质（凋落物+立枯物）和活物质分开；再将活物质按不同植物种分开。在测定完地上生物量的各样方内，用直径9 cm的根钻，分别采集0~15 cm深度根样，捡出石砾，放入尼龙网袋中，流水冲洗干净。所有地上和根系植物样品均于65℃下烘干后称干重，将根系和混合牧草粉碎后用于养分分析。

功能群地上生物量构成分析：基于样方植物种地上生物量数据，按经济类群（东非狼尾草、鸭茅+多年生黑麦草、白三叶、非播种禾草和其他5类），以及植物科功能群分别划分，并统计各功能类群生物量占总生物量比例。

土样采集：在测定完地上生物量和采集完根系样品的各样方内，用直径5 cm的土钻，分别采集0~10 cm深度土样，拣出石子草根后，风干过筛用于土壤养分分析。

土草样品养分分析：土草全氮（total nitrogen，TN）含量，采用凯氏定氮法测定；土草全磷（total phosphorus，TP）含量，采用钼锑抗比色法测定；土壤有机质（organic matter，OM）含量，采用重铬酸钾硫酸法测定；牧草中性洗涤纤维（neutral detergent fiber，NDF）、酸性洗涤纤维（acid detergent fiber，ADF）、纤维素（cellulose，CL）、半纤维素（hemicellulose，HCL）、酸性洗涤木质素（acid detergent lignin，ADL）、酸不溶灰分（acid-insoluble ash，AIA），采用范氏洗涤纤维分析法和灼烧法测定。所有指标数据均换算为干物质基础。

植物种重要值：基于样方植物种的高度、盖度、密度调查数据，按公式 $IV=(RH+RC+RD)/3$ 计算植物种重要值。式中，RH、RC 和 RD 分别为植物种的相对高度（relative height，RH，样方内某植物种的高度/该样方内所有植物种的高度之和）、相对生物量（relative biomass，RB，样方内某植物种的生物量/该样方内所有植物种的生物量之和）和相对密度（relative density，RD，样方内某植物种的密度/该样方内所有植物种的密度之和）。

植物物种多样性指数：基于样方草地群落植物物种数和植物种重要值数据，按式（2-2）~式（2-5），分别计算群落 Patrick 丰富度指数、Shannon-Wiener 指数、Pielou 均匀度指数、Simpson 优势度指数（张金屯，2004）。

Patrick 丰富度指数：
$$R=S \quad (2-2)$$

Shannon-Wiener 指数：
$$H=-\sum_{i=1}^{S}(P_i\ln P_i);\ P_i=N_i/N \quad (2-3)$$

Pielou 均匀度指数：
$$E=\frac{H}{\ln S} \quad (2-4)$$

Simpson 优势度指数：
$$D=-\sum_{i=1}^{S}(P_i^2) \quad (2-5)$$

式中，S 为出现在某一草地类型中的物种数；P_i 为某个草地类型中第 i 个物种的相对重要值；N_i 为该草地类型中的第 i 个物种的重要值；N 为该草地类型中所有物种重要值之和。

草地稳定性评价：用 Raunkiaer 频度系数评价草地植物群落稳定性，Raunkiaer 将植物种频度系数 R 划分为 A、B、C、D、E 5 个等级；其中，A（级）= 1%~20%，B（级）= 21%~40%，C（级）= 41%~60%，D（级）= 61%~80%，E（级）= 81%~100%（任继周，1998）。其中频度系数 $R = (n/N) \times 100\%$，式中，n 为某一个种在全部取样中出现的次数，N 为全部取样数。

（四）数据统计分析

在 Excel 中处理基础数据并制图，用 SPSS 16.0 中的独立样本 T 检验，对草地植物群落物种数、生物量构成及土、草养分等进行改良和未改良草地之间的差异显著性分析，数据格式为均值±标准误（Mean±SE）。重要值、植物物种多样性指数和草地稳定性分析数据均以两年均值进行计算。

二、结果与分析

（一）群落植物种重要值

改良草地群落中东非狼尾草重要值最高，在群落中占绝对优势；其次是白三叶和鸭茅，分别为 0.1825 和 0.1555；对照草地中植物物种重要值较高的是黑穗画眉草、白茅和百里香，分别为 0.0954、0.1151 和 0.0950。改良草地与对照草地的物种构成差异较大，改良草地中的特有物种有东非狼尾草、狗牙根、金色狗尾草和长柔毛野豌豆等 7 种，而未改良草地中的特有植物种有鼠尾粟、砖子苗、百里香、积雪草等 22 种，其草地群落物种数大于改良草地（$p<0.01$）（表 2-8）。说明，改良草地中东非狼尾播种比例高，且其对石砾地适应性较强，因此改良草地东非狼尾草重要值占绝对优势。

表 2-8 改良和对照草地植物种重要值

植物名称	改良草地	对照草地
东非狼尾草（*Pennisetum clandestinum*）	0.3362±0.0099	
鸭茅（*Dactylis glomerata*）	0.1555±0.0054	0.0625±0.0109

续表

植物名称	改良草地	对照草地
多年生黑麦草（*Lolium perenne*）	0.0316±0.0107	0.0032±0.0032
一年生早熟禾（*Poa annua*）	0.0337±0.0024	
黑穗画眉草（*Eragrostis nigra*）	0.0157±0.0094	0.0954±0.0054
白茅（*Imperata cylindrica*）	0.0124±0.0124	0.1151±0.0033
狗牙根（*Cynodon dactylon*）	0.0646±0.0098	
金色狗尾草（*Setaria glauca*）	0.0043±0.0030	
鼠尾粟（*Sporobolus fertilis*）		0.0320±0.0063
扁穗雀麦（*Bromus cartharticus*）		0.0068±0.0039
白三叶（*Trifolium repens*）	0.1825±0.0130	0.0301±0.0097
长柔毛野豌豆（*Vicia villosa*）	0.0094±0.0038	
野豌豆（*Vicia sepium*）		0.0162±0.0095
二色胡枝子（*Lespedeza bicolor*）		0.0230±0.0095
两歧飘拂草（*Fimbristylis dichotoma*）		0.0338±0.0009
砖子苗（*Cyperus cyperoides*）		0.0516±0.0075
云雾苔草（*Carex nubigena*）		0.0478±0.0053
艾蒿（*Artemisia argyi*）	0.0476±0.0138	0.0675±0.0094
鱼眼草（*Dichrocephala integrifolia*）		0.0176±0.0065
小飞蓬（*Erigeron canadensis*）		0.0103±0.0037
牛膝菊（*Galinsoga parviflora*）		0.0072±0.0064
苦苣菜（*Sonchus oleraceus*）		0.0043±0.0043
百里香（*Thymus mongolicus*）		0.0950±0.0087
夏枯草（*Prunella vulgaris*）		0.0319±0.0048
风轮菜（*Clinopodium chinense*）		0.0205±0.0095
积雪草（*Centella asiatica*）		0.0615±0.0190
天胡荽（*Hydrocotyle sibthorpioides*）		0.0020±0.0012
石生繁缕（*Stellaria vestita*）	0.0846±0.0150	0.0453±0.0117

续表

植物名称	改良草地	对照草地
猪殃殃（*Galium aparine*）	0.0080±0.008	0.0346±0.0036
蛇莓（*Duchesnea indica*）	0.0079±0.0079	
马鞭草（*Verbena officinalis*）	0.0060±0.0060	
酢浆草（*Oxalis corniculata*）		0.0156±0.0066
过路黄（*Lysimachia christinae*）		0.0142±0.0102
糯米团（*Gonostegia hirta*）		0.0108±0.0068
早开堇菜（*Viola prionantha*）		0.0080±0.0052
紫花地丁（*Viola yedoensis*）		0.0036±0.0021
鼠掌老鹳草（*Geranium sibiricum*）		0.0070±0.0040

（二）群落植物多样性指数

草地植物物种多样性结果显示，植物丰富度指数、Shannon-wiener 指数、Pielou 均匀度指数和 Simpson 指数均为改良草地显著低于对照草地（$p<0.05$ 或 $p<0.01$ 或 $p<0.001$）（表 2-9）。表明，草地改良降低植物物种多样性和植物物种分布均匀性。

表 2-9 改良和对照草地物种多样性指数

多样性指数	改良草地	对照草地	显著性
丰富度指数	8.25±0.97	16.38±0.63	***
Shannon-wiener 指数	1.85±0.15	2.67±0.01	***
Pielou 均匀度指数	0.89±0.02	0.96±0.01	*
Simpson 指数	0.81±0.02	0.92±0.00	**

注 *，**，*** 分别为 $p<0.05$、$p<0.01$ 和 $p<0.001$。下同。

（三）群落生物量构成

草地植物生物量构成结果显示，2018 年和 2019 年活物质、地上（活物质+死物质）、地下生物量及地上+地下（根系）生物量，均为改良草地>对照草地（$p<0.05$ 或 $p<0.01$），前者分别为后者的 1.7~2.1 倍、1.4~

1.8 倍、1.6~2.1 倍和 1.7~1.8 倍，而其死物质生物量在改良与对照草地之间差异不显著（$p>0.05$）（图 2-5）。

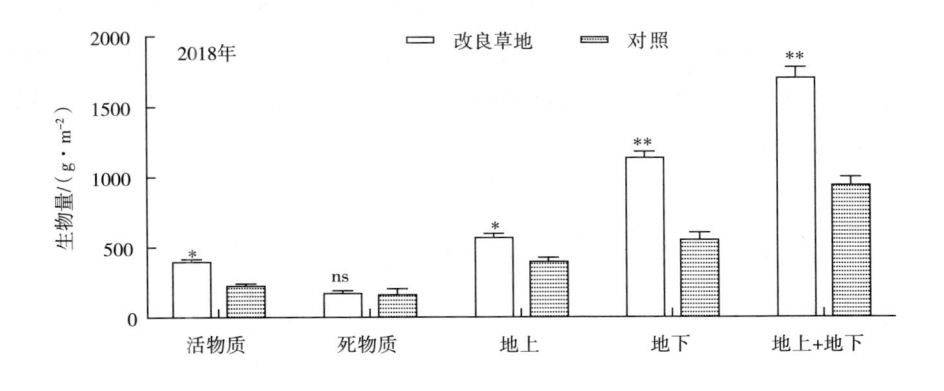

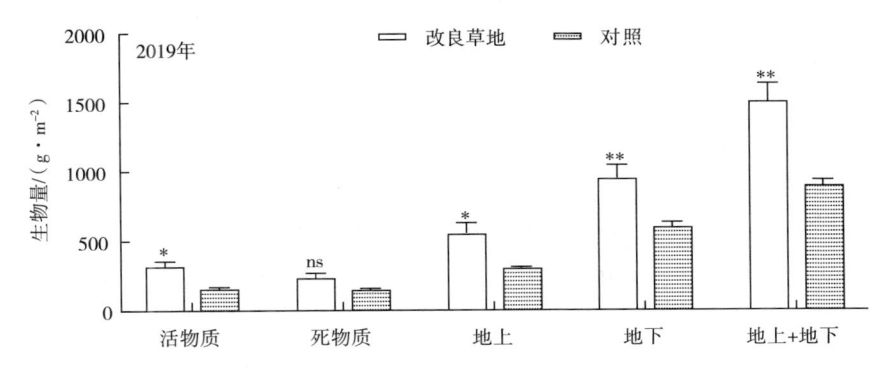

图 2-5　改良和对照草地地上、地下生物量

注　ns 为处理之间差异不显著（$p>0.05$），下同。

草地植物功能群地上生物量构成结果显示，2018 年和 2019 年东非狼尾草和白三叶地上生物量比例为改良草地>对照草地（$p<0.001$）；其中，对照草地无东非狼尾草出现，改良草地中播种比例高的东非狼尾草仍然占绝对优势（78.58%~82.23%），且其占白三叶地上生物量比例（3.37%~3.53%）为对照草地的 34.86~76.23 倍（图 2-6）。2018 年鸭茅+多年生黑麦草地上生物量比例为改良草地>对照草地（$p<0.05$），前者为后者的 28.0 倍。2018 年和 2019 年期间，非播种禾草和其他类群植物地上生物量比例为改良草地<对照草地（$p<0.01$），后者分别为前者的 27.2~21.1 倍

和 13.4~72.6 倍，且对照草地非播种禾草地上生物量占绝对优势（49.71%~64.56%），主要植物为菊科和唇形科，分别为 11.2%~15.7% 和 6.9%~10.1%。此外，两年期间，改良和未改良草地均以禾草占绝对优势，其地上生物量比例分别为 94.23%~96.26% 和 72.86%~73.05%。这说明，东非狼尾草改良石砾区域效果较好，能有效抑制天然非播种禾草和其他杂类草植物的生长。

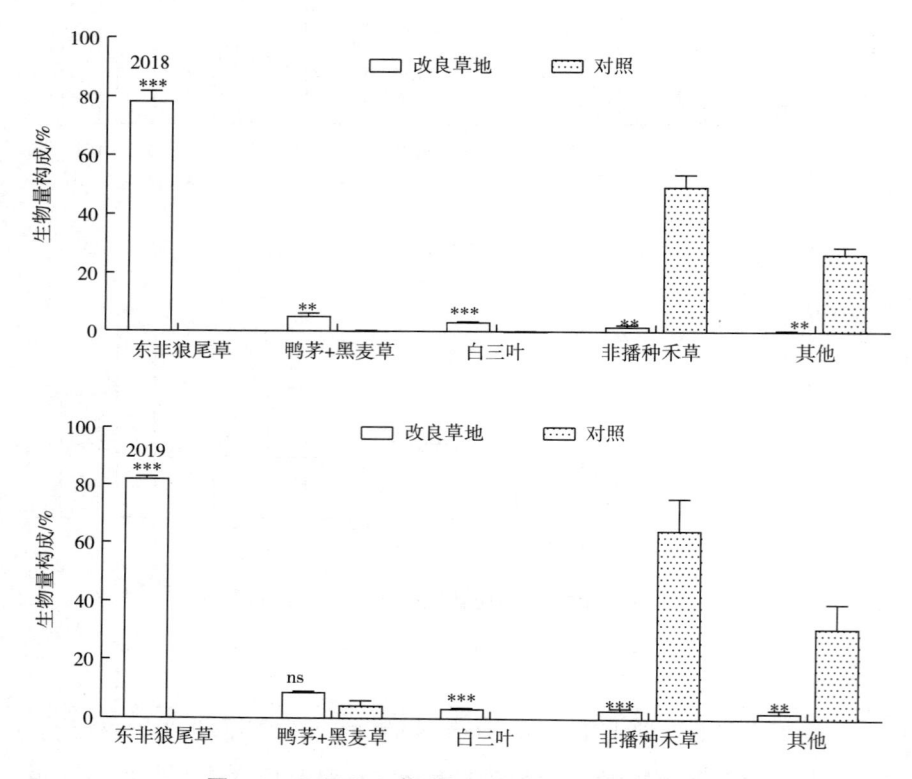

图 2-6 不同处理草地经济类群地上生物量构成

（四）土草养分

草地土草养分结果显示，2018 年和 2019 年牧草 NDF、ADF、CL、ADL、AIA，以及土壤 OM 含量和 2019 年土壤 TN 含量均为改良草地<对照草地（$p<0.05$ 或 $p<0.01$ 或 $p<0.001$）；2018 年和 2019 年牧草 TN、TP 含量，以及 2019 年根系 TN 和土壤 TN、TP 含量均为改良草地>对照草地（$p<0.05$ 或 $p<0.01$ 或 $p<0.001$）；两年牧草 HCL 和根系 TP 含量在两种草地之间差异不显著（$p>0.05$）（表 2-10）。说明，改良草地由于牧草品质改善而家畜采食加强，进而加速养分循环，降低土壤有机质积累。

表 2-10 改良和对照草地土草养分含量

土草	养分	2018 年		显著性	2019 年		显著性
		改良草地/%	对照草地/%		改良草地/%	对照草地/%	
牧草	TN	1.27±0.04	0.96±0.03	**	1.63±0.06	0.97±0.06	***
	TP	0.31±0.04	0.17±0.01	*	0.39±0.04	0.10±0.01	***
	NDF	66.6±0.17	70.08±1.86	*	63.4±1.32	69.45±1.69	*
	ADF	32.95±0.20	35.87±0.62	**	30.34±0.19	38.08±0.81	***
	HCL	33.64±0.26	34.21±1.84	ns	33.06±1.17	31.37±0.94	ns
	CL	27.61±0.07	29.17±0.84	*	24.55±0.14	29.83±0.88	***
	ADL	4.86±0.21	5.78±0.28	*	4.91±0.11	6.66±0.16	***
	AIA	0.49±0.01	0.92±0.27	*	0.88±0.05	1.59±0.07	***
根系	TN	0.85±0.03	0.69±0.05	ns	0.98±0.04	0.71±0.04	**
	TP	0.12±0.01	0.09±0.00	ns	0.03±0.01	0.02±0.00	ns
土壤	TN	0.10±0.01	0.14±0.05	ns	0.09±0.01	0.20±0.02	**
	TP	0.05±0.00	0.07±0.01	ns	0.06±0.00	0.03±0.01	**
	OM	3.19±0.38	8.50±0.90	**	2.11±0.22	5.39±0.52	**

（五）群落稳定性

草地群落植物种 Raunkiaer 标准频度直方图结果显示，改良草地植物群落物种频度图呈反 J 型，符合典型的 Raunkiaer 频度定律；而对照草地植物群落物种频度图偏离 J 型（图 2-7）。这说明，东非狼尾草改良草地植物物种分布较均匀，群落整体处于相对稳定状态；而对照草地群落处于相对不稳定的演替阶段。

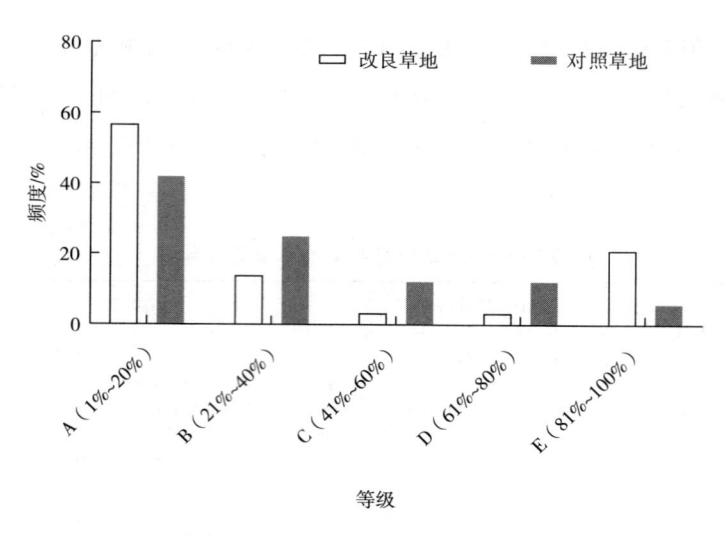

图 2-7　改良和对照草地植物种 Raunkiaer 标准频度直方图

三、讨论与结论

重要值表示某一种群在群落中的重要性，显示植物种群对环境的适应性（林丽，2017）。本研究中，改良草地东非狼尾草重要值占绝对优势，其主要原因是改良草地中东非狼尾草播种比例较高，且东非狼尾草具有十分强壮的匍匐茎和根系，根系入土深，匍匐茎能延伸数米长，形成强大的地下根茎网，因而其侵占性强，易成为群落优势种（董仲生等，2005），由此导致其重要值较高。而对照草地中一些非播种植物种如白茅和黑穗画眉草的重要值相对较高，相较之下，改良草地中播种比例较高的东非狼尾草具有更强的竞争优势，可能在改良草地中抑制了白茅和黑穗画眉草等禾草的生长。这进一步表明，东非狼尾草对石砾地区土壤和其他外界环境具有较强适应性，在喀斯特石砾地区草山草坡改良和禾草+白三叶草地建植中具有较好适应性。

本研究中，东非狼尾草显著降低改良草地植物物种多样性指数。其原因可能是，首先东非狼尾草交错盘结的匍匐茎会在地面形成致密草皮，且其地上直立茎硬挺、叶量丰富（李友和太光聪，2011），该生长特性将导致草层群落下层透光率减弱，降低不耐荫植物种的萌发率和生长率，进而降低其竞争优势（David，1985）；其次因东非狼尾草盖度过高，且其致密草层覆盖土壤表面，使其他植物的种子难以接触土壤萌发，进而降低草地植物物种多样性（王文和李锦锋，2014）；此外，其他植物物种种子萌发后，因与东非狼尾草生态位重叠较大，而在东非狼尾草极强侵占性下也难以获得竞争优势。因此，由于东非狼尾草侵占性强，改良草地植物多样性降低。

本研究中，东非狼尾草改良草地，提高了草地牧草和根系生物量及牧草 N、P 含量，降低了牧草 NDF、ADF 含量；这与以往报道的东非狼尾草和白三叶混播提高牧草产量和品质（袁福锦等，2005；袁福锦等，2013；王文和李锦锋，2014），东非狼尾草粗纤维含量低，饲用价值较高的结果类似（董仲生等，2005）。

群落稳定性是在干扰活动、环境压力以及种间相容性三个因子影响下，草地维持牧草组分稳定、草地生产力和系统功能基本不变的能力（王元素等，2005）。本研究中，改良草地群落整体处于相对稳定状态。其原因是，一方面，东非狼尾草是一种极耐践踏，耐旱涝，耐虫害性牧草（李友和太光聪，2005；王文和李锦锋，2015），故以东非狼尾草为主导的草地难以受到人为以及环境因素干扰，更为稳定；另一方面，可能由于东非狼尾草具有极强侵占性，能与其共生的植物种较少，草地在合理利用下很快就会到达稳定阶段。

由于我国南方喀斯特石砾区地貌地形复杂，土壤贫瘠，不适合机械操作，从而该区域草山草坡常规改良所用草种（多年生黑麦草+鸭茅+白三叶）存在建植效果差，草地不稳定，易退化的缺陷，因此该区域一直是我国南方喀斯特山区草地改良和草地稳定性维持的难点。东非狼尾草具有匍匐蔓延的生长特点，从而其侵占性强，在该区域利用东非狼尾草与其他禾草、白三叶混播建植改良草山草坡，东非狼尾草易成为群落优势种（董仲生等，2005），此方式不仅能提高草地牧草产量和品质，还能提高其抗逆性（王跃东，2001），有效抑制杂草生长，进而提高草地群落稳定性（袁福锦等，2005；袁福锦等，2013）。因此，东非狼尾草在我国南方喀斯特石砾地改良草地中，表现出较强竞争性和适应性，具有较好的草山草坡改良效果，为中国南方喀斯特地貌石砾地草山草坡改良和人工草地建植提供一种新选择。

第四节 不同改良年份禾草+白三叶草地群落特征和土草养分

草地放牧系统中，家畜通过采食、践踏和排泄物直接或间接地影响草地植物群落特征、养分积累与循环等，进而改变草地生态系统原有的结构和功能特征，从而使草地发生演替（裴世芳等，2007）。多年生黑麦草+鸭茅+白三叶混播草地，作为中国南方岩溶山区广为种植的主要放牧地和割草地，在当地草地畜牧中具有极其重要的作用（周珊珊等，2012）。该类草地由于其演替动力较强，利用过轻时，易受杂草与灌木侵占，恢复为原有植被；利用过重时，易造成水土流失，草地初级生产力与经济价值降低（王普昶等，2011）。虽然我国学者先后开展了多年生黑麦草+鸭茅+白三叶草地组分动态、刈牧利用、草地施肥、群落演替、竞争共存机理，以及草畜平衡等研究（蒋文兰和任继周，1991；张英俊，1999；于应文等，2002；王元素，2004；Yu et al.，2008），但该类草地的管理和退化恢复仍是西南岩溶区草地畜牧业持续发展的关键。本研究通过对退化草地与不同改良年限多年生黑麦草+鸭茅+白三叶草地养分与植被演替规律的比较研究，为中国南方退化人工草地恢复管理和可持续利用提供理论依据。

一、材料与方法
（一）研究区概况

研究区位于贵州省毕节市威宁彝族回族苗族自治县的贵州高原草地试验站，地理坐标为 $103°17′\sim104°18′E$，$26°50′\sim26°51′N$，海拔 2430 m。该区域气候湿润，雨热同期，年均温为 $10\sim12℃$，年降雨量 900 mm，$\geq 0℃$ 年积温 2960℃。草地类型主要为多年生黑麦草+鸭茅+白三叶草地，土壤类型为黄棕壤（Yu et al., 2008；周珊珊等，2012）。

（二）试验设计

2011 年 7 月，在贵州威宁高原草地试验站的多年放牧利用的多年生黑麦草+白三叶+鸭茅草地上，分别选择：①1985 年建植且未后续改良草地为对照（control，CK）；②1985 年建植+1993 年改良（G1993）；③1985 年建植+2010 年改良（G2010）；④1985 年建植+2011 年改良（G2011）的共 4 个改良年份处理草地各 3 块，为 3 次样地重复。其中，试验处理中的改良均为翻耕后重新播种。同期，在各改良年份的每块草地上，分别设置 3 个面积为 0.2～0.35 hm^2 的重复样地，共 12 块样地。草地自 1985 年建植后，每年 4～11 月轮牧，每月放牧 7～10 d，牧后草地高度保持在 5 cm 左右。放牧家畜为当地黄牛。草地每年 6 月下旬和 10 月中下旬分别施氮肥（尿素）60 kg·hm^{-2} 和钙镁磷肥（过磷酸钙）300 kg·hm^{-2}。

（三）地生生物量构成测定

2011 年 8 月，2012 年 4 月、8 月和 12 月，以及 2013 年 8 月中旬，在各改良年份草地的每个重复样地内分别随机选择 5 个 0.1 m^2 的正方形样方，进行各样方内牧草种群特征测定后，齐地刈割后分不同种和死物质（凋落物+立枯体）收获地上生物量，在 65℃下烘干称重。依据植物种群干物质数据为基础，统计播种的多年生黑麦草、鸭茅和白三叶，以及未播种禾草和杂类草的植物种群生物量及其生物量占总生物量的百分数。

（四）牧草和土壤样品采集和分析

牧草和土壤样品采集：在（三）中各期种群生物量测定后，将各改良年份的每个重复样地内的 5 个 0.1 m^2 样方内的牧草样混合后粉碎备养分分析用。在（三）中各 0.1 m^2 样方牧草取样后，先清除 0.1 m^2 样方内碎粪块和粪颗粒，再用直径 9.5 cm 土钻取 0～10 cm 和 10～20 cm 土样各 1 钻，将各改良年份草地的每个重复样地内的 5 个样方中所取的同层次土样混合装袋，肉眼分拣出植物根系等杂物，带回实验室风干后，过 0.5 mm 筛备用。

牧草养分分析：酸性洗涤纤维（acid detergent fiber，ADF）和中性洗涤纤维（neutral detergent fibre，NDF），采用 ANKOM-A200i 半自动纤维仪滤袋技术；可溶性糖（water soluble carbohydrate，WSC），采用蒽酮比色法；粗蛋白（crude protein，CP）= 6.25×N（%）；代谢能（metabolizable energy，ME）和有机物质消化率（dry organic matter digestibility，DOMD）分别通过公式，ME（MJ·kg^{-1}）= 4.2014+0.0236ADF（%）+0.1794CP（%）（卢德励，2003），DOMD（%）=ME（MJ·kg^{-1}）/0.016 计算（McDonald et al.，2006）。

土壤养分分析：土壤有机质（organic matter，OM），采用重铬酸钾法测定；土壤 pH，采用酸度计法测定。

土壤和牧草：全 N 含量，采用凯氏定氮法；全 P 含量，采用钼锑抗比色法；其他全量元素 K、Na、Mg、Ca、Mn、Zn、Cu 和 Fe 含量，采用原子吸收光谱法。

土草养分具体分析方法见杨胜（1999）和鲁如坤（2000）及《草原生态化学实验指导书》（1987）。所有指标数据均换算为干物质基础数据。

（五）牧草饲料价值评定

采用饲料相对价值 RFV（relative forage value）和粗饲料分级指数 GI（grading index）对各改良年份草地牧草饲料价值进行评定。

饲料相对价值 RFV 由式（2-6）~式（2-8）计算得出。式中，DMI（dry matter intake）为粗饲料干物质的随意采食量，单位为占体重的百分比即%BW；DDM（digestible dry matter）为可消化的干物质（%DM）。

$$RFV=DMI（\%BW）×DDM（\%DM）/1.29 \quad (2-6)$$

$$DMI（\%BW）= 120/NDF（\%DM） \quad (2-7)$$

$$DDM（\%DM）= 88.9-0.779ADF（\%DM） \quad (2-8)$$

饲料分级指数 GI 由式（2-9）~式（2-11）计算。

$$GI(MJ·d^{-1})= ME(MJ·kg^{-1})×DMI(kg/d)×CP(\%DM)/NDF(\%DM) \quad (2-9)$$

$$ME（MJ·kg^{-1}）= 4.2014+0.0236ADF（\%DM）+0.1794CP（\%DM） \quad (2-10)$$

$$DMI（g·d^{-1}·kgW0.75）= 51.26/NDF（\%DM） \quad (2-11)$$

式中，*ME* 为粗饲料代谢能（MJ·kg^{-1}）；DMI 为粗饲料干物质随意采食量（g·d^{-1}kgW0.75）；*ADF*、NDF 和 *CP* 单位均为占干物质的百分数。

（六）数据分析

用 SPSS16.0 的 One-Way ANOVA，分析改良年份对草地生物量构成、草土养分等影响（F-检验），并对各指标数据分别进行改良年份之间的 LSD 多重比较。数据格式为均值±标准误（Mean±SE）。各指标年际动态均值为 2011 年、2012 和 2013 年数据平均值。

二、结果与分析

（一）地上生物量构成

不同改良年份处理的草地播种和非播种植物生物量及其比例年际动态结果显示，CK 草地白三叶和野生禾草生物量及其比例，G1993 草地鸭茅、白三叶、野生杂类草生物量和生物量比例，G2010 草地多年生黑麦草、鸭茅和白三叶生物量及其比例，以及 G2011 草地中多年生黑麦草、鸭茅、野生杂类草、不可食草生物量，均在不同采样年份之间差异显著（图 2-8 和图 2-9）。其中，CK 草地，2013 年采样的白三叶生物量及其比例显著高于 2011 年和 2012 年，而其野生禾草生物量则为 2011 年显著高于 2013 年。G1993 草地，2013 年鸭茅生物量及其比例显著高于 2011 年和 2012 年，2012 年白三叶生物量及比例高于其他年份；且其野生杂类草的生物量及其比例 2013 年显著高于 2011 年，而其他草类在年际间差异不显著。G2010 草地，2011 年多年生黑麦草和鸭茅生物量及其比例显著高于 2012 年和 2013 年，白三叶年际变化与播种禾草变化相反，2011 年最低，以后逐年增加。G2011 草地，2011 年多年生黑麦草生物量及其比例逐年降低，鸭茅生物量及其比例 2012 年显著高于其他年份，野生杂类草其生物量和生物量比例逐年增加，不可食草生物量及其比例 2011 年显著低于 2012 年和 2013 年。可见，G2010 草地和 G2011 草地的播种禾草生物量逐渐减小，白三叶和野生杂类草逐渐增加。

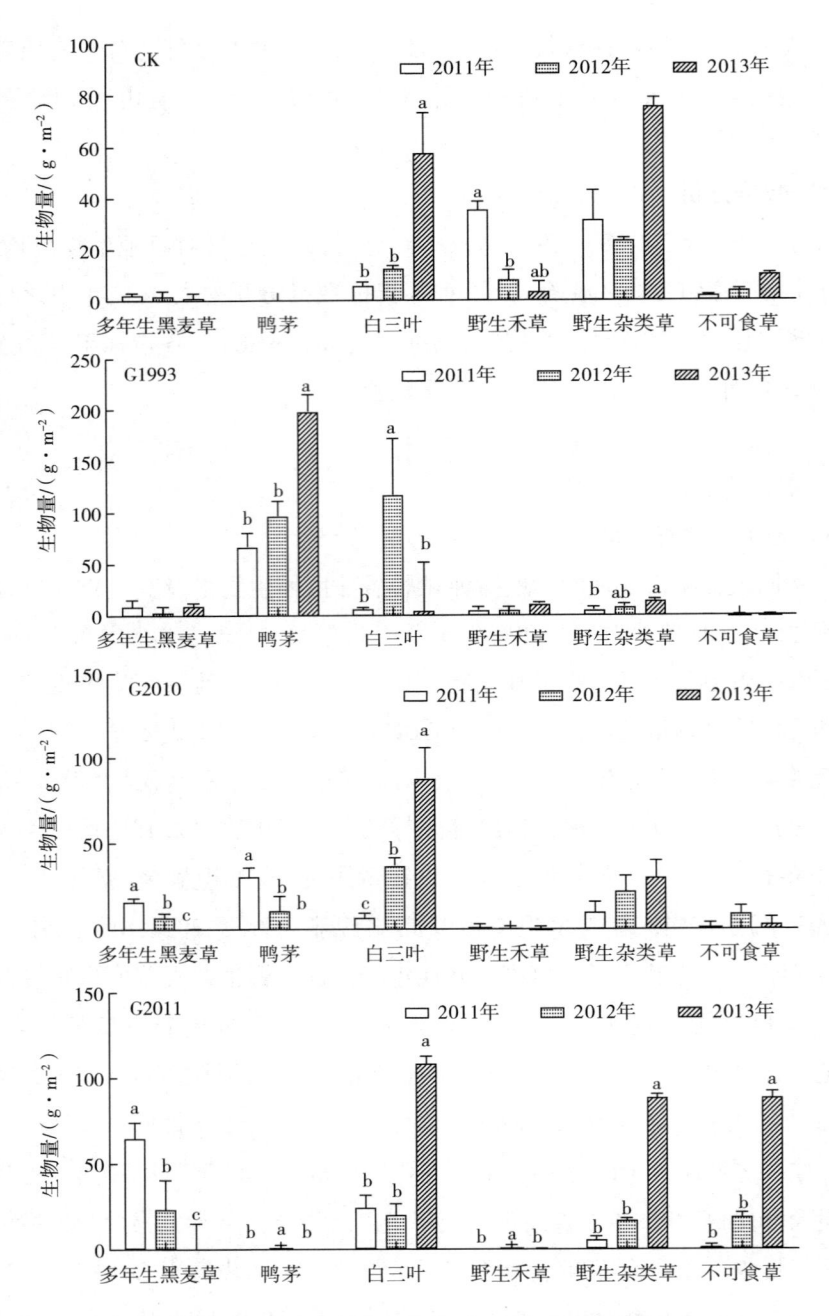

图 2-8　不同改良处理下草地播种和非播种植物生物量年际动态

注　不同小写字母表示同一改良草地在不同采样年份之间差异显著（$p<0.05$）；
无字母者表示差异不显著（$p>0.05$）。下同。

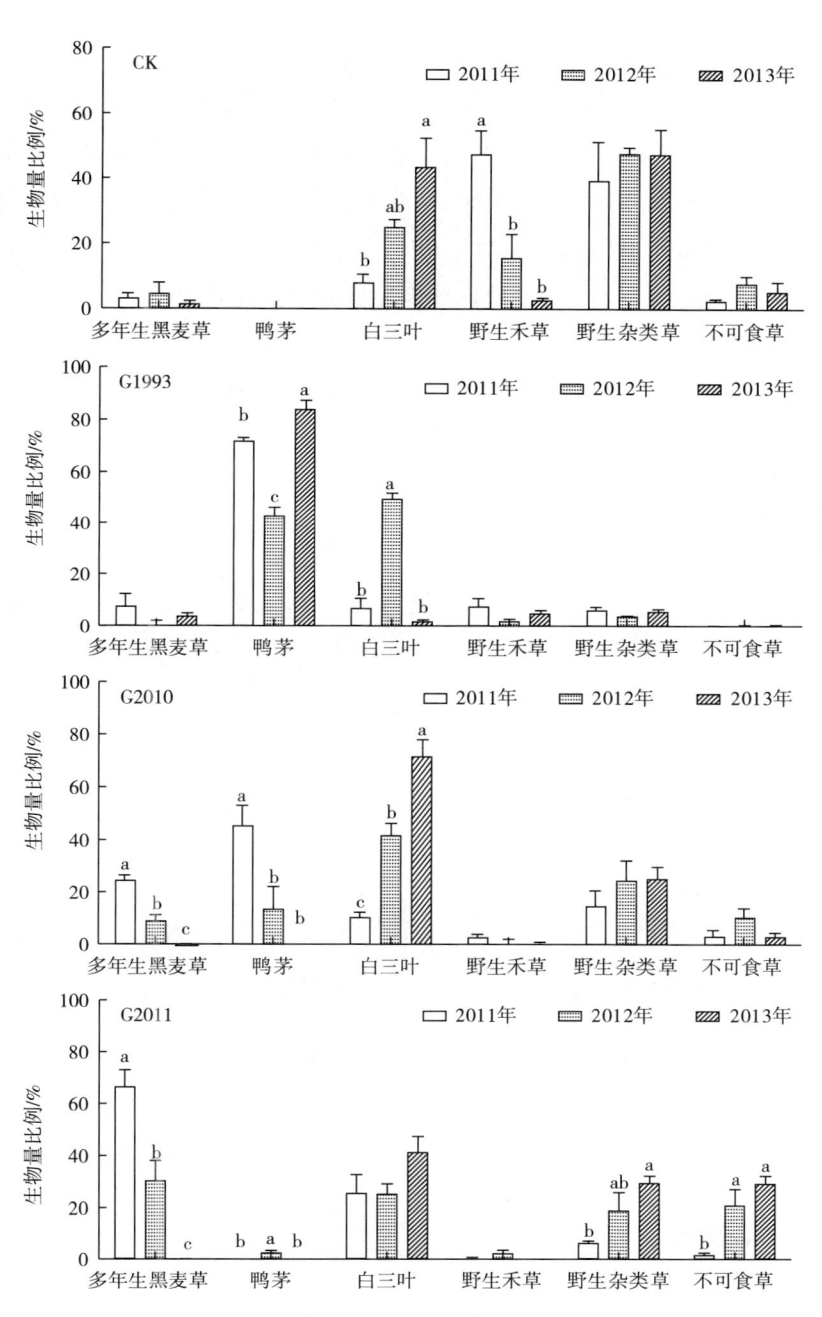

图 2-9　不同改良处理草地播种和非播种植物生物量比例年际动态

不同改良草地播种和非播种植物的地上生物量年均值及其比例结果

显示，播种的多年生黑麦、鸭茅和白三叶及非播种的野生禾草、野生杂类草和非可食植物生物量及其比例均在不同改良处理草地之间差异显著（图2-10）。其中，多年生黑麦草及其比例为G2011草地显著高于其他处理，鸭茅生物量及其比例为G1993草地显著高于其他处理；4个改良处理的白三叶生物量比例保持在20%~30%，且无显著差异；野生禾草和野生杂类草生物量及比例均为CK处理草地显著高于其他处理。

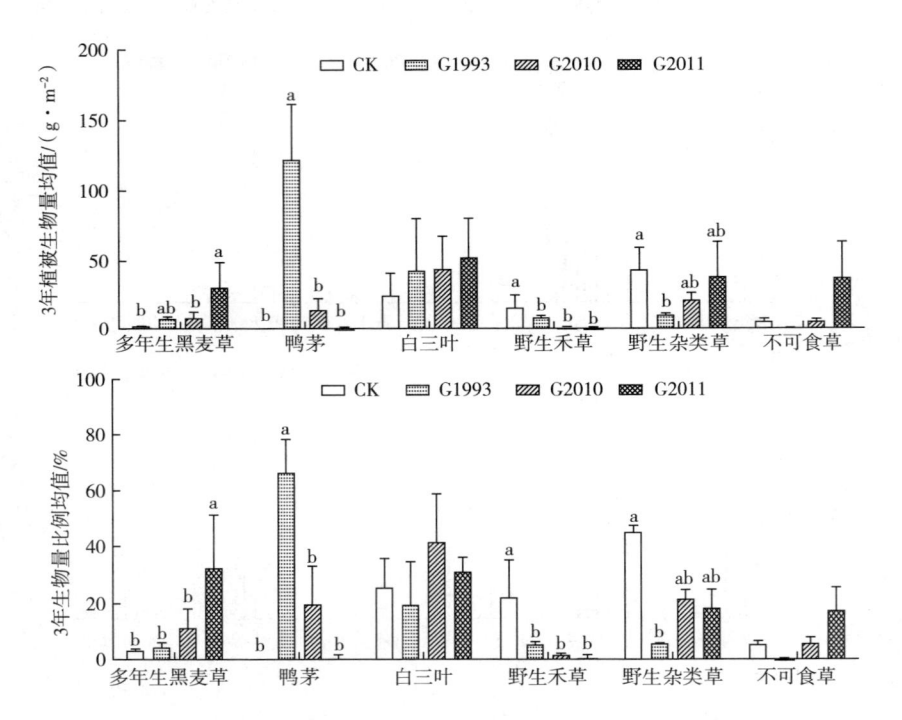

图2-10 不同改良草地播种和非播种植物的地上生物量年均值及其比例

注　不同小写字母表示不同改良处理草地之间差异显著（$p<0.05$）；无字母者表示差异不显著（$p>0.05$）。

（二）牧草养分

1. 常量和微量元素

不同改良年份处理草地牧草常量和微量元素含量季节动态结果显示，4个改良年份处理草地的牧草P、K、Na、Ca、Mg、Fe、Cu、Zn、Mn含量均在各月份之间差异显著（图2-11和图2-12）。常量元素中，牧草P和

Mg 含量均为 4 月最低，12 月最高；牧草 K 含量除 G2011 草地在月份间差异不显著外，其他 3 个改良处理草地牧草 K 含量均为 8 月最高，12 月最低；Na 含量均为 8 月<4 月<12 月；牧草 Ca 含量为 4 月和 8 月>12 月。微量元素中，牧草 Fe 含量，CK 和 G1993 草地为 8 月<4 月和 12 月，G2011 草地为 4 月低于其他月份；牧草 Cu 和 Zn 含量，各改良处理草地均为 12 月>4 月和 8 月；CK 草地中牧草 Zn 含量为 8 月<4 月和 12 月，G2010 和 G2011 草地为 4 月<8 月<12 月；牧草 Mn 含量，CK 草地为 12 月>4 月和 8 月，G2011 草地为 8 月>4 月和 12 月，其他 2 个草地均无季节性差异。

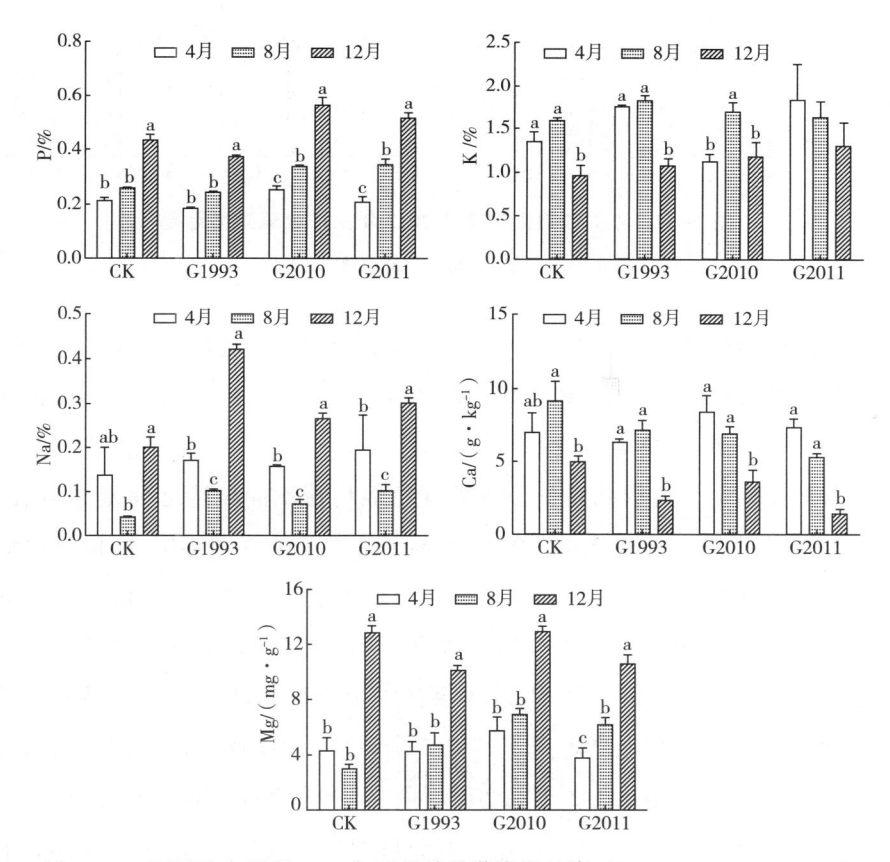

图 2-11　不同改良处理 2012 年采样的牧草常量元素（P、K、Na、Ca、Mg）含量季节动态

注　不同小写字母表示同一改良处理草地在不同采样月份之间差异显著（$p<0.05$），无字母者表示差异不显著（$p>0.05$）。下同。

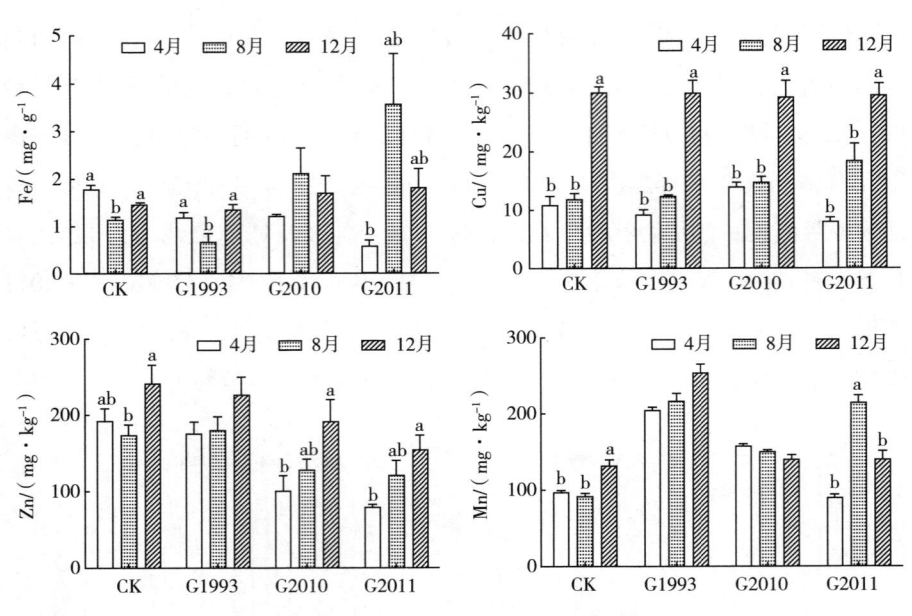

图 2-12 不同改良处理草地 2012 年采样牧草微量元素
（Fe、Cu、Zn、Mn）含量季节动态

不同改良处理草地牧草 P、K、Na、Ca、Mg 含量年际动态结果显示，改良处理和采样年份均对牧草 P、K、Na、Ca、Mg、Fe、Cu、Zn、Mn 含量影响显著（图 2-13 和图 2-14）。

常量元素中，牧草 P 含量，各处理草地均在不同年际之间差异显著，且 G1993 草地和 G2010 草地为 2013 年显著低于其他采样年份，CK 草地则为 2012 年>2011 年和 2013 年；不同改良处理均为 G2010 草地和 G2011 草地>CK 和 G1993 草地（图 2-13）。牧草 K 含量，2012 年在各改良年份处理之间差异不显著，2011 年和 2013 年在 4 个改良处理之间差异显著，且为 G1993 和 G2011 草地显著高于其他 2 个草地；不同年际之间差异显著，且 CK 草地为 2011 年<2012 年和 2013 年，G1993 和 G2010 草地为 2013 年低于其他采样年份。牧草 Na 含量，各改良处理草地均为 2011 年>2012 年和 2013 年；不同改良处理样地均在 3 个采样年份之间差异显著，且均为 G1993 和 G2011 草地>CK 和 G2010 草地。牧草 Ca 含量，各改良处理草地均在不同采样年份之间差异显著，CK、G1993 和 G2010 草地为 2012 年>

2013 年，G2011 草地 2011 年最高，2013 年最低；不同改良处理草地，2011 年为 G2011 草地>CK 和 G2010 草地，2012 年为 G2011 草地低于其他草地。牧草 Mg 含量，各改良处理草地在不同年份之间差异显著，均为 2013 年>2011 年>2012 年；不同改良处理为，2011 年和 2012 年 G2010 和 G2011 草地牧草 Mg 含量高于其他草地，2013 年则在不同改良处理草地之间差异不显著。

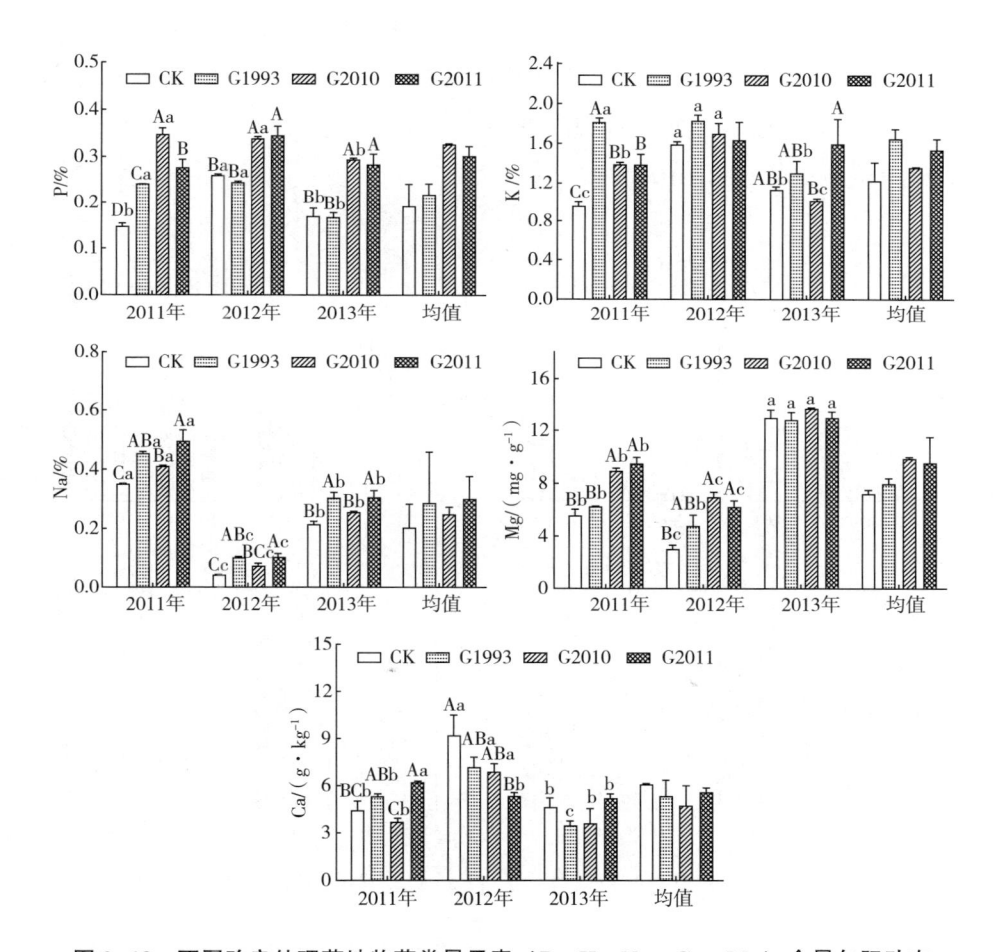

图 2-13 不同改良处理草地牧草常量元素（P、K、Na、Ca、Mg）含量年际动态

注　不同大写字母表示同一采样年份下不同改良处理草地之间差异显著（$p<0.05$），
不同小写字母表示同一改良处理草地在不同测定年份之间差异显著（$p<0.05$），
无字母者表示差异不显著（$p>0.05$）。均值表示该指标三年的平均值。下同。

微量元素中，牧草 Fe 含量，CK、G1993 和 G2011 草地年际变化均为 2011 年和 2012 年>2013 年；3 个采样年份均为 G1993 草地显著低于其他草地（图 2-14）。牧草 Cu 含量，4 个改良处理草地年际变化均为 2011 年>2012 年，3 个采样年份均为 G2010 和 G2011 草地>CK 和 G1993 草地。牧草 Zn 含量，CK、G2010 和 G2011 草地年际变化为 2011 年最高、2013 年最低，G1993 草地年际间无显著变化；相同年份牧草 Zn 含量为 G1993 草地显著高于其他 3 个草地。牧草 Mn 含量，G1993 和 G2010 草地年际变化为 2011 年和 2012 年>2013 年、G2011 草地为 2012 年>2011 年和 2013 年；且 2011 年为 G1993 和 G2010 草地>CK 和 G2011 草地，2012 年为 G1993 和 G2011 草地>CK 和 G2010 草地。

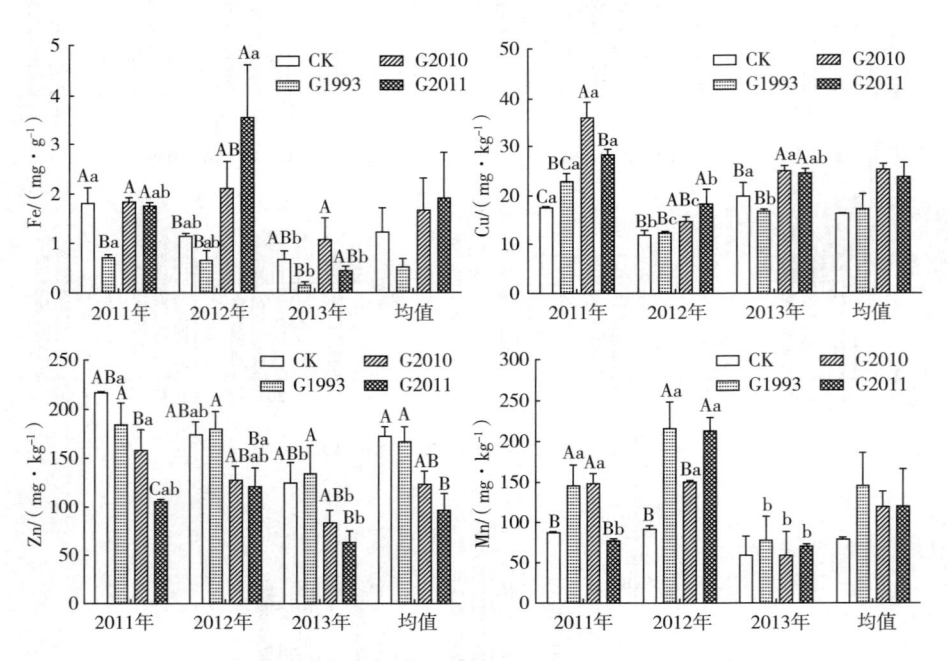

图 2-14 不同改良处理牧草微量元素（Fe、Cu、Zn、Mn）含量年际动态

2. 营养价值

2012 年，4 个改良处理草地牧草营养价值指标 NDF、ADF、WSC、ME、DOMD 在不同月份之间差异显著（图 2-15）。CK 草地牧草 ADF 含量在 12 月低于其他月份，G2010 和 G2011 草地牧草 ADF 含量则在 4 月低于

其他月份。4 个改良处理草地牧草 WSC 含量均为 12 月>4 月和 8 月，牧草 ADF 含量均为 4 月>8 月和 12 月。2012 年，G1993 和 G2011 草地牧草 ME、CP、DOMD 含量为 8 月>4 月和 12 月；而 CK 和 G2010 草地 ME、CP、DOMD 含量无季节性差异。

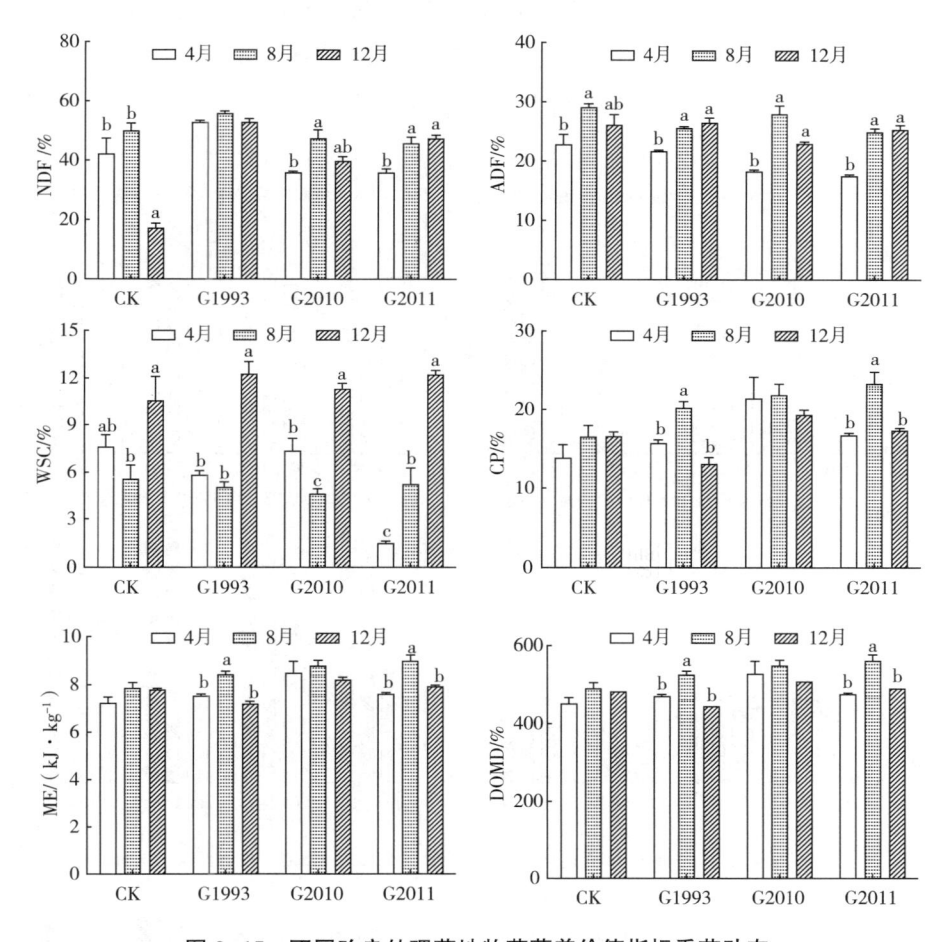

图 2-15 不同改良处理草地牧草营养价值指标季节动态

改良处理和采样年份均对草地牧草 NDF、ADF、WSC、CP、ME、DOMD 含量影响显著（图 2-16）。各改良处理草地牧草 NDF 含量在不同年份之间差异显著，G1993 草地为 2011 年<2012 年<2013 年，G2011 草地与前者相反。各采样年份牧草 NDF 含量在不同改良草地之间差异显著，2011

年 G2011 草地显著高于其他 3 个草地，而 2012 年和 2013 年以及年际均值均为 G1993 草地高于其他 3 个草地。

各处理草地牧草 ADF 含量在不同年份之间差异显著，2011 年 CK 和 G2010 草地牧草 ADF 最低，呈逐年上升趋势；G1993 和 G2011 草地 2012 年最低（图 2-16）。3 个采样年份牧草 ADF 在不同改良草地之间差异显著，为 2011 年 CK 和 G2010 草地显著低于 G1993 和 G2011 草地，2012 年与 2011 年与之相反，2013 年则为 G2011 草地最低。

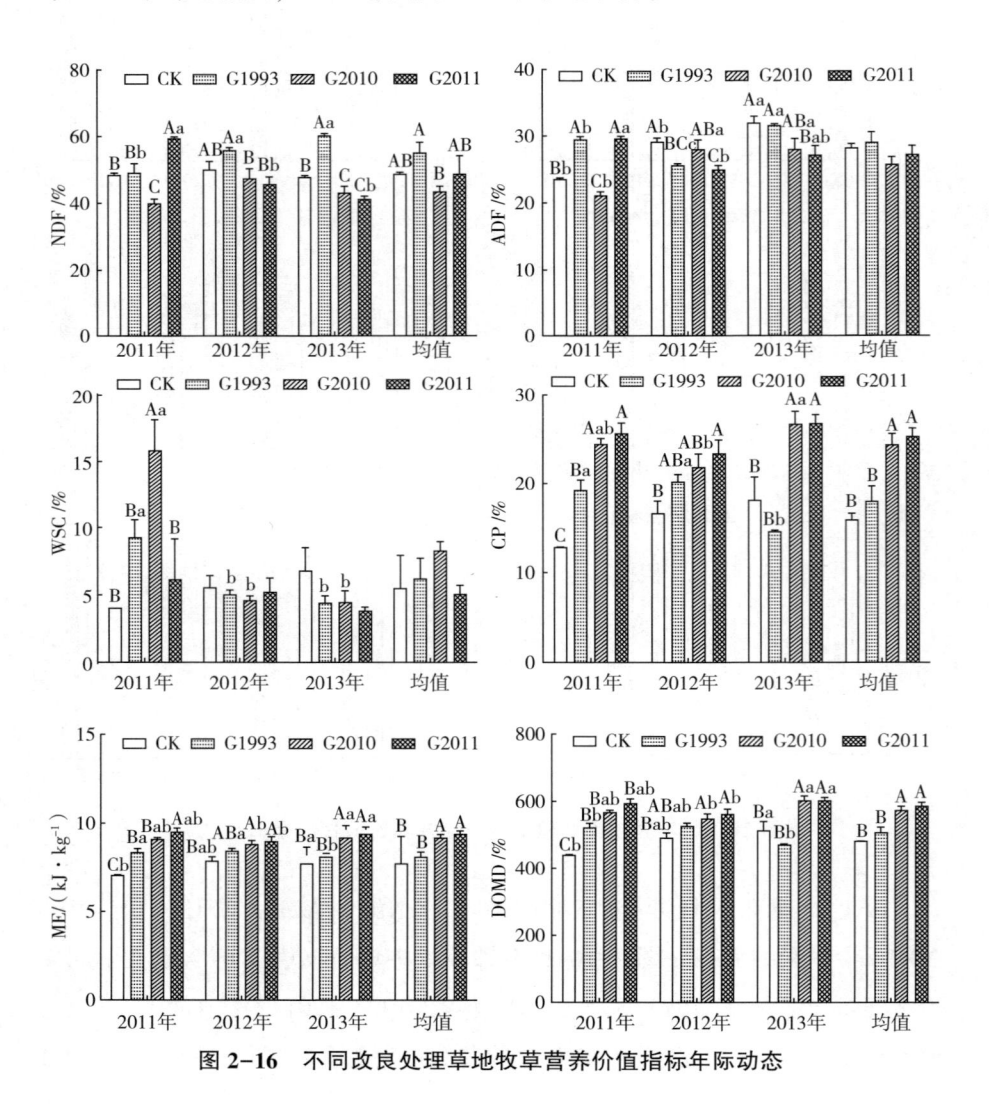

图 2-16 不同改良处理草地牧草营养价值指标年际动态

不同改良处理草地牧草 WSC 含量在不同采样年份间差异显著，G1993 和 G2010 草地在 2011 年最高（图 2-16）。牧草 WSC 含量在 2011 年不同改良处理草地之间差异显著，均为 G2010 草地显著高于其他 3 个草地。

G1993 和 G2010 草地牧草 CP 含量在不同采样年份之间差异显著（图 2-16）。其中 G1993 草地在 2013 年时显著低于其他年份，2012 年 G2011 草地的 CP 含量显著低于其他 3 个草地。各采样年份牧草 CP 含量在不同改良处理样地之间差异显著，各年份 G2010 和 G2011 草地及年际均值的牧草 CP 含量均显著高于 CK 和 G1993 草地。

各改良处理草地牧草 ME 含量在不同采样年份之间差异显著，CK 草地 ME 含量 2011 年最低，逐年增加，G1993 草地 2013 年最低，而 G2010 和 G2011 草地 2012 年较低（图 2-16）。牧草 ME 在不同改良处理草地之间差异显著，均为 G2010 和 G2011 草地>CK 和 G1993 草地。牧草 DOMD 年际动态与 ME 变化趋势相似。

3. 饲料价值评定

不同改良处理草地牧草 DMI、RFV、GI 差异显著，而其 DDM 差异不显著（表 2-11）。G2010 草地牧草 DMI、RFV、GI 显著高于 G1993 草地，并与 CK 和 G2011 草地差异不显著。可见，G2010 草地饲料品质最高，CK 和 G2011 草地次之，G1993 草地最低。

表 2-11 不同改良处理草地牧草饲料评定

饲料评价指标	CK	G1993 草地	G2010 草地	G2011 草地	显著性
DDM/%	66.46±1.92	66.46±1.36	68.94±1.79	67.76±1.05	ns
DMI/(g·d^{-1}·kgW$^{0.75}$)	0.94±0.01ab	0.94±0.06b	1.2±0.06a	1.08±0.11ab	*
RFV	128.46±3.78ab	113.71±7.69b	150.04±10.74a	133.4±15.27ab	**
GI	16.20±2.48b	15.89±3.54b	38.53±5.37a	33.52±7.51ab	**

注 小写字母不同者表示在不同处理间在 0.05 水平上差异显著。ns，*，** 分别代表 $p>0.05$，$p<0.05$ 和 $p<0.01$。

（三）土壤养分

1. pH 和有机质

各改良处理草地两层土壤 pH 值和有机质在不同年份或改良处理草地之间均差异显著（图 2-17 和图 2-18）。其中，4 种改良处理草地的年际变化，土壤 pH 为 2011 年>2013 年>2012 年，土壤有机质 2011 年最高，且呈逐年降低趋势（图 2-19）。不同改良处理土壤 pH，各年份各土层均为 CK 草地>G2011 草地和 G1993 草地>G2010 年草地，且各土层 pH 年际均值在各类草地之间差异不显著；土壤有机质含量 2011 年为 CK 和 G2011 草地>G1993 和 G2010 草地，2012 年或 2013 年各改良处理草地土壤有机质年均值均无显著差异。此外，各个改良处理草地的土壤有机质含量均在不同季节之间差异不显著（$p>0.05$）（图 2-19）。

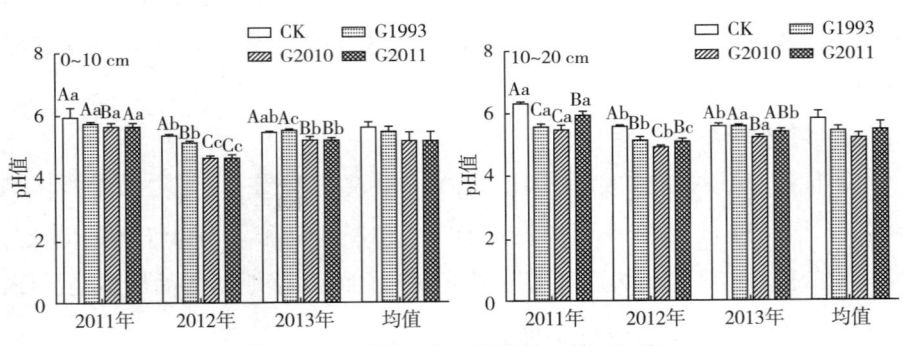

图 2-17 不同改良处理草地土壤 pH 值

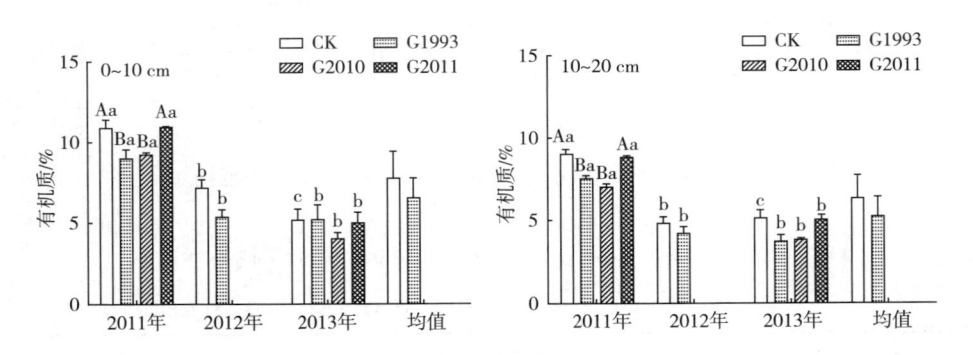

图 2-18 不同改良处理草地土壤有机质年际动态

注 2012 年 G2010 和 G2011 年有机质数据缺失。

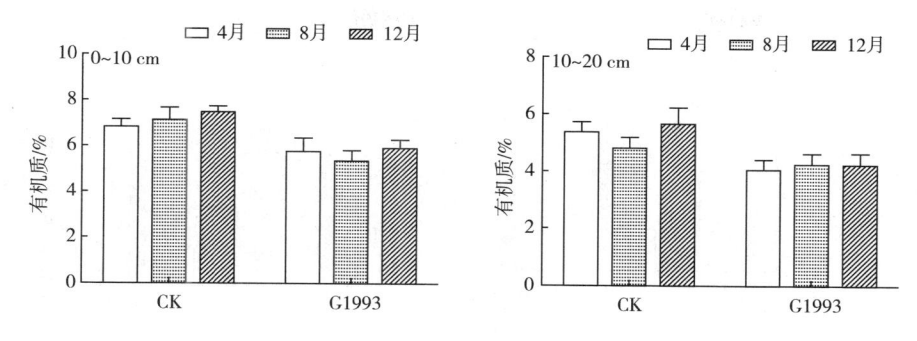

图 2-19　不同改良处理草地土壤有机质含量季节动态

2. 常量元素

2012 年，土壤常量元素 P、Na、Mg 等在不同改良处理草地不同季节之间差异显著（图 2-20）。0~10 cm 和 10~20 cm 土壤 P、Na、Mg 含量均为 12 月显著高于 4 月和 8 月，冬季变化幅度较大。G1993 草地土壤 0~10 cm N 含量为 4 月和 12 月>8 月，而 CK 和 G2010 草地土壤 N 含量为 12 月>4 月；10~20 cm 土层，CK 和 G2011 草地土壤 N 含量为 8 月<4 月和 12 月。0~10 cm 土壤 K 含量 4 月最高，随季节逐渐减少；10~20 cm 土层，G2010 草地土壤 K 含量在季节间无显著差异，其他草地 K 含量 12 月最低，4 月和 8 月 K 含量无显著差异。土壤常量元素季节动态变化显著，N、P、Na、Mg 含量整体为 4 月和 8 月<12 月，K 含量呈相反趋势。

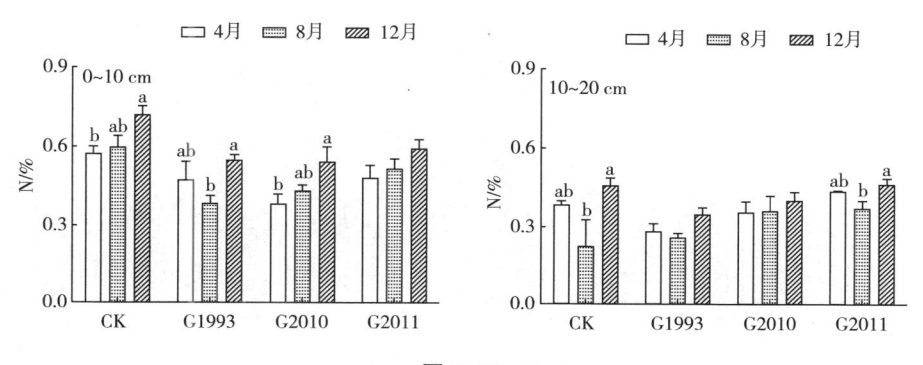

图 2-20

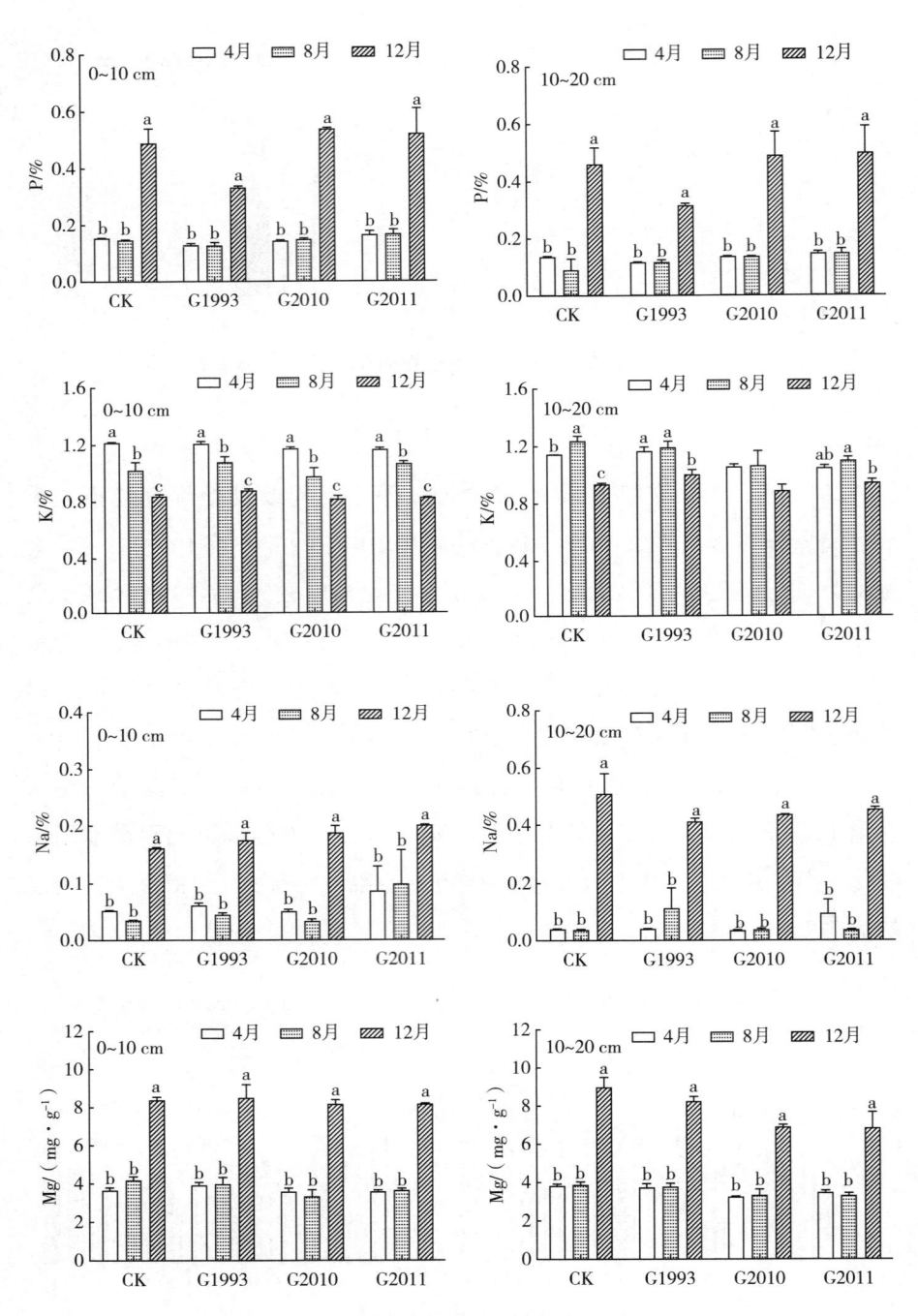

图 2-20 不同改良处理草地土壤常量元素季节动态

改良处理和采样年份均对草地各土层土壤常量元素 P、K、Na、Ca、Mg 含量影响显著（图 2-21）。G2010 草地各土层 N 含量在 3 年期间差异显著，均为 2012 年>2011 年和 2013 年。各采样年份土壤 N 含量在不同改良处理草地之间差异显著。0~10 cm 土层，2012 年草地土壤 N 含量为 CK 草地最高，G1993 草地最低；10~20 cm 土层，G2011 草地土壤 N 含量在 3 年期间均显著高于其他草地。10~20 cm 土层，各改良处理草地土壤 N 含量的年均值差异显著，且 G2011 草地>G1993 草地。

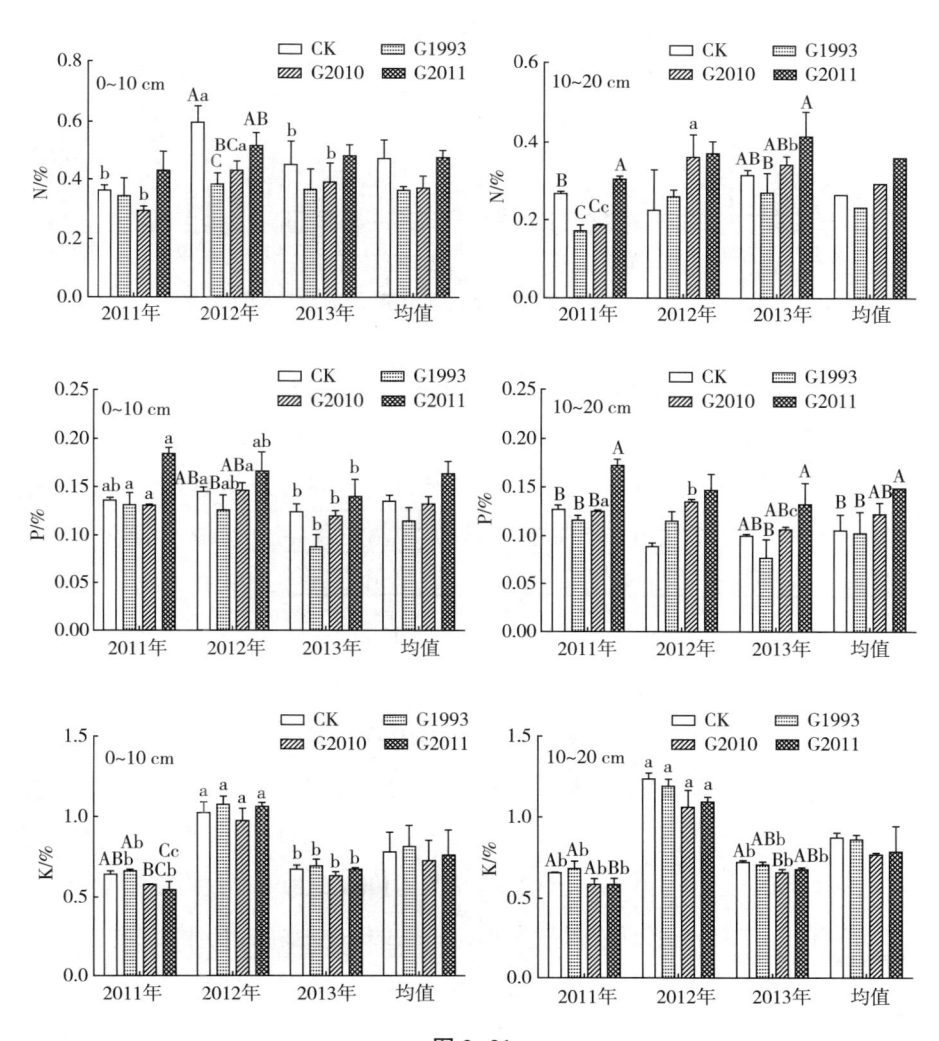

图 2-21

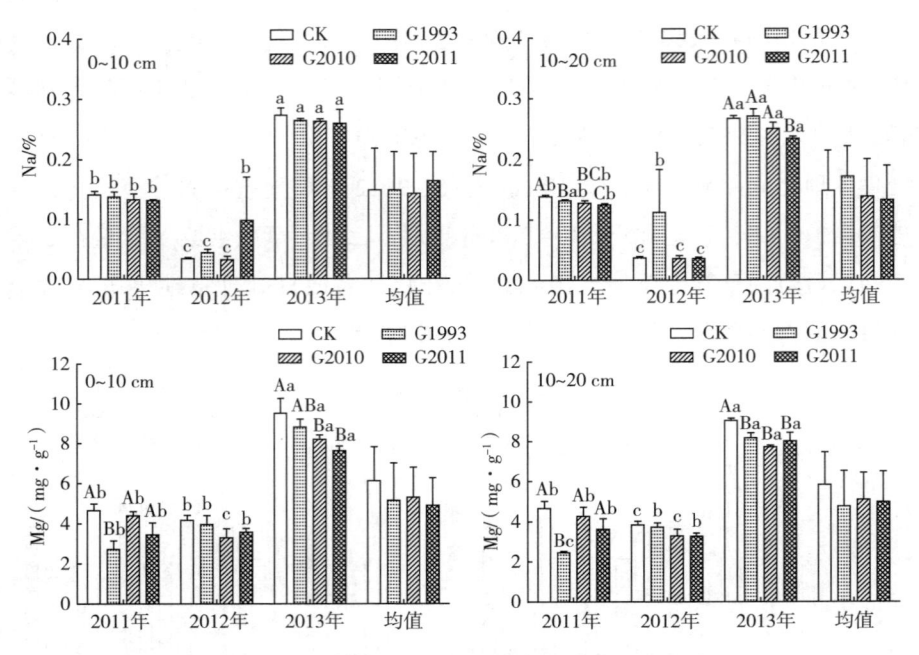

图 2-21 不同改良处理草地土壤常量元素含量年际动态

　　0~10 cm 土层，各改良处理草地土壤 P 含量在不同年份之间差异显著，为 2013 年<2011 年和 2012 年；10~20 cm 土层，G2010 草地土壤 P 含量年际间差异不显著（图 2-21）。2012 年 4 个改良处理草地 0~10 cm 土壤 P 含量差异显著，而 2011 年和 2013 年则为 10~20 cm 土壤 P 含量在 4 个改良处理草地之间差异显著。0~10 cm 土层，2012 年土壤 P 含量为 G1993 草地<G2011 草地，10~20 cm 土层，2011 年和 2013 年土壤 P 含量为 G2011 草地>G2010 和 CK 草地>G1993 草地。0~10 cm 和 10~20 cm 土层 P 含量年均值为，G2011 年和 G2010 草地>CK 和 G1993 草地。

　　各改良处理草地各层土壤 K 含量在不同年份之间差异显著，均为 2012 年>2011 和 2013 年（图 2-21）。土壤 K 含量在不同改良处理草地之间差异显著；其中，2011 年 0~10 cm 土壤 K 含量为 G1993 草地>G2011 草地；2011 年和 2013 年 10~20 cm 土层 K 含量为 CK 和 G1993 草地>G2010 和 G2011 草地。

　　采样年份对各土层各改良处理草地土壤 Na、Mg 含量影响显著，均为 2013 年>2011 年和 2012 年（图 2-21）。改良年份对草地 10~20 cm 土壤 Na

含量影响显著,其中 2011 年和 2013 年,G2011 草地土壤 Na 含量显著低于其他改良处理草地。2011 年和 2013 年,各土层土壤 Mg 含量在不同改良处理草地之间差异显著;其中,2011 年 G1993 草地土壤 Mg 含量显著低于其他草地,2013 年 CK 草地土壤 Mg 显著高于其他 3 个草地。

3. 微量元素

2012 年,各改良处理草地两层土壤的 Cu、Zn 和 Mn 含量在不同测定月份之间差异显著,而土壤中的 Fe 在月份间无显著变化(图 2-22)。4 个改良处理草地的土壤 Cu 和 Zn 含量为 12 月>4 月和 8 月。0~10 cm 土层,G2011 处理 Mn 含量为 12 月>4 月和 8 月,10~20 cm 土层,CK 和 G1993 草地 Mn 含量为 4 月和 12 月>8 月。

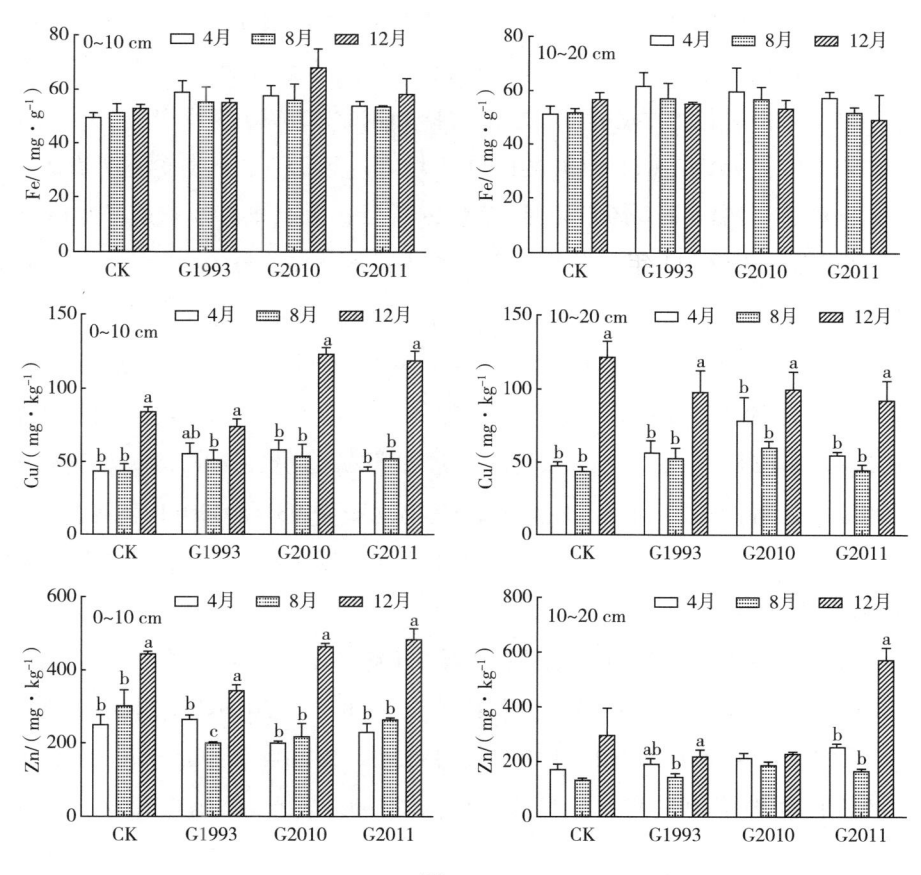

图 2-22

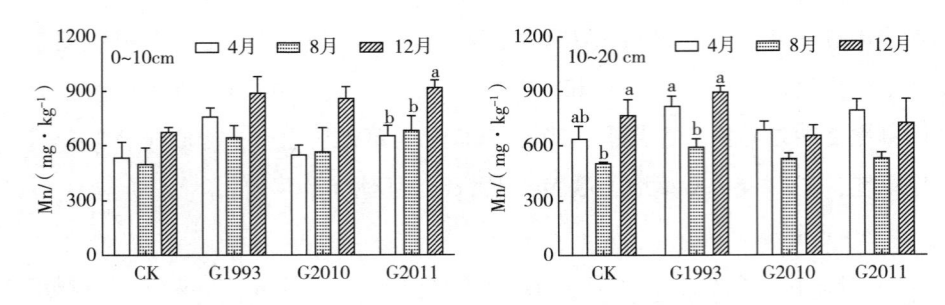

图 2-22　不同改良处理草地土壤微量元素含量季节动态

改良处理和采样年份均对草地牧草微量元素 Fe、Cu、Zn、Mn 含量影响显著（图 2-23）。采样年份对 4 类草地 0~10 cm 和 10~20 cm 土层 Fe 含量影响显著，均为 2011 年<2012 年和 2013 年。改良处理对 2011 年土壤 Fe 含量影响显著，G1993 草地显著高于其他草地；10~20 cm 土层，2013 年 4 个改良处理草地土壤 Fe 含量差异显著，且 CK 草地显著低于其他 3 个草地。采样年份对各土层 Cu 含量差异显著，CK 和 G2010 草地均为 2011 年<2013 年和 2012 年。2011 年和 2013 年土壤 Cu 含量在 4 个改良处理草地之间差异显著：2011 年 G1993 草地土壤 Cu 含量显著高于其他草地，2013 年 G2010 草地土壤 Cu 含量显著高于其他 3 个草地；10~20 cm 土层，2012 年和年际均值的土壤 Cu 含量均为 CK 草地显著低于其他草地。

各改良处理草地土壤 Zn 含量在不同年际之间差异显著，CK、G1993 和 G2011 草地为 2013 年和 2012 年>2011 年，而 G1993 草地为 2011 年和 2013 年>2012 年（图 2-23）。不同年份土壤 Zn 含量在不同改良处理草地之间差异显著，2011 年为 CK 和 G2010 草地<G1993 和 G2011 草地。10~20 cm 土层，2012 年和 2013 年，G1993 草地土壤 Zn 含量显著低于其他草地，而 2011 年则与之相反。

CK、G1993 和 G2010 草地两层土壤 Zn 含量在不同年际之间差异显著，而 G2011 草地则年际间差异不显著；其中，CK 和 G2010 草地年际变化相似，为 2011 年<2012 年<2013 年（图 2-23）。2011 年，草地土壤 Zn 含量在各改良处理草地之间差异显著，均为 G1993 草地>G2011 草地>CK 和 G2010 草地。

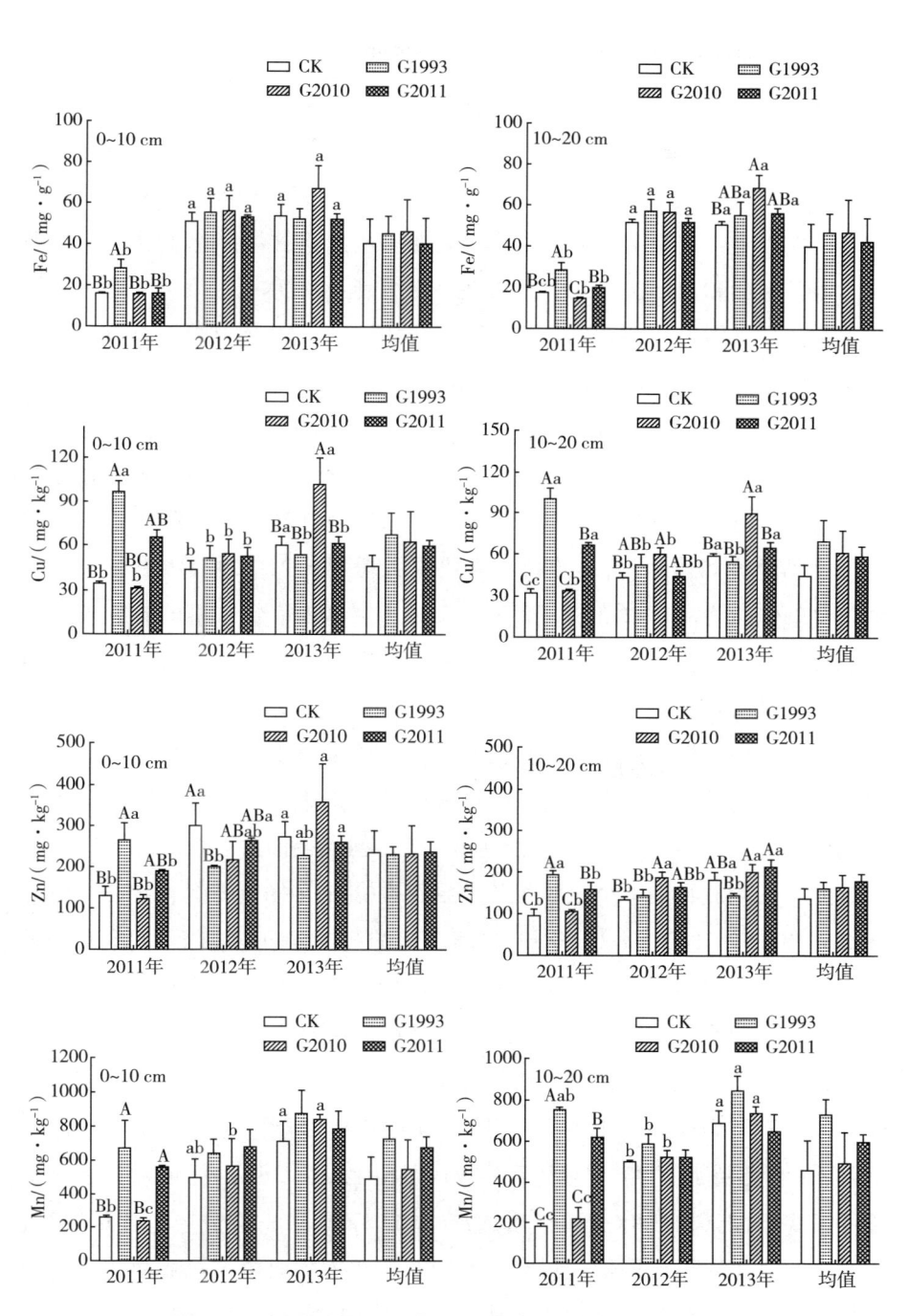

图 2-23 不同改良处理草地土壤微量元素含量年际动态

三、讨论与结论

本研究各季节牧草矿质元素 K、Na、Ca、Mg、Fe、Cu、Zn、Mn 等含量基本均在 NRC（1985）和 SCA（1990）制定的家畜饲养所需养分适宜范围之内或以上；这说明，本研究草地主要矿质元素含量能基本满足家畜需求。但付照武和廖加法（2007）发现，威宁地区禾草+三叶草草地上，放牧绵羊常出现缺 Cu 症的"摆腰病"；其原因可能是牧草中较高的 Ca 含量抑制了家畜对牧草 Cu 的吸收和代谢利用（李亚奎等，2012）。为明确贵州威宁禾草+三叶草草地上放牧绵羊 Cu 缺乏症发生的原因需进行家畜体内矿质养分的进一步分析。同时，以往国内学者对禾草+三叶草草地养分分析时，将牧草分为白三叶、多年生黑麦草和杂类草 3 类，分别测定了其矿质养分（傅林谦和白静仁，1998）。本研究考虑到人工草地放牧系统中，实际牧草的供给为混合牧草这一情况，而对 4 类草地混合牧草的养分进行了系统分析；这更符合生产实际，对禾草+三叶草草地放牧系统草畜平衡的深入研究具有重要实践意义。

本研究中 4 类草地的白三叶比例相似。这是由于虽然白三叶蛋白质含量高，但其植株矮小，紧贴地面，造成牛采食困难，且其匍匐茎特征更耐牛的践踏，故随草地利用年限的延长，白三叶能在该类草地长期稳定生存。此与长期放牧绵羊草地的相关结果存在分异（杨允菲等，1995；Rook et al.，2002）。这说明，禾草+三叶草草地的演替方向可能因不同家畜种类采食特性差异而不同。本研究 G2011 和 G2010 草地杂草侵入较多；这进一步说明，草地改良初期，杂草管理对草地稳定性起关键作用。

改良对草地植物物种数无显著影响，但其对草地植被构成的作用随改良时间的延长表现出一定差异。其中，CK 草地多年生黑麦草生物量逐年降低；G1993 草地的鸭茅生物量逐年升高；G2010 草地的播种禾草生物量逐年减少，而其白三叶量逐年增加；G2011 草地的一年生杂草含量较高，但其多年生黑麦草比例依然最高。同时，G1993 草地植被构成简单，其饲料价值评定结果低于其他 3 类草地；G2010 草地向稳定态过渡，与建植初期发生较大分异，且其牧草饲用价值高；而 G2011 草地处于建植初期，生物量最高，易受一年生杂类草侵入。

改良年份处理对草地的作用主要体现于植被构成指标，对土草养分影响不显著。土壤和牧草养分含量均随矿质种类、采样年份和草地改良处理不同而季节变化较大，一般表现为，土壤的 N、P、Na、Mg、Cu、Zn 含量为 12 月>8 月和 4 月，K 含量为 4 月>8 月>12 月；牧草的 P、Na、Mg、Cu、Zn 含量为 12 月>8 月和 4 月，NDF 和 ADF 含量春季最低，WSC 含量冬季最高；且牧草 ME、CP、DOMD 在 2012 年均为 8 月>4 月和 12 月。

第五节　禾草+白三叶草地建植案例

目前，我国南方喀斯特地区禾草+白三叶草地改良和人工草地建植，常采用直接翻耕、播种改良的方法；也有将一定数量家畜晚上高密度集中在一个宿营地数日，待退化草地草皮被家畜宿营时的践踏和粪尿沉积等完全破坏后，再播种一定比例的禾草和白三叶种子而建植草地的方法。虽然直接翻耕播种改良法具有建植速度快的优点，但存在建植后的禾草+白三叶草地杂草较多，稳定性差，易退化的缺点；而家畜宿营建植改良法虽然建植效果好，但存在建植速度慢、成本高的缺陷。因此，探究一种建植效果好、成本低、稳定性高的禾草+白三叶草地建植方法，对我国南方喀斯特山区草地畜牧业的可持续发展极其重要。

基于草田轮作原理及笔者多年在云贵地区的禾草+白三叶草地建植和管理利用实践，在充分考虑云贵喀斯特地区退化草地改良和草山、草坡改良建植时宜采用的豆禾混播方案，以云南寻甸种羊繁育中心等地的禾草+白三叶草地建植或退化混播草地改良为例，提出了云贵高原地区禾草（鸭茅、多年生黑麦草）+白三叶草地的建植技术体系（图 2-24）。该豆禾混播草地建植技术体系已被应用到云南省寻甸种羊繁育中心的禾草（鸭茅+多年生黑麦草）+白三叶退化草地改良实践中，具体步骤如下：

（1）第一年 7~8 月翻耕，深度 20 cm，并撒播 100~110 kg·hm^{-2} 光叶紫花苕肥田，撒播的同时施第一基肥（包括 GaMgP 肥 250~275 kg·hm^{-2}、

K_2SO_4 肥 35~40 kg·hm^{-2} 和尿素 80~85 kg·hm^{-2}）；第一年 12 月初或第二年 3 月机械刈割收获光叶紫花苕；

（2）第二年 4~5 月翻耕，深度 20 cm、条播 45 kg·hm^{-2} 的一年生饲用玉米——会白玉 11 号，深度 3 cm，施第二基肥（250~275 kg·hm^{-2} 复合肥）；玉米 5 叶期除杂草；玉米 7~9 片真叶期追施（400~500 kg·hm^{-2} 尿素）；第二年 9 月中、下旬机械刈割收获饲用玉米；

（3）第二年 9~10 月翻耕，深度 20 cm，混合条播多年生黑麦草 7.5 kg·hm^{-2} 和 15 kg·hm^{-2} 鸭茅。施第三基肥（施肥种类及施肥量同第一基肥）。条播后优选覆土 2~3 cm；

（4）第三年 5~6 月不翻耕，雨季撒播白三叶草 7.5 kg·hm^{-2}，施第四基肥（施肥种类及施肥量同第一基肥）。撒播白三叶草后，用家畜放牧践踏，使白三叶种子落入地面接触土壤，利于种子萌发。

该禾草+白三叶草地建植技术体系适用于我国云贵喀斯特地区的草山、草坡改良或严重退化的禾草+白三叶草地重新建植（图 2-24）。该技术体系已被成功应用到云南省寻甸种羊繁育中心的生产实践中，将当地禾草（鸭茅+多年生黑麦草）+白三叶草地的草畜生产力提高 35%以上，减少了水土流失，为我国南方喀斯特地区混播草地的建植和管理提供了技术示范。

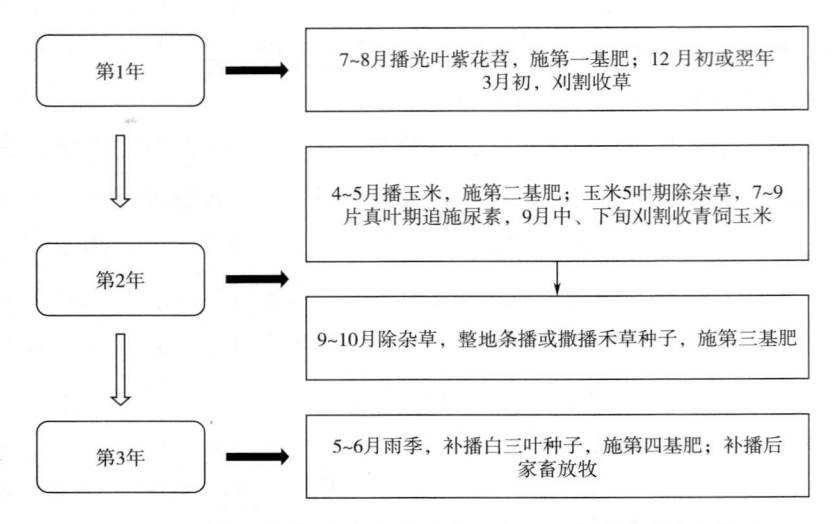

图 2-24 禾草（鸭茅+多年生黑麦草）+白三叶草地建植技术体系

第三章　禾草+白三叶草地的刈牧利用

第一节　放牧强度对禾草+白三叶草地植被特征和土壤养分的影响

多年生黑麦草（*Lolium perenne*）+白三叶草（*Trifolium repens*）混播草地在世界各地的温带草地中广泛应用（Bircham and Hodgson，1983；蒋文兰和李向林，1992；Herna'ndez et al.，1993；Marriott et al.，1997；Griffiths et al.，2003；Menneer et al.，2005；袁福锦等，2013）。自20世纪80年代以来，多年生黑麦草+白三叶草地在我国南方亚热带中纬度地区普遍建植，成为我国中海拔亚热带地区重要放牧地和刈草地，在我国和世界草地畜牧业发展中起重要作用（杨允菲等，1995；于应文等，2002）。通常，多年生黑麦草+白三叶混播草地的生产性能和种间关系受外界环境和管理方法等多方面影响（Sackville et al.，1989；Binne et al.，1991；Schwinning et al.，1996；Nassiri et al.，1998；Yu et al.，2005）。其中，放牧强度是一个重要管理因素，一定的放牧强度和草地利用率可降低牧草死亡损失，利于草地更新、生产力保持及群落结构稳定；而不合理的草地利用会使草地产量下降，品质低劣，群落结构改变，从而引起草地退化。因此，适宜放牧强度管理对草地群落生产力和稳定性维持起重要作用。

在禾草+白三叶草地中，主要生长单位是禾草的分蘖和白三叶草的匍匐茎，所以可将该类草地作为多年生黑麦草分蘖和白三叶生长点的种群（Chapman，1986；Höglind et al.，1998）。在此情况下，牧草产量或现存生物量是草地上所有多年生黑麦草分蘖或白三叶根茎分枝的总株数乘以其平均重量。因此，刈牧强度对牧草个体生长的单位密度与重量之间平衡的影响一直是研究者的关注点。这方面的早期研究往往倾向于探讨是否通过增加禾草的分蘖密度、分蘖重量或二者的结合来进一步提高禾草产量（Bircham et al.，1983；Volenec et al.，1983）。其他研究则报道牧草种群的叶面积指数与干物质生物量关系并建立二者的曲线关系（King et al.，1984）。对于白三叶来说，其根茎分枝或分枝密度、生长点数以及叶片大小和叶片数量都与产量、生物量百分比及其持久性有关（King et al.，1984；Williams & Haynes，1995；Yang et al.，1995；Marriott et al.，1997）。经过长期对豆禾混播草地中禾草分蘖或白三叶匍匐茎大小/密度补偿（size/density compensation，SDC）的观察，许多学者已经认识到这是该类混播草地植被发展的重要特征。随着放牧强度的增加，草地禾草的分蘖密度增加，而分蘖重量会减少。虽然国内外诸多学者已对不同放牧强度下多年生黑麦草+白三叶混播草地的生产力、植被构成、种间关系及种群特性等进行了系统研究（Davies，1988；Binne et al.，1991；Lush et al.，1992；蒋文兰和李向林，1992；傅林谦和白静仁，1995；Matthew et al.，1995；朱琳等，1995；Nie et al.，1997；Herna'ndez Garay et al.，1999；徐震等，2003；周姗姗等，2012），但关于白三叶匍匐茎密度的变化及其和多年生黑麦草混播草地中比例变化的研究较少。Curllet 等（1985）使用单位面积白三叶匍匐茎长度（$m \cdot m^{-2}$）作为白三叶匍匐茎密度的测量方法，并发现在较高放牧强度下白三叶匍匐茎密度较低，但没有给出可以测定 SDC 的具体方法。Barthram 等（1992）使用单位面积白三叶生长点数（匍匐茎生长点）作为其匍匐茎密度的测定标准，通过白三叶生长点密度与播种牧草总生长点密度（禾草分蘖+白三叶生长点）的比值来评估混播草地中白三叶的生长行为。Brereton 等（1985）报道了第三种评估多年生黑麦草+白三叶竞争平衡的方法，可用白三叶面积作为其总地被物覆盖的百分比，绘制了变化图。但是，这些研究都没有涉及将白三叶作为与多年生黑麦草共生的植物物种，并分析其 SDC 变化特征的研究内容。本书探究在两个生长季节内，4 种放牧强度下 5 个时间段内，多年生黑麦草和白三叶混播草地中二者的 SDC 变化。对其 SDC 关系的测定既包括草地内空间异质性引起的 SDC 关系，也包括草地对不同放牧强度适应引起的 SDC 关系，这两类 SDC 关系均被考虑。本研究的目的是获得混播草地中多年生黑麦草和白三叶草成分的自疏系数，包括反映草地空间异质性的内生放牧强度 SDC 关系和反映草地对不同放牧强度适应的外生放牧强度 SDC 关系，并评估这些结果是否有助于更好地理解多年生黑麦草和白三叶草共存的机制。从植物个体、种群及群落特性变化三方面来解释植被对放牧强度的响应，旨为草地放牧演替机制的揭示提供理论基础。

一、材料与方法

（一）试验地概况

研究区位于贵州省威宁彝族回族苗族自治县的灼圃示范牧场（104°04′48″~104°07′27″E，27°10′33″~27°12′30″N），海拔 2440 m，日平均气温范围为 0.6℃（1 月）至 15.5℃（7 月），≥0℃ 年积温 2960℃，年降水量 1023.7 mm，雨热同季，生长季内降雨 919.2 mm，约 90% 集中于生长季，雨热同季，年日照时数 1611.4 h，无霜期 182 d。属高原山地中山岩溶地貌缓丘地形，黄棕土壤，pH 值为 5.0~6.0，有效氮为 340~470 mg·g^{-1}，有效磷为 12~17 mg·g^{-1}。

（二）试验设计

试验草地选取：于 1998 年秋季，在 1985 年建植的连续绵羊多年放牧利用的多年生黑麦草+白三叶混播草地上，选取地势平坦、牧草生长均匀的混播草地 0.907 hm^2，均匀分成 4 区进行围栏，每区 0.227 hm^2。试验前，草地牧草的年产量为 7000~8000 kg·hm^{-2}（以干物质量计算），混播草地中多年生黑麦草、白三叶和其他植物盖度分别约为 75%、15% 和 10%。研究是在正常施肥（每年入冬前追施钙镁磷肥 450 kg·hm^{-2}）的情况下进行。

放牧强度设计：设轻牧（light grazing, LG）、适牧（moderate grazing, MG）、重牧（heavy grazing, HG）和过牧（over grazing, OG）4 个放牧强度，牧后草层高度分别为 7.5 cm、5.5 cm、3.5 cm 和 <2.0 cm，牧后牧草

现存量分别为 1200~1300 kg·hm^{-2}、900~1000 kg·hm^{-2}、600 kg·hm^{-2} 和 300 kg·hm^{-2}。采取短时期高强度模拟轮牧方式，放牧家畜为 2~3 岁健康考力代绵羊。于 1999~2000 年 4~12 月的每月中旬放牧 60~150 只母羊，每次放牧天数为 2~4 d，通过绵羊数目变化达到不同牧后生物量管理的目的，每次各区放牧绵羊 60~150 只（活重约 45 kg·只$^{-1}$），具体放牧天数和放牧羊只数依据牧前草地现存量而定。

（三）测定指标及方法

黑麦草分蘖及白三叶匍匐茎密度：采样时间介于 1999~2000 年，于每年的 4 月、6 月和 8 月中旬及 10 月和 12 月初放牧，每次放牧前，在各放牧小区内，随机设置 10 个 0.1 m^2 样方，记录各样方内多年生黑麦草分蘖数（密度）（分蘖数·m^{-2}）和白三叶匍匐茎长度（密度）（cm·m^{-2}）。黑麦草分蘖质量和白三叶匍匐茎质量通过同期各自的种群生物量除以其种群密度计算得出，即多年生黑麦草生物量除以分蘖密度，间接确定黑麦草干物质（分蘖干重）均值，白三叶匍匐茎单位长度干重用白三叶草生物量除以匍匐茎密度表示。

黑麦草和白三叶种群叶片数：试验开始时，在各样地随机设置 10 个 0.25 m^2 固定样方，并在各固定样方内用彩色塑料环分别标记 5 个黑麦草分蘖和 3 个 ≥5 cm 白三叶匍匐茎枝条；每次放牧前观测黑麦草分蘖和白三叶匍匐茎密度的同时，进行标记植物种绿色叶片数测定。

黑麦草和白三叶草的分蘖大小（分蘖重）/分蘖密度补偿关系：由于多年生黑麦草和白三叶草都可进行无性繁殖，因此有必要分别定义其"生长单位"，并测定其分蘖/匍匐茎大小（重）和密度，以评估 SDC 关系。将黑麦草分蘖直接作为其生长单位，以其分蘖重（TW，mg）和单位面积蘖数作为其分蘖大小和分蘖密度的测量值。根据 Curll 等（1985）的报道，将单位面积白三叶匍匐茎的长度（cm·m^{-2}）和单位长度匍匐茎（包括叶片）干重（mg·cm^{-1}；$W:L$），分别作为其匍匐茎的密度和匍匐茎大小（cm·m^{-2}×mg·cm^{-1}=mg·m^{-2}）。

牧前牧后现存量及牧前生物量构成：在 1999~2000 年每月放牧前后，各放牧区随机选取 0.1 m^2 样方 10 个，齐地刈割，分播种的黑麦草、白三叶和鸭茅（*Dactylis glomerata*）与非播种的禾草（native grasses，NG）和双子叶（native dicotyledon，ND）植物5类，烘干后测其牧草量；同时，用测草盘高度计，沿各放牧区对角线测定草层高度，50次重复。

草地牧草斑块等特征：于2000年8月下旬，通过目测法观测草地斑块特性，如颜色、粪斑面积比、苔藓和草根生长情况。牧草颜色采用5分制打分法，从深绿、绿、浅绿、浅黄、枯黄分别记为5分、4分、3分、2分和1分。

土样取样和养分分析：于1999~2000年每年生长季末期（12月中旬），各放牧区沿对角线随机设置5个样点，每个样点分别采集10个0~10 cm土样混合为1个样品。土样经肉眼分拣出草根风干后带回实验室，采用鲍士旦（2007）的方法进行土壤pH值、有机质、水解氮、速效磷和速效钾含量测定。

（四）数据分析

采用标准方差分析（ANOVA）和SPSS 16.0，分析放牧强度和采样日期及其互作对多年生黑麦草分蘖密度、分蘖重、个体分蘖上的茎叶数，白三叶的匍匐茎密度、匍匐茎重、每匍匐茎上的叶数的影响及0.05水平的多重比较。

通过分析2年观察期每个处理下，10个采样期10个样方100个数据来分析空间异质性是否引起SDC变化。将每个微位点值作为一个独立的观察值。首先对每个放牧强度下黑麦草和白三叶数据集进行OLS回归，确定SDC斜率和截距，然后将OLS回归斜率除以R^2的平方根，给出减少的主轴（RMA）回归斜率。

为了预测不同放牧强度样地之间黑麦草分蘖和白三叶匍匐茎个体大小和个体密度之间的SDC补偿关系，将两年测定的黑麦草分蘖和白三叶匍匐茎特征数据合并（每个处理下有20对$X-Y$），并使用Minitab软件（版本10.51）进行多元回归；多元回归变量包括黑麦草分蘖、白三叶匍匐茎大小和密度，和四列设计矩阵和二十行的常见斜率，但6月、8月、10月和12月收获的截距不同，使用4月收获的截距做为参考点；再次计算RMA斜率，但在这种情况下，R^2值非常高，校正微不足道。为检验SDC关系的曲率，存储上述多元回归的残差，并以 5 个收获日期为重复，对不同放牧强度样地之间进行单因素方差分析。

采用 SPSS 16.0，分析放牧强度对牧前和牧后生物量及草层高度的年间均值，播种的黑麦草、鸭茅、白三叶和未播种的单子叶和双子叶生物量构成的年间均值（为分析放牧强度对草地的影响，统计时将月份和年份取样数据作重复处理），以及对草地土壤养分的影响，并进行不同放牧强度间 0.05 水平的多重比较；用平均值（mean value，M）、标准差（standard deviation，SD）和变异系数（coefficient of variation，CV）分别作为草地土壤和植被特征变化的数量指标、绝对变异程度和相对变异程度。

二、结果与分析

（一）黑麦草和白三叶种群特征

1. 黑麦草分蘖密度和分蘖重

在 1999 年 4 月 12 日首次收获时，黑麦草分蘖密度和分蘖重没有显著差异，这反映在建立试验前草地具有相同的放牧管理制度（表 3-1）。不同放牧强度下 SDC 模式明显，轻度放牧强度下黑麦草分蘖密度最低，分蘖重最高，而重度放牧强度下则相反。分蘖密度和分蘖重在夏季增加，冬季下降，峰值出现在 6 月，分蘖密度峰值出现在 10 月［表 3-1、图 3-1（a）和 3-1（b）］。

表 3-1　放牧强度和季节对多年生黑麦草分蘖密度和分蘖重的影响

年份	分蘖特征	放牧强度	4月12日	6月10日	8月10日	10月5日	12月5日
1999 年	分蘖密度/ （分蘖·m^{-2}）	轻牧	4416d	4817C	5613Bbc	7122Ba	5936Cb
		适牧	4376d	5546BCc	7814Ab	9315Aa	7212Bb
		重牧	4500d	5655Bc	8743Ab	10067Aa	8744Ab
		过牧	4214d	6602Ac	8921Ab	10125Aa	8735Ab
	分蘖重/ （mg·分蘖$^{-1}$）	轻牧	29b	36Aa	35Aa	21Ac	22Ac
		适牧	31a	30Ba	24Bc	16Bc	16Bc
		重牧	28a	27BCa	18Cb	12Cc	11Cc
		过牧	30a	22Cb	15Cc	10Cd	8Dd

续表

年份	分蘖特征	放牧强度	4月12日	6月10日	8月10日	10月5日	12月5日
2000年	分蘖密度/（分蘖·m^{-2}）	轻牧	4218Bc	4653Bc	6657Bb	7837Ba	6321Cb
		适牧	4583Bd	6451Ac	8675Aa	8440ABa	7432Bb
		重牧	4652ABc	6228Ab	8919Aa	9314Aa	8217ABa
		过牧	5336Ac	6368Ac	8558Ab	9921Aa	9273Aab
	分蘖重/（mg·分蘖$^{-1}$）	轻牧	32Ab	39Aa	27Ab	17Ac	17Ac
		适牧	31Aa	31Ba	21Bb	16Ac	14Bc
		重牧	27Aa	27BCa	16Cb	12Bc	12Cc
		过牧	20Ba	22Ca	16Cb	9Cc	9Cc

注　均值后大写字母不同者表示在同一收获日期（即列内）不同放牧强度之间差异显著（$p<0.05$）；小写字母不同者表示相同放牧强度（即行内）不同收获日期之间差异显著（$p<0.05$）。下同。

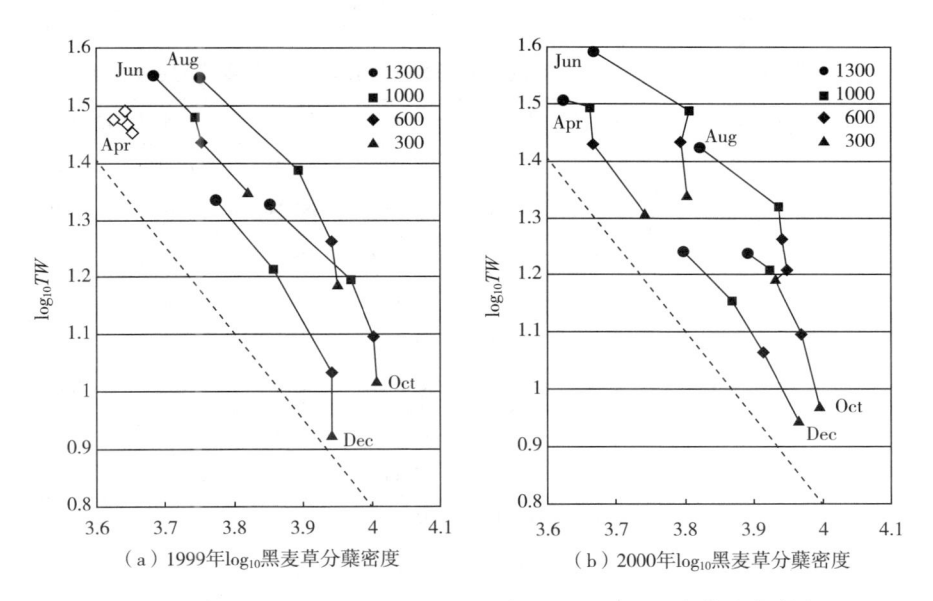

图 3-1　在 (a) 1999 年和 (b) 2000 年，用 $\log_{10}$（黑麦草分蘖密度）绘制 $\log_{10}$（黑麦草分蘖重，TW）图

注　以评价黑麦草+白三叶混播草地中多年生黑麦草组分在不同放牧强度（牧后现存量 1300 kg·hm^{-2}、1000 kg·hm^{-2}、600 kg·hm^{-2} 和 300 kg·hm^{-2} 分别为轻牧、适牧、重牧和过牧）下的分蘖大小/密度补偿（SDC）。每个点的放牧强度用图例表示。虚线对角线为参考线，表示 3/2 SDC。TW=分蘖重（mg）。

2. 白三叶匍匐茎密度和重量

白三叶草匍匐茎密度（cm·匍匐茎 m^{-2}）和大小（mg·cm^{-1}，$W:L$，包括叶片），在开始试验前在不同放牧强度间差异不显著（表3-2）。放牧后，在轻度放牧强度下，白三叶匍匐茎密度尽管夏季在10月达峰值，冬季下降，但在整个试验过程中大致保持不变，与黑麦草分蘖密度的季节模式相似（表3-2）；相比之下，在重度放牧强度下，白三叶匍匐茎密度在整个试验过程中没有增加，且逐渐下降，除在2000年4月至6月期间有一个较小的不显著增加。在开始放牧的时候白三叶的 $W:L$ 比（匍匐茎重：匍匐茎密度）在轻度放牧样地中增加，与匍匐茎密度呈异常的正相关（图3-2）。之后 $W:L$ 在重度放牧强度下显著增加，在轻度放牧处理中开始下降，重度放牧样地中植物具有较大的个体，密度较低，呈反向SDC模式。这种相反的SDC模式从1999年10月一直持续到2000年12月实验结束。

表3-2 放牧强度和季节对白三叶匍匐茎密度和匍匐茎重量的影响

年份	匍匐茎特征	放牧强度	4月12日	6月10日	8月10日	10月5日	12月5日
1999年	匍匐茎密度/（cm·m^{-2}）	轻牧	422c	479Abc	546Aa	578Aa	489Aabc
		适牧	445a	444Aa	382Bab	364Bb	333Bb
		重牧	429a	365Bb	264Cc	267Cc	212Cc
		过牧	412a	323Bb	232Cc	201Ccd	154Cd
	匍匐茎重量/（mg·cm^{-2}）	轻牧	35bc	40ABb	51Ca	32Cc	17Dd
		适牧	32c	43Abc	90Ba	85Ba	42Bbc
		重牧	28c	38ABc	119Aa	79Bb	29Cc
		过牧	31d	33Bd	132Aa	100Ab	64Ac
2000年	匍匐茎密度/（cm·m^{-2}）	轻牧	444Ab	463Aab	543Aa	523Aab	455Aab
		适牧	303B	323B	300B	343B	313B
		重牧	255Ba	244Cab	222Cabc	212Cbc	188Cc
		过牧	178Ca	188Ca	144Db	121Db	88Dc
	匍匐茎重量/（mg·cm^{-2}）	轻牧	64Cb	78Ca	80Ca	46Dc	14Dd
		适牧	70Cc	95Cb	176Ba	102Cb	26Cd
		重牧	92Bd	121Bc	188Ba	148Bb	44Be
		过牧	148Ac	215Ab	284Aa	191Ab	73Ad

(a) 1999年$\log_{10}$白三叶匍匐茎密度

(b) 2000年$\log_{10}$白三叶匍匐茎密度

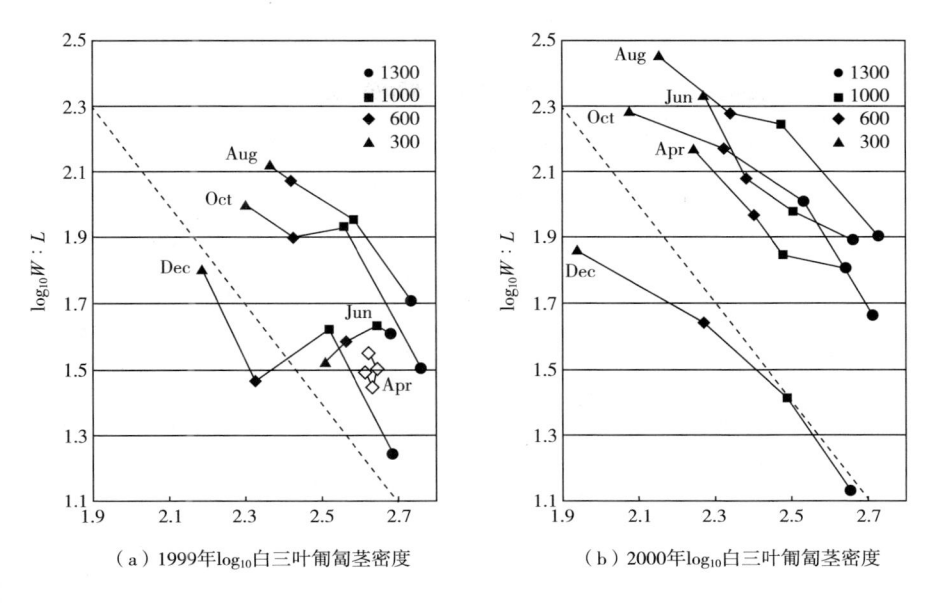

图 3-2 在（a）1999 年和（b）2000 年，用 $\log_{10}$（白三叶匍匐茎密度）绘制 $\log_{10}$（白三叶 $W:L$）图

注 以评估不同放牧强度（牧后现存量 1300 kg·hm^{-2}、1000 kg·hm^{-2}、600 kg·hm^{-2} 和 300 kg·hm^{-2} 分别为轻牧、适牧、重牧和过牧）下黑麦草+白三叶混播草地白三叶组分的大小/密度补偿（SDC）。每个点的放牧强度用图例表示。虚线对角线为参考线，表示 3/2 SDC。

$W:L$=匍匐茎重量：包含叶片的长度比（mg·cm^{-1}）。

3. 黑麦草分蘖和白三叶匍匐茎叶片数

多年生黑麦草分蘖和白三叶匍匐茎叶片数最低值出现在 12 月和 4 月（平均 2.1 和 2.3），而最高值（3.4）出现在 6 月，8 月和 10 月的叶片数一般处于中间（表 3-3）。经过 2 年观测发现，白三叶叶片数都呈此趋势。对于黑麦草，整个试验期间内，放牧强度对每个分蘖的叶片数影响均无显著差异。白三叶每个匍匐茎上的叶片数峰值出现在夏季，与黑麦草每分蘖叶片数峰值出现在夏季 6 月相似。然而，白三叶叶片数和放牧强度交互作用显著。在轻度和适度放牧处理下，夏季白三叶匍匐茎上的叶片数的增加低于重度和过度放牧处理，而且重度和过度放牧处理也持续到 8 月收获。

表 3-3 轻度、适度、重度和过度放牧对黑麦草分蘖叶片数和白三叶匍匐茎叶片数的影响

年份	种群特征	放牧强度	4月12日	6月10日	8月10日	10月5日	12月5日
1999年	黑麦草叶片数/（片·分蘖$^{-1}$）	轻牧	2.1c	3.0a	2.2bc	2.8ab	2.4bc
		适牧	2.4bc	3.4a	2.6b	2.1c	2.2bc
		重牧	2.6b	3.5a	2.2bc	1.9c	2.0c
		过牧	2.1b	3.6a	2.0b	2.2b	2.0b
	白三叶叶片数/（片·匍匐茎$^{-1}$）	轻牧	5.9c	9.4Ba	7.2Bb	5.6c	2.2d
		适牧	8.0b	11.6ABa	8.3Bb	5.9b	3.3d
		重牧	5.1b	15.3Aa	17.4Aa	5.1b	2.4c
		过牧	3.3bc	12.2ABa	10.2ABa	4.4b	2.8c
2000年	黑麦草叶片数/（片·分蘖$^{-1}$）	轻牧	2.2c	3.0a	2.4bc	2.7ab	2.2c
		适牧	2.3bc	3.3a	2.7b	2.2c	1.9c
		重牧	2.4bc	3.3a	2.5b	2.3bc	2.1c
		过牧	2.1b	3.5a	2.2b	2.3b	2.1b
	白三叶叶片数/（片·匍匐茎$^{-1}$）	轻牧	6.4bc	10.1a	7.9Cb	6.1c	2.4d
		适牧	8.8b	13.2a	7.8Cb	5.9c	2.9d
		重牧	5.4c	15.0b	19.7Aa	4.6cd	2.7d
		过牧	3.1bc	13.0a	14.0Ba	4.0b	2.1c

4. 黑麦草分蘖和白三叶匍匐茎的大小/密度补偿特征

多年生黑麦草在四种放牧强度下 SDC 具有显著差异（表 3-4）。适牧和过牧样地的 SDC 斜率（和 R^2）介于 -1.24（0.614）~ -1.65（0.803）。相比之下，白三叶小区内 SDC 关系在任何收获时期均无显著差异（表 3-4）。

表 3-4 评价多年生黑麦草分蘖大小/密度补偿（SDC），产生于每个放牧强度处理内的空间异质性和季节效应

植物名称	拟合参数	轻牧	适牧	重牧	过牧	SEM	显著性
黑麦草	RMA 斜率	-1.41	-1.24	-1.36	-1.65	0.076	**
	截距	5.529	5.061	5.832	6.903	0.231	**
	R^2	0.612**	0.614**	0.765**	0.803***		

续表

植物名称	拟合参数	轻牧	适牧	重牧	过牧	SEM	显著性
白三叶	RMA 斜率	0.871	-1.64	-1.145	-1.152		
	截距	-0.745	5.987	4.618	4.629		
	R^2	0.023^{ns}	0.156^{ns}	0.174^{ns}	0.395^{ns}		

注 所呈现的斜率（b）、截距（a）和 R^2 值的关系为：$\log(TW) = a + b\log(N)$；其中 TW=分蘖重（mg·分蘖$^{-1}$），N=分蘖密度（分蘖·m^{-2}）。对于黑麦草，普通最小二乘回归的斜率除以其 R 值，得到简化的主轴斜率（RMA）（参见文中解释）。每个放牧强度的回归分析包括 100 个数据点（10 个样地内微地形和 10 个测量数据）。ns 为 $p>0.05$；** 为 $p<0.01$；*** 为 $p<0.001$。

多年生黑麦草从 1999 年 4 月 ~8 月的放牧强度的 SDC [图 3-1（a）]迅速转变为曲线模式，一直持续到 2000 年 12 月试验结束 [图 3-1（a）和图 3-1（b）]。这种模式的一个特点是 SDC 线的位置在季节间会有所变化，且在两年间保持一致。6 月、8 月和 10 月的轮作密度/密度坐标高于 4 月和 12 月的坐标，而早期的放牧倾向于具有更高的分蘖重和更低的密度，而晚期放牧倾向于具有更低的分蘖重和更高的密度。

这种模式的一个特征是 SDC 线位置的季节性变化，两个年份一致，即分蘖/匍匐茎大小/密度协调一致，均是 6 月、8 月和 10 月高于 4 月和 12 月，早期草地倾向于较高的 TW 和较低的密度，晚季草地倾向于较低的 TW 和较高的密度 [图 3-1（a）和图 3-1（b）]。通过多元回归分析得到黑麦草 SDC 曲线的普通 RMA 斜率为 1.74（SEM±0.23）[图 3-1（b）]，其中最大截距出现在 8 月，相比于 4 月收获变动了 +0.25 个对数单位（表 3-5）。关于 SDC 线的明显弯曲和随放牧强度增加而增加的 SDC 斜率，对上述多元回归的残差进行 ANOVA 分析，结果表明放牧强度处理的平均残差为 L，0.01；M，+0.06；H，0；VH，-0.05（SEM±0.02，$p<0.001$）。

表 3-5 2000 年黑麦草和白三叶（1999 年建植）分蘖/匍匐茎大小/密度补偿斜率

植物名称	OLS 斜率	R^2/%	RMA 斜率	Int. 4 月	Int. 8 月	Int. 10 月	Int. 12 月
黑麦草	-1.69±0.22	94.4	-1.74	0.19***	0.25***	0.15*	0.03^{ns}
白三叶	-0.97±0.07	96.8	-0.98	0.14*	0.26***	0.06^{ns}	-0.53***

注 使用设计矩阵和多元回归对图 3-1B 和 3-2B 中的数据进行拟合，得出具有不同截距的共同斜率，用以表示 SDC 的季节性周期变化。Int. 为截距，表示每个收获日期 SDC 曲线相对于 4 月 SDC 线的季节性 Y 轴偏移。ns 为 $p>0.05$；* 为 $p<0.05$；*** 为 $p<0.001$。

对于草地中白三叶来说，与多年生黑麦草描述类似，1999年4月至6月期间在放牧强度样地上可明显观察到SDC模式变化［图3-2（a）］。这种变化在第二年继续，且随着连续收获，轻牧和过牧坐标之间的差异在2000年12月之前不断增加［图3-2（b）］。与草地中多年生黑麦草一样，白三叶SDC线在垂直位置显示出季节性变化（夏季较高、冬季较低），但与黑麦草不同的是，白三叶没有与参考线平行的季节性SDC位移。

图3-1B中，黑麦草SDC曲线的一般RMA斜率（通过多元回归确定）为-0.98（SEM=0.07）。4月收获的SDC线的最大上移垂直（相对于4月收割）为+0.26个对数单位（表3-5），与黑麦草类似；但与黑麦草不同的是，白三叶12月SDC曲线的截距要远低于4月（-0.53个对数单位；表3-5）。与多年生黑麦草的SDC模式类似，白三叶草$W:L$比值和匍匐茎密度在过度放牧下的坐标更接近（或更远离）参考线，而与其他放牧强度下的坐标不同。然而，由于SDC斜率远小于参考线的斜率，对SDC线整体斜率的多元回归残差进行方差分析发现在放牧强度间未发现显著差异［图3-2（b）］。

（二）草地植物群落特征

1. 牧草高度和生物量构成

放牧强度对牧草高度和生物量及鸭茅和非播种禾草生物量构成具有极显著（$p<0.01$）或显著（$p<0.05$）影响，对黑麦草、白三叶及非播种双子叶植物生物量构成影响不显著，牧草禾豆比为5.6~7.5（图3-3和表3-6）。草地牧前高度和生物量均为轻度放牧显著高于适度放牧，重度和过度放牧强度间相近，且二者均显著低于轻度和适度放牧，而其牧后草层高度和生物量均随放牧强度增加而显著降低。轻度、适度和重度放牧处理间鸭茅生物量占总生物量比例差异不显著，为0.12%~0.16%，均显著低于过度放牧（3.03%）；而非播种禾草生物量比例与之相反，为过度放牧（0.95%）比其他3个放牧强度（3.29%~4.63%）低；由于黑麦草、白三叶和非播种双子叶植物的生物量占总生物量比例分别为78.97%~82.31%、11.64%~14.82%和1.59%~2.18%，故黑麦草和白三叶生物量占草地总生物量的94%。

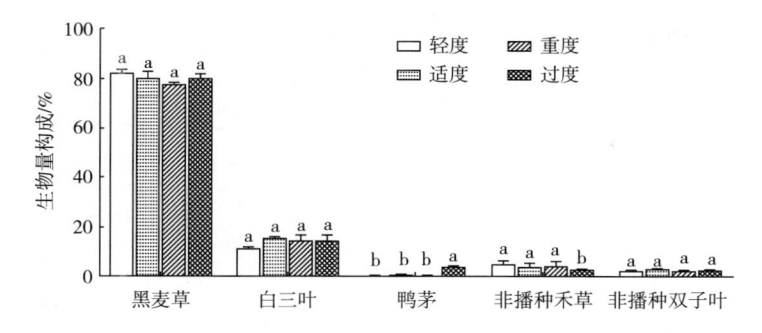

第三章 禾草+白三叶草地的刈牧利用

图 3-3 草地牧草生物量构成

注 同一牧草的不同字母表示在不同放牧强度之间差异显著（$p<0.05$），相同字母表示不同放牧强度之间差异不显著（$p>0.05$）。

表 3-6 牧前牧后草层高度和牧草生物量

群落特征	时期	轻度	适度	重度	过度	显著性
草层高度/cm	牧前	12.3±3.0a	10.6±2.2b	8.5±2.0c	7.5±1.7c	***
	牧后	7.2±0.7a	5.2±0.6b	3.0±0.4c	1.7±0.3d	***
牧草生物量/(kg·hm^{-2})	牧前	2844.4±514.2a	2473.1±436.2b	1931.7±420.0c	1701.1±469.1c	***
	牧后	1746.1±350.1a	1233.4±271.7b	796.6±145.4c	503.9±74.8d	***

注 牧草生物量以干物质计算。*** 为 $p<0.001$。

2. 草地斑块特征

重度和过度放牧区因放牧强度大、粪尿沉积量或面积大，草地高营养斑块较多，使草地斑块呈现不均匀暗绿色；而轻牧区因家畜排泄物斑块少而呈现不均匀浅绿色；适度放牧草地则呈现均匀浅绿色。同时，轻度放牧草地因家畜采食不足，草层过高，草地死亡凋落物多，从而使草层过湿，有利于苔藓生长而出现部分苔藓植物；重牧和过牧区草地因牧草供给不足及家畜过度采食而出现很多草根（表 3-7）。

表 3-7 草地斑块特征变化

放牧强度	草地斑块特征
轻度	斑块明显，草层呈不均匀浅绿色（2.0~3.0），草根和苔藓少，粪斑面积 8%~12%

续表

放牧强度	草地斑块特征
适度	斑块较明显，草层呈均匀浅绿色（2.5~3.5），草根和苔藓少，粪斑面积10%~25%
重度	斑块明显，草层呈不均匀绿色（3.5~4.0），草根普遍、苔藓偶见，粪斑面积20%~35%
过度	斑块不明显，草层呈不均匀绿色（3.5~4.5），草根普遍、苔藓偶见，粪斑面积40%~46%

3. 黑麦草和白三叶种间关系

所有放牧强度下，微样方内黑麦草和白三叶生物量之间都呈显著正相关（表3-8）。适度、重度和过牧的放牧强度下，黑麦草的分蘖数与白三叶的匍匐茎密度之间也呈显著正相关。

表3-8 样方内黑麦草和白三叶种群的生物量关系及其分蘖/匍匐茎密度的关系

拟合公式		轻度	适度	重度	过度	SEM	显著性
$\log(P_{\text{Grass}})=$ $a+b\log(P_{\text{Clover}})$	斜率	0.234	0.319	0.138	0.229	0.021	**
	截距	2.626	2.407	2.805	2.538	0.075	ns
	R^2	0.493**	0.624***	0.266*	0.295*		
$\log(N_{\text{Grass}})=$ $a+b\log(N_{\text{Clover}})$	斜率	1.151	—	−0.782	−0.444		***
	截距	0.654	—	5.743	4.857	0.807	
	R^2	0.495*	0.007^{ns}	0.442*	0.44		

注 表内关系 $\log(P_{\text{Grass}})=a+b\log(P_{\text{Clover}})$ 和 $\log(N_{\text{Grass}})=a+b\log(N_{\text{Clover}})$；其中 $a=$ 截距，$b=$ 斜率，$R^2=$ 解释方差。$P=$ 生物量（kg DM·hm^{-2}），$N=4$ 个放牧强度下的分蘖/匍匐茎密度（N_{Grass}，分蘖数·m^{-2}；N_{Clover}，cm·m^{-2}）。每种情况下的观测数为100个（10个测定日期每个小区10个子样本）。*为 $p<0.05$；** 为 $p<0.01$；*** 为 $p<0.001$。

4. 草地土壤养分特征

放牧强度对土壤 pH 值、速效磷和速效钾含量有显著或弱显著影响（$p<0.05$ 或 $p<0.1$），对有机质和水解氮含量影响不显著（$p>0.05$）（表3-9）。其中，适度放牧强度处理的土壤 pH 值和速效磷含量均显著低于轻度和重度处理；速效钾含量为适度和轻度放牧处理低于过度放牧。各放牧强度下，土壤 pH 值和有机质含量的 CV 分别为 0.4%~2.3% 和 6.0%~8.8%，属弱变异；土壤速效 P 和速效 K 含量的 CV 分别为 11.3%~29.2% 和 11.7%~50.3%，属中等变异；土壤水解氮含量则为轻度和重度放牧处理属弱变异，适度和过度处理属中等变异。

表 3-9　草地土壤养分特征

指标	轻度	适度	重度	过度	显著性
pH	5.2±0.0a	4.9±0.1b	5.3±0.3a	5.2±0.0a	*
	(-0.40%)	(-2.30%)	(-5.00%)	(-0.40%)	
有机质/%	9.8±0.6	8.8±0.6	9.3±0.7	9.6±0.8	ns
	(-6.00%)	(-6.90%)	(-7.30%)	(-8.80%)	
水解氮/(mg·kg^{-1})	431.3±34.7	389.0±42.2	401.8±30.3	424.5±54.6	ns
	(-8.00%)	(-10.80%)	(-7.50%)	(-12.90%)	
速效磷/(mg·kg^{-1})	17.6±2.9a	11.5±1.1b	17.6±2.0a	15.5±4.5ab	+
	(-16.50%)	(-14.80%)	(-11.30%)	(-29.20%)	
速效钾/(mg·kg^{-1})	204.0±23.8b	580.3±287.0ab	250.2±126.0b	760.9±327.6a	*
	(-11.70%)	(-49.50%)	(-50.30%)	(-43.10%)	

注　括号外和括号内数据分别为均值±标准差和变异系数。同行不同小写字母者在 $p<0.05$ 水平差异显著。* 为 $p<0.05$；+ 为 $0.05 \leqslant p<0.1$；ns 为 $p>0.1$。

三、讨论与结论

(一) 讨论

1. 黑麦草分蘖/白三叶葡匐茎的大小和密度补偿特征

关于 SDC，40 多年前日本学者首次发现与之相关的-3/2 斜率关系 (Yoda et al., 1963)。此后，研究者开始关注能够解释这种关系的内在原理 (Hutchings, 1983)。随后，一些研究者质疑这种原理是否真实存在 (Lonsdale, 1990)，而另一些学者则主张 SDC 斜率采用-4/3 而不是-3/2 (Enquist et al., 1998)。最近的辩论共识是，野外观察反映两种内在尺度因子同时作用（其中关于斜率是-3/2 还是-4/3 的辩论仍在继续）（Kozlowski et al.，2004），以及通过植物对其生长环境变化的反应来调整自疏关系的斜率，例如植物对季节性光接收量变化的响应。如果这些因素在试验单元中以相似的方式起作用，则可以更改 SDC 关系的截距；如果它们在试验单元中以不均匀的方式起作用，则可以改变 SDC 关系的斜率。以上结论为本研究中 SDC 斜率所表现出的特征以及随时间变化的斜率或截距提供了逻辑基础。

（1）样方内黑麦草—白三叶平衡。

我们很难为不同放牧强度内观察到的黑麦草 SDC 斜率做出明确的解释，这可能是由草地空间异质性引起的（表 3-4）。同样，我们也不清楚为什么白三叶在小区内的 SDC 关系不显著，而多年生黑麦草的 SDC 关系在小区内显著（表 3-4）。然而，由于小区间的 SDC 是由放牧后剩余牧草生物量的空间异质性引起的，小区内 SDC 的演变则取决于粗放式放牧样地的寿命，即在一次放牧活动中被粗放放牧的区域，是否有可能在后续放牧中依然保持粗放的放牧状态。在此情况下，通过比较图 3-1（a）和图 3-2（a）可以看出，黑麦草在单一放牧时间间隔（4 月至 6 月）内形成小区内的 SDC，而白三叶草需要两个放牧时间间隔（4 月至 10 月）。SDC 形成速度差异的原因可能是白三叶草的再生能力更强，在第一个放牧间隔后，能够更快地恢复到较高的生物量水平。与草地中的黑麦草相比，白三叶中 SDC 模式的发展情况尚不清楚，不太可能是由叶出现率的不同所致，因为对澳大利亚草地上黑麦草和白三叶草再生动态的比较观察显示，白三叶在所有季节的叶出现速度都比黑麦草快（Lawson et al.，1997）。可能是白三叶的 SDC 关系发展速度比黑麦草慢，这可能与其匍匐茎伸长速率的限制有关，英国 Barthram（1992）的研究显示，白三叶匍匐茎伸长率为每周 1.5~2.5 mm，而 Lawson 等（1997）在澳大利亚的研究发现匍匐茎每周伸长 4~9 mm；或者与白三叶相对较低的匍匐茎分枝率有关，Barthram（1992）研究发现白三叶每个匍匐茎上每周的分枝为 0.15~0.14 个，而黑麦草潜在叶分蘖出现速率为每周每片叶 0.7 个（Neuteboom et al.，1989）。

将 SDC 模式随时间演变的概念进一步推广，似乎可以合理地得出结论：样方内 SDC 在本质上与样方间 SDC 没有区别，但这仅仅是后者的一种部分发展的表现形式，受到这些草地中粗放放牧区域的暂时性限制。

与此相反，禾草和白三叶生物量在样方内存在正相关关系（表3-8），这与其斜率都值得进一步分析。在粗放放牧的样地中，白三叶放牧后高度由匍匐茎和叶柄高度表示，黑麦草放牧后高度则由分蘖和残留叶片来表示。显然，如果以这种方式表示，黑麦草的叶片重量将大于等量的白三叶的，其斜率较平缓（表3-8）。这种现象可能是因为白三叶叶片在放牧层上部垂直分布，导致白三叶通常在日粮中所占比例高于其在草地上的比例，而不一定是由于动物采食的主动选择（Curll et al.，1985）。

（2）样方间黑麦草分蘖大小/密度。

图 3-1（a）和图 3-1（b）直观的展示了黑麦草分蘖大小/密度变化明显的 SDC 模型趋势。图 3-1（a）和图 3-1（b）以及图 3-2（b）中右边呈下降趋势的虚线是为判断不同收获日期和放牧强度下 SDC 斜率变化模式而设定的参考线。该模式包括以下特征：①试验开始时，四个放牧强度样地的坐标紧密聚集，在第一个放牧间隔内 SDC 发生变化 [图 3-1（a）]；②存在明显季节性周期，SDC 线在春季时期垂直于参考线向上移动至夏季达到最大截距，秋季向下移动至冬季达到最小截距，在生长季早期向上移动，平行于参考线，在生长季晚期向下移动 [图 3-1（a）和图 3-1（b）]；③SDC 模型中的一些曲线，M 样地通常与参考线的垂直距离最大，而 VH 样地通常最接近参考线。当多重回归的残差采用单因素方差分析时，这种非线性具有统计学意义。仅使用 2000 年的数据点（OLS 斜率为-1.69，RMA 斜率为-1.74，表 3-5）来评估总体斜率，前提是在试验第二年开始时，SDC 模式已经完全形成，能够将全年数据纳入分析。收获日期的截距变化显著，但收获日期的斜率变化不显著，与 Lush 和 Rogers（1992）对草坪样地的类似 SDC 分析类似。

这种模式与 Matthew 等（1995）和 Herna'ndez Garay 等（1999）的早期观察和结论相一致。该理论指出，假定植物几何形状不变，从斜率-3/2 的参考线出发，处于相同距离的禾草分蘖大小/密度坐标将具有相同的叶面积指数（LAI）。并预测 LAI 会随夏季光照水平和植物生长的增加而增加，并随 H 和 VH 放牧强度的增加而减少，因此 SDC 线在夏季向上移动，斜率大于 1.5，以及预测到 VH 处理样地中负的残差。Herna'ndez Garay 等（1999）还发现，留茬高度 160 mm 的刈割处理的 SDC 坐标比 120 mm 刈割高度处理更接近参考线，这表明草地处于超优化状态，该结果与本试验的观察相一致，即 L 处理样地比 M 处理样地更接近参考线。因此，本试验为中国黑麦草和白三叶混播草地提供有价值的参考［图 3-1（a）和图 3-1（b）］。Matthew 等（1995）所描述的 SDC 模式，是在新西兰 15 cm×15 cm 的盆中种植的微型黑麦草田中，表明这种模式即使在没有白三叶草的情况下也是普遍存在的。

SDC 关系的春夏/秋冬变化与参考线平行的原因尚不清楚，尤其是在法国高羊茅草地的结果显示冬季的分蘖密度增加（Mazzanti et al., 1994）。一种可能的解释是，冬季禾草分蘖的 SDC 状态在很大程度上取决于最后一次修剪与停止叶片生长之间的时间间隔。如果黑麦草在秋季最后一次修剪与次年春季第一次放牧牧草进行了显著的再生长，那么草地将在冬季经历自我稀疏，春季的分蘖数量将较少。相反，如果放牧时间间隔使禾草冬季无法达到自我稀疏所需的叶面积指数（LAI），那么随着生长条件的改善，禾草分蘖密度将在此期间增加，保持较小的平均分蘖。

（3）样方间白三叶匍匐茎大小/密度。

不同放牧强度下白三叶的 SDC 模式在许多方面与多年生黑麦草相似，在 1999 年 4 月至 8 月间逐渐响应变化，夏季沿参考线垂直向上移动，冬季则反向向下移动，在试验期间均出现此现象。然而，也有一些差异，其中最显著的是在低放牧强度处理下白三叶出现更高的密度和更小的株型。尽管 Curll 等（1985）的研究中有一些类似的发现，但这并不是预期结果。从匍匐茎动态层面可能发挥作用的机制来看，Barthram 等（1992）发现白三叶草丛高度增加 2 cm 时，匍匐茎的延伸速度会从 1.2 mm 茎$^{-1}$·周$^{-1}$ 增加到 1.9 mm 茎$^{-1}$·周$^{-1}$，而分枝率则会从 0.12~0.25 枝·茎$^{-1}$·周$^{-1}$ 减少到 0.12 枝·茎$^{-1}$·周$^{-1}$。这些生长发育的变化似乎与该试验中观察到的白三叶的 SDC 响应相一致。

第二个重要的区别在于，白三叶的所有时期 SDC 的斜率整体上无显著差别［图 3-2（a）和图 3-2（b）］，表明本试验中，白三叶草表现出了"反 SDC 机制"，在所有放牧强度范围内获得比较稳定的白三叶生物量。如果这一发现也能在更广泛的地区被证实适用于黑麦草+白三叶草地，那么这可能在生态功能学层面上解释了众所周知的黑麦草与白三叶种间关系的稳定性。同样，如果这种机制在特定的环境条件下不起作用，这也能解释为什么白三叶有时不能在黑麦草草地中持续存在（Brereton et al.，1985）。

2. 牧草植被构成和个体分蘖/匍匐茎上的叶片数

图 3-3 显示在较低的草丛生物量下，黑麦草比例（%）的增加为 SDC 分析得出的结论提供了组分水平的支持，即在放牧强度梯度上，黑麦草生物量大致保持不变。显然，当放牧强度增加时，黑麦草生物量会下降，而白三叶生物量则保持大致稳定，因此白三叶比例必然增加。尽管在没有更精确数据的情况下，并非完全确定这一结论，但在较低放牧强度下，死亡物质的增加也是可以预期的，这不仅与较高的牧草生物量有关（Bircham et al.，1983），而且因为在超优化草丛生物量情况下（Hernández Garay et al.，1999），牧草预计会经历分蘖死亡，这是 SDC 模型对高生物量牧草的调整。同样，6 月每株植物分蘖上的叶片数和白三叶草匍匐茎茎数的增加（表 3-3），与 SDC 线在夏季向上移动相一致，理论上表明了会增加冠层叶面积指数（LAI）。但是，再次强调的是，直接用于确认这一点的数据必须是非常理想的。

3. 草地群落特征

本研究中，随放牧强度增加，黑麦草分蘖数显著增加而其分蘖质量和白三叶匍匐茎密度显著降低，白三叶匍匐茎质量变化不明显。这与以往研究结果（Fulkerson & Michell，1987；Lush et al.，1992；Herna'ndez et al.，1999；Yu et al.，2008）一致，即当刈牧强度和频率增加、刈牧间隔短时，黑麦草分蘖数增加而其蘖枝量减少；但与以往研究中刈牧通过降低黑麦草对白三叶的遮阴作用，使更多红光照射于白三叶而刺激其匍匐茎生长（Thompson et al.，1988；Teuber et al.，1996），导致混播草地中白三叶产量组分增加的结果不一致。其原因可能是本研究中草地在试验前已经多年放牧利用，因家畜对白三叶的优先选食使其组分减少（约10%）（杨允菲等，1995），从而使放牧强度对白三叶的影响效应逐渐降低。虽然黑麦草对放牧强度的响应比白三叶敏感，但白三叶生长特性的变异性比黑麦草大，说明白三叶生长特性的可塑性比黑麦草高；这可能与白三叶具有适于家畜采食的匍匐型生长特性有关。因此，放牧对黑麦草的作用通过其分蘖密度和分蘖大小的变化及茎叶器官生物量分配来实现，对白三叶的作用则通过其匍匐茎密度的变化来体现。由此说明，黑麦草和白三叶分蘖个体和群体生长特性对放牧强度的响应差异，是草地植被差异的重要表现。

前期研究表明，长期刈割放牧的混播草地，其植被构成约75%为黑麦草，白三叶仅占草地生物量组分的10%左右（于应文等，2002；徐震等，2003）；本研究与其一致，黑麦草和白三叶产量组分比在各放牧强度间相近，分别为79%~82%和12%~15%。这是由于混播草地中黑麦草和白三叶生长具相互促进作用（Schwinning & Parson，1996；徐震等，2003；Yu et al.，2008），长期放牧有利于其组分的相对稳定存在，从而使黑麦草或白三叶在放牧强度间的差异不明显。本研究还发现，非播种的禾草和播种的生物量少量种（鸭茅）对放牧强度反应敏感，其产量组分比在放牧强度间差异大并具较大变异系数；暗示土著种和播种的生物量少量种是草地群落结构特征变化的主要指示植物，可作为草地放牧演替过程中植被结构特征变化的关键来考虑。另外，本研究表明，随着放牧强度增加，牧草高度和生物量降低，排泄物斑块面积和草地颜色的不均匀性增加，重牧和过牧区因家畜的过度采食而出现很多草根。因此，草地群落植被构成变化是放牧的综合表现。可见，放牧对草地植被的作用可通过植物个体、种群和群落特征的变化表现出来。

4. 草地土壤养分特征

草地土壤养分来源于每年大量枯死的凋落物和家畜排泄物沉积以及草地施肥。本研究草地的土壤速效磷和速效钾含量在不同放牧强度间变化较大，但并未随放牧强度增加呈一定规律性变化，土壤有机质和水解氮含量在放牧强度间差异不显著。可能因不同放牧强度下家畜采食或排泄物量差异较大，造成牧草和土壤养分的空间异质性，如土壤速效养分含量的变异程度属中等变异强度，可塑性较大，从而使各放牧强度间土壤养分的规律性变化不明显。通常认为，放牧通过采食、践踏和排泄物养分沉积综合作用于草地植被（Cole，1995；徐震等，2003；韩国栋等，2004；于应文等，2008；刘楠等，2010；高渐飞等，2011；袁福锦等，2013）。其中，采食通过家畜食性和食量及放牧强度等不同引起草地植被构成差异（Cole，1995；徐震等，2003；袁福锦等，2011）；践踏通过使部分植物受损引起植被构成差异（高渐飞等，2011）；排泄物沉积通过输入养分先产生土壤养分斑块，进而被草地植物吸收后间接引起草地植被营养构成差异（高渐飞等，2011；袁福锦等，2013）。据此认为，放牧对草地植被的作用体现于整个土（壤）—（牧）草—（家）畜系统。但由于草地植被构成变化是放牧作用的最直接表现，故本研究主要从草地植被变化的3个层次（植物个体、种群和群落结构变化）及其变异程度变化进行系统阐述，草地土壤特性仅浅显涉及；同时，相对于草地植被和土壤特性，放牧家畜特性方面的研究相对较少。因此，要想全面揭示草地放牧演替的生态学机制，需从草畜系统的土壤、牧草（植被）和家畜三方面进行系统研究，此可为放牧生态学的一个主要研究方向。

（二）结论

本研究表明，样方内SDC的关系是对放牧强度的空间异质性的不完全响应，其发展程度取决于放牧时间间隔，以及是否存在放牧过度的区域在后续放牧时仍倾向于被过度放牧的情况。

多年生黑麦草表现出的SDC关系与Matthew等（1995）和Herna'ndez Garay等（1999）发表的理论完全一致，这证实单播盆栽黑麦草的SDC关系同样适用于含有白三叶的黑麦草+白三叶混播草地。

白三叶的SDC斜率在较低的放牧强度下表现出相反的"极性"，即在较低的放牧强度下密度较高，且与1难以区分，这意味着在本试验中的各种放牧强度处理下，白三叶的SDC、叶片和匍匐茎动态共同发挥作用，从而实现近乎恒定的白三叶生物量。这一发现可能在功能生态学层面上一定程度的解释在许多地理区域中广为人知的黑麦草+白三叶草物种组合的稳定性。

第二节　不同刈割强度下黑麦草+白三叶草地植被构成及种间关系

牧草的再生能力主要体现于群体和个体植株大小和数量两个方面。黑麦草（*Lolium perenne*）生长主要体现于蘖数量和个体蘖大小，白三叶（*Trifolium repens*）生长主要体现于匍匐茎生长和匍匐茎分枝能力（樊奋成等，1995a，b；Elgersma et al.，1998；Höglind & Frankow – Lindnberg，1998；Nassiri & Elgersma，1998；Hernández et al.，1999）。自 1977 年 Harper 提出植物遗传个体由其构件单位组成以及植物组织统计方法以来，国内外诸多学者已对干扰后草地的再生性进行了大量研究。其中，有关黑麦草、白三叶生长的构件单位研究主要集中于不同放牧制度、留茬高度、施肥（主要是施氮）、牧草品种、气候因素以及二者之间的竞争等方面的系统研究（Fulkerson et al.，1987；Woledge et al.，1992；Teuber & Laidlaw，1996；Elgersma et al.，1997a，b，1998；Höglind et al.，1998；Nassiri & Elgersma，1998；Hernández et al.，1999）。但国内对其生长单位的研究多局限于一个生长季或某些方面（樊奋成等，1995a，b；杨允菲等，1995），缺乏连续多年的观测及系统性分析。本书以中国南方混播草地中两种最重要的牧草多年生黑麦草和白三叶为研究对象，在不同刈割利用频率和时间尺度下，研究黑麦草分蘖数和叶片生长、白三叶分枝数和匍匐茎生长及其年生产力变化规律，探讨混播草地中不同种群的更新机制，为南方草地的科学管理和可持续利用提供理论依据。

白三叶+多年生黑麦草混播草地是我国南方最重要的人工草地之一（杨允菲等，1995；朱琳等，1995；樊奋成等，1995a，1995b；于应文，2002；王元素等，2003；包国章等，2005）。不同刈、牧利用强度下，其种群生长特性、产量差异很大（Hodgson et al.，1990；朱琳等，1995；樊奋成等，1995a；于应文等，2002；包国章等，2005）。由于种群生长特性与产量密切相关，而种群产量是种间竞争的最终反映（王刚等，1998），故混播草地种群间的竞争变化可通过其生长特性和产量多少来表示。目前，国外有关黑麦草和白三叶种群竞争特性方面的研究较多（Cowling et al.，1965），但国内的研究多偏重种群生长特性、产量组分及其他方面（杨允菲等，1995；朱琳等，1995；樊奋成等，1995a；于应文等，2002；包国章等，2005），对黑麦草、白三叶种间竞争特性描述的报道相对缺乏（杨允菲等，1995）。本书在前期研究基础上，就不同刈割强度下，混播草地中多年生黑麦草和白三叶种群生长特性与产量关系变化特点，以及种群间竞争特性的定量分析，揭示混播草地种群植物共存机理，为人工草地的合理利用提供科学理论依据。

一、材料与方法

（一）研究区概况

研究地位于贵州省威宁彝族回族苗族自治县境内的灼圃示范牧场（104°04′48″~104°07′27″E，27°10′33″~27°12′30N），海拔 2440 m，≥0℃年积温 2960℃，年均降雨量 1023.7 mm，雨热同季，生长季内降雨 919.2 mm，无霜期 182 d，年日照时数 1611.4 h。

（二）试验设计

在1985年建植的以多年生黑麦草和白三叶为主、放牧利用12年以上的混播草地上，于1997年进行围栏，围栏面积 300 m^2。围栏前草地的生产能力为 4500~6000 kg·hm^{-2}，黑麦草、白三叶、鸭茅（Dactylis glomerata）组分比约为60%、20%和10%，其他以蒿属白苞蒿（Artemisia lactiflora）和甘青蒿（A. tangutica）为主的杂草约10%。

以1991年和2000年生长季（4~11月）刈割次数和时间的不同组合，设高频刈割：T1（每月割1次，8次·年$^{-1}$），T2（4、6、8、10月割，4次·年$^{-1}$）；T3（4、8月割，2次·年$^{-1}$）；低频刈割：T4（6月割，1次·年$^{-1}$），T5（8月割，1次·年$^{-1}$）；CK（不刈割）6个处理，5次重复。刈割小区面积 2 m×2 m，于每月16日刈割。

(三) 观测内容及方法

1998年4月初，按试验设计要求设置2 m×2 m刈割小区，并在各刈割样方中心分别设置0.5 m×0.5 m的观测样方，每个观测样方中分别标定黑麦草3株（5蘖·株$^{-1}$）、白三叶二级匍匐茎5个。每年11月底所有处理小区均刈割1次，茬高2.0 cm。每次刈割后，分黑麦草、白三叶、杂草和死物质4类，于85℃烘48 h后称干重。同时，于生长季内每月6日、16日和26日分别测定（每月16日的观测在刈割前进行）标定黑麦草分蘖数、叶片生长和枯萎长度，白三叶匍匐茎分枝数、匍匐茎生长和死亡长度（黑麦草叶片或白三叶匍匐茎生长和死亡长度均为不同刈割期多次刈割总长度，黑麦草分蘖数和白三叶分枝数均为年内均值）。本研究连续进行了3年（1998~2000年），用于"混播草地不同种群再生性"分析，而用于"刈割对混播草地种群生长与产量关系及种间竞争特性"数据仅涉及1998~1999年。

(四) 数据分析

采用Statistia统计软件对不同放牧强度下多年生黑麦草和白三叶年产量与生长特性（多年生黑麦草分蘖、叶片长度和白三叶匍匐茎分枝数）进行单因素方差分析；同时对多年生黑麦草和白三叶年产量与生长特性分别和交互进行线性回归分析。数据格式为均值±标准误（Mean±SE）。

二、结果与分析

(一) 多年生黑麦草分蘖数和白三叶分枝数

不同刈割处理下多年生黑麦草分蘖数季节动态幅度基本一样，即4~6月分蘖数无变化（5~8蘖·株$^{-1}$），7~8月略有增加（5~10蘖·株$^{-1}$），9~11月增加幅度较大（8~15蘖·株$^{-1}$），年末略高于年初[图3-4（a）]。不同生长季CK高于刈割，7月以后急剧增加，至生长季结束时达25蘖·株$^{-1}$左右。说明刈割利于不同生长季黑麦草相对蘖数量稳定存在，同一留茬高度，不同刈割频率和刈割时间对黑麦草分蘖数季节动态无显著影响。刈割的白三叶分枝数在4~6月保持稳定，分枝数为1.0个；旺盛季（7~9月）略微增加（约为1.5个），10月前后出现分枝数峰值[图3-4（b）]。

其中，T2、T3 和 T5 白三叶分枝数的峰值较高，为 2.5~3.0 个；此后，急剧下降，与年初基本趋于一致；不同刈割处理变化幅度较大，不同生长季 CK 低于刈割。8 月刈割的 T2、T3 和 T5 在 8~10 月变化剧烈。可见，刈割利于白三叶分枝数发生，不同刈割频率和刈割时间对其分枝数的影响差异较大。就黑麦草分蘖数、白三叶分枝数季节动态比较而言，刈割变化趋势相似，CK 相异。

（a）黑麦草 L.perenne

（b）白三叶 T.repens

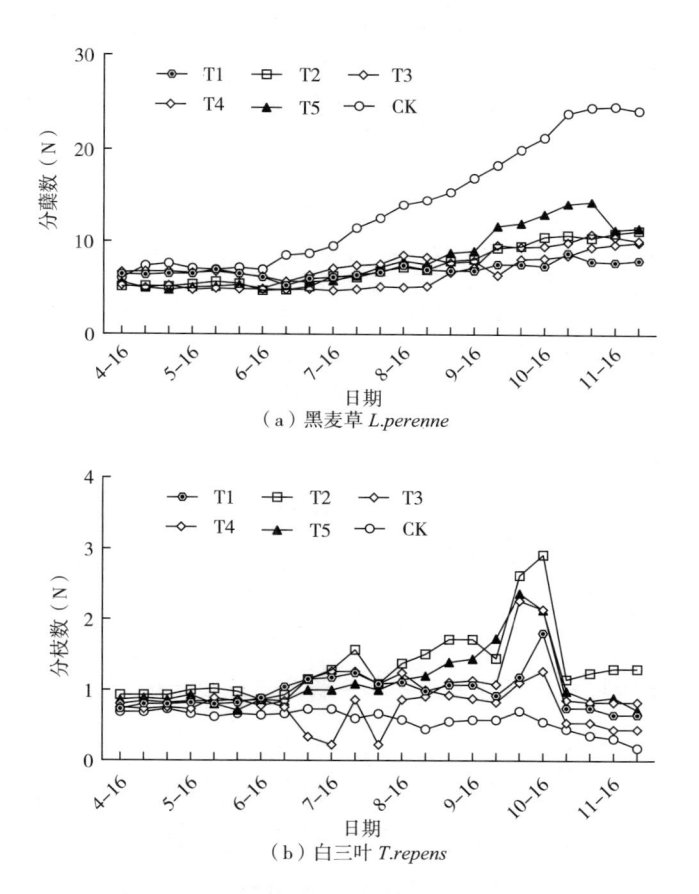

图 3-4　黑麦草分蘖数和白三叶分枝数季节动态

刈割频率和刈割时间对黑麦草年分蘖数和白三叶年分枝数无明显影响，黑麦草 CK 高于刈割，白三叶 CK 低于刈割（表 3-10）。黑麦草分蘖数年间变化为：低频（T4 和 T5）和 CK 1999 年和 2000 年相近，远高于 1998 年；

高频（T1 和 T2）和 T3 年间变化小；且高频 1998 年高于低频和 CK，1999 年和 2000 年则与之相反。白三叶分枝数年间基本呈下降趋势，其中，刈割 1999 年和 1998 年相近，远高于 2000 年；CK 逐年递减幅度较大，2000 年分枝数几乎为零。黑麦草分蘖数与白三叶分枝数 1998 年呈正相关（$R=0.542$，$p<0.01$，$N=30$）；1999 年呈负相关（$R=-0.681$，$p<0.001$，$N=30$）；2000 年呈弱负相关（$R=-0.382$，$p<0.1$，$N=30$）。表明，黑麦草与白三叶个体数之间存在相互促进→抑制→弱抑制的种间竞争和个体消长过程。

表 3-10 黑麦草年分蘖数和白三叶年分枝数

植物种类	年份	T1	T2	T3	T4	T5	CK
黑麦草 *L. perenne* l（蘖·株$^{-1}$）	1998	7.50±0.52	9.70±1.63	7.70±1.01	4.75±0.12	6.91±0.50	7.25±1.54
	1999	5.63±0.35	5.90±0.46	6.81±0.78	8.38±0.94	9.21±2.66	7.25±1.54
	2000	7.77±0.38	6.54±0.52	5.65±0.67	9.55±0.27	8.51±0.87	17.40±2.77
	平均	6.96±0.41b	7.38±0.87b	6.72±0.82b	7.56±0.44b	8.21±1.34b	13.84±2.98a
白三叶 *T. repens* l（分枝数·匍匐茎$^{-1}$）	1998	1.32±0.21	1.64±0.19	1.19±0.12	1.29±0.07	1.52±0.17	1.13±0.10
	1999	1.39±0.09	1.61±0.08	1.36±0.10	1.24±0.08	1.13±0.10	0.62±0.18
	2000	0.21±0.06	0.84±0.26	0.54±0.08	0.16±0.06	0.70±0.03	0.01±0.00
	平均	0.97±0.12a	1.36±0.18a	1.03±0.10a	0.90±0.07a	1.12±0.10a	0.59±0.09b

注 行中小写字母不同者，表示在不同刈割处理之间差异显著（$p<0.05$），下同。

(二) 黑麦草叶片和白三叶匍匐茎年生长与年死亡长度

从黑麦草叶片生长来看，T1 与 CK 差异显著（$p<0.05$）；刈割高于 CK，T4 高于 T5；T1 1999 年、2000 年接近，远低于 1998 年；低频 1998 年与 1999 年接近，远低于 2000 年；CK 呈逐年增加趋势（表 3-11）。总体上，刈割间隔越长，叶片年生长越短。叶片死亡长度刈割比 CK 低，高频和 T4 远低于其他处理，与 CK 差异显著（$p<0.05$）。8 月刈割的 T3、T5 1999 年、2000 年叶片死亡率远高于 1998 年。可见，刈割能刺激黑麦草叶片生长与萌发，减少凋落、枯萎损失，6 月刈割对黑麦草叶片生长效果比 8 月更明显。

表 3-11　黑麦草叶片和白三叶匍匐茎的年生长与年死亡总长度

植物种类	年份	T1	T2	T3	T4	T5	CK
黑麦草 *L. perenne* (cm·年$^{-1}$)	1998	74.72±5.38	63.66±6.49	45.68±3.31	56.52±6.00	38.94±6.62	31.08±4.69
		(5.42±0.91)	(1.36±0.12)	(5.38±0.59)	(12.40±1.74)	(9.76±1.31)	(20.42±1.21)
	1999	56.22±3.95	58.24±5.04	56.22±8.21	49.32±8.00	41.62±7.76	39.70±7.78
		(4.30±0.58)	(3.92±0.44)	(20.92±3.23)	(5.62±0.47)	(18.80±3.74)	(34.60±2.68)
	2000	57.58±2.37	61.16±8.35	53.46±5.69	67.37±6.33	56.66±5.23	48.46±7.54
		(3.24±0.35)	(1.50±0.13)	(16.48±1.85)	(6.10±0.93)	(23.01±3.96)	(31.08±4.84)
	平均	62.84±3.9a	61.02±6.63ab	51.79±5.74ab	57.74±6.78ab	45.74±6.54ab	39.75±6.67b
		(4.32±0.61b)	(2.26±0.23b)	(14.26±1.89ab)	(8.04±1.05b)	(17.19±3.00ab)	(28.70±2.91a)
白三叶 *T. repens* (cm·年$^{-1}$)	1998	2.65±0.36	1.89±0.28	3.81±0.28	3.26±0.26	3.23±0.23	3.16±0.45
		(3.14±0.51)	(2.89±0.47)	(2.65±0.28)	(3.77±0.23)	(2.03±0.37)	(4.82±0.37)
	1999	4.05±0.55	6.79±0.43	7.39±0.38	7.46±0.72	8.33±0.49	3.39±0.40
		(4.71±0.44)	(6.54±1.22)	(6.95±0.49)	(9.97±1.45)	(10.85±0.90)	(3.86±0.32)
	2000	1.63±0.07	5.26±0.42	5.47±0.49	1.34±0.11	6.73±0.42	0.25±0.01
		(1.82±0.29)	(4.53±0.43)	(4.72±0.24)	(0.21±0.05)	(4.09±0.33)	(0.06±0.02)
	平均	2.78±0.33a	4.65±0.38a	5.56±0.38a	4.02±0.36a	6.09±0.38a	2.27±0.29a
		(3.22±0.41a)	(4.65±0.71a)	(4.77±0.40a)	(4.65±0.58a)	(5.66±0.53a)	(2.91±0.24a)

注　括号内数据为黑麦草叶片或白三叶匍匐茎年死亡总长度。

白三叶匍匐茎生长和死亡虽然刈割高于CK，但差异不显著（$p>0.05$），8月刈割（T5）效果比6月（T4）更明显；各处理年间变化差异很大，刈割1999年最高；CK匍匐茎生长2000年在1.0 cm·年$^{-1}$以下（表3-11）。总体上，刈割间隔越长，匍匐茎年生长和年死亡越多（T4例外）。表明适度刈割利于白三叶匍匐茎生长，匍匐茎生长对8月刈割反应最敏感，极度频繁刈割对白三叶匍匐茎的生长不利。

白三叶匍匐茎生长与其死亡和分枝数均呈正相关（$R=0.833$，$p<0.001$，$N=90$；$R=0.454$，$p<0.05$，$N=90$）；而与黑麦草分蘖数呈弱负相关（$R=-0.364$，$p<0.1$，$N=90$）。这说明，白三叶匍匐茎越长，黑麦草分蘖数就越多；在其匍匐茎生长过程中，一部分匍匐茎与黑麦草及其他白三叶个体匍匐茎之间的竞争，导致白三叶匍匐茎死亡，从而出现白三叶匍匐茎年生长与死亡长度相近的结果。

（三）黑麦草和白三叶种群的年产量及其比例

不同处理黑麦草年际平均产量差异很大，由大到小顺序为T4、T2、T1、T3、T5和CK；T2和T4年际平均产量与CK差异显著（$p<0.05$）；高频1998年较高，1999年和2000年较低，低频则与之相反。故刈割利于黑麦草生产能力的提高，尤其6月刈割，效果更好（表3-12）。不同处理白三叶年均产量差异不显著（$p>0.05$），刈割频率越高，产量越高；白三叶年际间产量呈逐年下降趋势，尤其是1999年下降幅度更大；2000年白三叶CK年干物质产量为50.0 kg·hm^{-2}以下，这与其低分枝发生数和低匍匐茎生长力以及高匍匐茎死亡率有关。说明在长期保护、不利用混播草地中，白三叶种群将逐渐消失。黑麦草年产量与其叶片生长呈正相关（$R=0.498$，$p<0.05$，$N=90$），与其分蘖数无明显相关性（$R=-0.333$，$p>0.1$，$N=90$）；白三叶年产量与其分枝数呈正相关（$R=0.634$，$p<0.001$，$N=90$），与其匍匐茎生长无明显相关性（$R=-0.117$，$p>0.1$，$N=90$），表明黑麦草年产量主要取决于叶片生长，而白三叶则主要取决于匍匐茎分枝数的多少。

表3-12 不同年份黑麦草和白三叶的年产量

植物种类	年份	T1	T2	T3	T4	T5	CK
黑麦草 L. perenne I （kg·hm^{-2}）	1998	4866.6±327.2	4282.0±296.2	2547.0±246.8	3707.4±493.3	2086.7±267.8	1157.7±208.1
	1999	2698.8±278.6	3814.9±348.0	2547.0±246.8	4097.7±433.3	3337.5±318.8	1909.5±240.4
	2000	1583.0±175.4	3252.2±230.9	2622.7±233.3	4543.4±208.1	3040.6±202.7	1429.3±202.8
	平均	3049.5±260.4ab	3783.0±291.7a	2853.9±285.2ab	4115.2±378.2a	2821.6±264.8ab	1498.2±217.1b
白三叶 T. repens I （kg·hm^{-2}）	1998	2114.8±202.7	1389.0±115.4	1253.7±152.7	1204.9±173.2	1058.8±145.2	684.0±88.1
	1999	778.9±88.2	835.1±64.2	793.8±68.9	623.5±64.8	447.8±14.5	128.6±29.0
	2000	407.1±55.6	681.8±40.9	545.4±39.3	478.2±39.3	518.3±49.2	27.0±5.5
	平均	1100.3±115.5a	968.6±73.5a	864.3±87.0a	768.9±92.4a	675.0±69.6a	279.9±30.9a

黑麦草、白三叶及杂草的生物量比例结果显示，T1、T2、T3、T4、T5、CK的黑麦草、白三叶年产量组分比分别为53%、56%、45%、57%、48%和39%，18%、14%、14%、11%、12%和6%（图3-5）；其组分比大小顺序与产量大小顺序完全一致。T1和CK杂草比例最高，分别为27%、32%；T2和T3约为20%，比T4和T5的17%稍高一些。高频刈割和T4年死物质产量组分比在14%以下，T3和T5居中（23%左右），CK高达32%。总体上，刈割的黑麦草产量组分比（约为50%）比试验前（60%）低10%左右，白三叶试验前后基本一样；CK的黑麦草、白三叶产量比（39%和6%）均远低于试验前。试验期间观测得知，刈割的其他植物主要为鸭茅（占其他植物地上生物量的70%左右），CK则为蒿类（占其他植物地上生物量比例的90%以上），表明刈割在基本保持草地主要组分比的同时，大大降低了不可食杂草的比例。但由于混播草地中豆科牧草白三叶偏低，豆禾比例失调，以致总产草量始终处于中低水平。

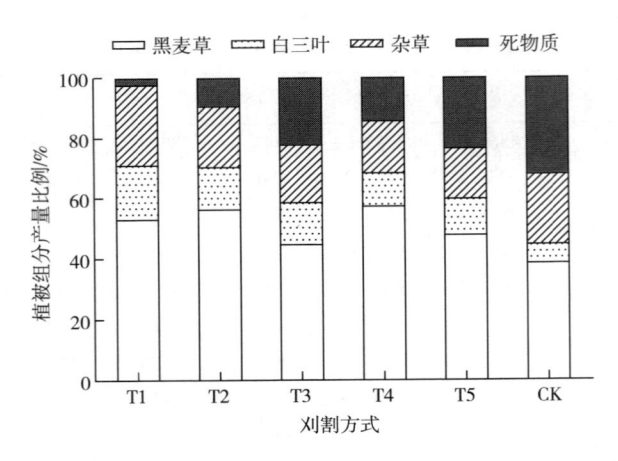

图 3-5 混播草地中黑麦草、白三叶和杂草及死物质产量百分数

(四) 混播草地种群生长与产量关系及种间竞争特性

黑麦草产量与其分蘖数和叶片生长关系的线性回归方程显示，中频刈割（T2，T3）时，黑麦草产量随分蘖数增加呈弱显著或显著降低趋势，年刈割 2 次比年刈割 4 次降低幅度更大，其线性回归方程截距较大；其他处理则与之相反（表 3-13）。所有处理的黑麦草产量随年叶片生长长度的增加呈明显增加趋势（T2 例外）；其中，中频刈割频率的线形回归方程具有较低斜率和正截距，其他处理则具有较高斜率和负截距。表明当黑麦草叶片生长长度低时，中频刈割的黑麦草具有较高年产量；当黑麦草叶片生长长度高时，其他处理的年产量比中频刈割高。

表 3-13 黑麦草年干物质产量（Y，$kg \cdot hm^{-2}$）与分蘖数（N，分蘖数·株$^{-1}$）、叶片生长（L，$cm \cdot 年^{-1}$）关系

处理	$\log Y = A + B \log N$			$\log Y = A + B \log L$		
	斜率（B）	截距（A）	R^2	斜率（B）	截距（A）	R^2
T1	1.220	2.595	0.317a	2.231	-2.667	0.726**
T2	-0.510	4.040	0.392a	0.597	1.936	0.263ns
T3	-0.839	4.247	0.697**	0.619	0.565	0.771**
T4	0.198	3.406	0.673**	1.610	-0.846	0.688**
T5	1.616	1.529	0.739**	3.249	-5.128	0.678**
CK	1.241	1.608	0.755**	2.117	-2.275	0.887***

注　a 为 $p<0.1$；* 为 $p<0.05$；** 为 $p<0.01$；*** 为 $p<0.001$；ns，$p \geqslant 0.1$。下同。

白三叶年产量与其匍匐茎分枝数关系的线性回归方程显示，不同刈割条件下，白三叶年产量与其匍匐茎分枝数呈显著正相关关系（表3-14）。其中，高频刈割和对照的斜率接近，远高于其他处理；年刈割1次的斜率最高，中频刈割斜率最低；各处理截距在2.2~2.8范围内波动。因此，相同匍匐茎分枝数条件下，高频刈割和对照的白三叶具有较高的年产量，而中频刈割的年产量则较低，从而前者的个体匍匐茎大于后者。

表3-14 白三叶年干物质产量（Y, $kg \cdot hm^{-2}$）与其匍匐茎分枝数（N, 分枝数$\cdot$匍匐茎$^{-1}$）关系

处理	$\log Y = A + B \log N$		
	斜率（B）	截距（A）	R^2
T1	1.528	2.246	0.940***
T2	0.367	2.795	0.756**
T3	0.560	2.709	0.814***
T4	0.787	2.517	0.712**
T5	0.973	2.279	0.811***
CK	1.407	2.216	0.900***

黑麦草和白三叶种间竞争特性结果显示，随刈割频率的降低和刈割日期的推后，黑麦草和白三叶生长点数及其种群产量间均由高频刈割的显著正相关向低频刈割和对照的显著负相关转化（表3-15）。其中，T2和T4的黑麦草分蘖数与白三叶分枝数不存在任何相关性，并且，T1的黑麦草与白三叶生长点数及年产量呈显著正相关。说明，刈割削弱了混播草地中黑麦草和白三叶种间个体生长的相互抑制作用，高频刈割利于黑麦草和白三叶种间个体生长的正效应发挥，低频刈割和不刈割增强了其种间个体的竞争，而在中频刈割干扰下，混播草地种群个体几乎不存在竞争作用。

表 3-15 黑麦草分蘖数（$N_{黑麦草}$，分蘖数·株$^{-1}$）与白三叶分枝数（$N_{白三叶}$，分枝数·匍匐茎$^{-1}$）关系及黑麦草（$Y_{黑麦草}$，kg·hm^{-2}）和白三叶年干物质产量（$Y_{白三叶}$，kg·hm^{-2}）关系

处理	$\log N_{黑麦草} = A + B \log N_{白三叶}$			$\log Y_{黑麦草} = A + B \log Y_{白三叶}$		
	斜率（B）	截距（A）	R^2	斜率（B）	截距（A）	R^2
T1	0.278	0.634	0.420*	0.564	1.806	0.947***
T2	—	—	0.100	0.144	3.170	0.305a
T3	—	—	0.007	-0.499	4.963	0.774**
T4	-0.503	1.198	0.652**	-0.123	3.952	0.585*
T5	-0.225	1.299	0.546*	-0.510	4.866	0.924***
CK	-0.279	1.308	0.742**	-0.302	3.914	0.939***

三、讨论

（一）黑麦草、白三叶种群生长特征与刈割频率和刈割时期的关系

黑麦草种群的生长主要表现于蘖密度与蘖大小两方面。据报道，在不同刈割高度下，黑麦草蘖密度和相对蘖发生数随生长季推移而增加（Fulkerson & Michell，1987；Hernández et al.，1999），与本研究结果一致。蘖密度与大小之间存在自动调节能力，当刈牧利用强度和频率增加、刈牧间隔缩短时，蘖密度应该增加而分蘖个体减少。本研究中，以黑麦草叶片生长间接表示蘖大小，出现叶片生长随刈割频率增加而增加，蘖数量随刈割间隔缩短而降低的趋势，与以前的报道不同（夏景新，1993；Hernández et al.，1999）。1999~2000 年 CK 处理中，黑麦草分蘖数（14.8~17.4 蘖·株$^{-1}$）是其年初（5.0 蘖·株$^{-1}$）的 3 倍，与 Fulkerson et al.（1987）的报道结果（3.5 蘖·株$^{-1}$）接近。这除了与其生长季相对高蘖发生数有关外，还与因白三叶的死亡，而更多未饱和环境资源用于黑麦草新生蘖生长有关。

白三叶匍匐茎上分枝的形成和生长与其基部辐射和光通量以及红光与远红光（R/FR）比例有关，当红光与远红光比例减少时，分枝率迅速降

低（Thompson & Harpper, 1988; Teuber & Laidlaw, 1996; Höglind & Frankow-Lindnberg, 1998）。由于刈割降低了黑麦草对白三叶的遮阴作用，使更多红光照射于白三叶基部节点上，刺激了匍匐茎分枝发生和伸长（Thompson & Harpper, 1988; Teuber & Laidlaw, 1996）；并且，生长旺盛期，气温升高，降水量增加，更加利于白三叶生长（樊奋成等，1995b），使白三叶分枝数在旺盛期较高，在这期间，白三叶的充分生长为其随后的生长提供了充足有机碳（Elgersma, 1998），从而刈割的白三叶于10月出现分枝数高峰值。白三叶分枝数季节动态与 Höglind & Frankow-Lindnberg（1998）报道的白三叶分枝成活率在生长季初期很低，随生长季推移逐渐增加，在生长季结束最后3周特别高的结果一致。试验期间白三叶匍匐茎伸长和分枝数始终很低，除了白三叶匍匐茎高死亡率，新分枝易于死亡或处于休眠的缘故外，还与所有分枝的生存很大程度上取决于母体有机碳供给，而小的新分枝由于易遭受有机碳饥饿而易于死亡有关，刈割频率对匍匐茎生长无影响（$p>0.05$），与以前的报道结果一致。

(二) 黑麦草、白三叶种群生长特征与产量和植被关系

刈割利于混播草地中白三叶生长，提高白三叶组分比（Woledge, 1992；夏景新，1993；Elgersma, 1997b）；但 Fulkerson（1987）等的报道与此相反。本研究结果与后者一致，究其原因前者是在白三叶比例较高（50%左右）情况下进行的，而本研究与 Fulkerson 等（1987）的研究是在白三叶比例约20%草地上进行。本研究白三叶产量呈逐年下降趋势，与 Elgrsma & Schlepers（1997b）刈割试验结果一致。黑麦草产量与叶片生长呈正相关，进一步说明对于多年放牧利用的混播草地来说，蘖数量已经稳定，此时蘖重对黑麦草产量形成比蘖密度更重要，与 Hernández 等（1999）在蘖密度较低时得出的结果不同。白三叶生长主要通过匍匐茎上的芽和节点再生，故分枝数越多，叶片生长越多，产量越高；而且，白三叶匍匐茎因免于采摘而与实测产量无关。故本研究得出了白三叶产量与分枝数呈正相关，与匍匐茎长度无明显相关性的结论。说明白三叶分枝数对其产量的形成比匍匐茎长度更重要，混播草地中不同植物种群对外界干扰的适应对策不一样。

(三) 黑麦草和白三叶种群生长与产量关系及其种间竞争特征

以往研究认为，黑麦草种群产量与其叶片生长、分蘖数以及分蘖重呈正相关，刈割能刺激黑麦草新蘖的产生和叶片生长（Bircham et al., 1983；Hernández et al., 1993；樊奋成等, 1995a），此与本研究结果类似。本研究中，中频刈割的黑麦草分蘖数与其产量呈负相关，主要是因中频刈割后，随着分蘖数增多和分蘖重的增大，黑麦草对分蘖个体大小与密度的自动调节能力增强；此时，黑麦草处于高分蘖密度，其分蘖重对产量形成的影响比分蘖数明显（Volenec et al., 1983），从而使黑麦草分蘖数与产量的正相关关系逐渐削弱，直至负相关出现。本研究结果之一是，所有处理白三叶产量均与分枝数呈显著正相关，主要是由于白三叶匍匐茎主要贴地面生长（Hodgson, 1990），本试验虽然是低茬刈割（留茬高度2 cm），但收获的白三叶牧草量中，多为叶片、叶柄成分，匍匐茎成分较少；而且，个体匍匐茎分枝数越多，叶片数越多。因此，本研究结果中，发现匍匐茎生长长度与产量无显著关系的结果（未显示于结果分析中）。

就黑麦草与白三叶种群而言，一方面，黑麦草为密集生长型禾草，通过子分蘖（daughter tillers）的产生，种群个体数增加，通过叶片生长，增大分蘖个体，提高它对土壤和光资源的利用能力；白三叶为分散生长型豆科固氮植物，通过匍匐茎伸长和分枝数的增加，提高土壤和光资源利用能力。另一方面，二者在植株高度、根系深度、营养需求、形态生理等诸方面具有互补特性（Schwinning & Parsons, 1996）。刈割后，草层高度降低，更多的红光透射到地面，利于白三叶分枝形成、匍匐茎的伸长（Thompson, 1993；Thompson et al., 1988），从而提高白三叶的适应性，使黑麦草对白三叶的抑制作用减弱。虽然黑麦草种群始终在草地处于支配地位，但因生长季间隔1月和2月的刈割，刈割次数较多，又是低茬刈割，利于白三叶的充分生长，从而降低黑麦草对白三叶生长的抑制作用，使黑麦草与白三叶表现正效应促进作用。其他处理则因刈割间隔过长，虽然刈割能短期内促进白三叶的生长，但黑麦草再生生长后，仍始终对白三叶造成遮阴作用。故黑麦草对白三叶的遮阴作用，随着刈割次数减少和刈割日期的推迟逐渐增强，黑麦草和白三叶种群间的竞争渐趋明显。因此，刈割降低了混播草地中黑麦草和白三叶种间生长的相互抑制效应,削弱了其种间竞争作用。

第三节　长期刈牧利用下黑麦草+白三叶草地植被构成和养分特征

黑麦草（*Lolium perenne*）+白三叶（*Trifolium repens*）草地是世界温带地区种植面积最大的高产优质集约化草地之一,自20世纪80年代开始,在我国南方喀斯特山区广泛种植,已成为南方喀斯特山区主要放牧地和割草地,在我国喀斯特山区草地畜牧业生产中具有重要地位（Hodgson et al., 1990；Yu et al., 2008；王文等, 2020）。刈割和放牧（刈牧）作为草地利用和管理的两种基本方式,可降低牧草死亡损失,改善草地质量,刺激牧草的分蘖和分枝,利于草地更新、生产力保持及群落结构的稳定（霍成君等, 2001；周姗姗等, 2012）。每种植物都具可塑性反应,长期不合理刈牧利用会达到或超过植物种干扰响应限度,从而使草地生态系统稳定性降低,导致草地退化。因此,确定合理的草地刈牧制度和强度,将草地合理利用与牧草健康生长相统一,是我国南方喀斯特山区栽培草地持续利用亟待解决的关键问题之一。

国外对黑麦草+白三叶草地的研究内容涉及土—草—畜—环境系统,对草地土壤和植被的互作（Soegaard et al., 2009；Dodd et al., 2011）、草畜系统生产（Hammond et al., 2013）、家畜采食行为（Rutter et al., 2004）以及草地—家畜—环境系统（Roche et al., 2009）进行了深入研究。国内黑麦草+白三叶草地的研究内容主要涉及不同刈牧方式和强度下,草地植物生长特性和群落稳定性（姚爱兴等, 1996；徐震等, 2003；王元素等, 2006）、土—草矿质养分分布（傅林谦等, 1996）、草地演替（呼天明等, 1995；王文等, 2003）和草畜平衡（蒋文兰等, 1995）,研究内容相对单一,研究的深度和系统性不够。虽然也对刈牧草地土壤和植被特征进行了分析,但所研究草地的刈牧利用时间相对较短（王元素等, 2006）。

鉴于此，本研究通过对4种长期刈牧利用方式下黑麦草+白三叶草地土壤和牧草养分及植被构成特征的系统分析，以确定合理的草地刈牧制度，为该类草地的科学管理和持续利用提供实践基础。

一、材料与方法

（一）试验地概况

研究区位于贵州省威宁彝族回族苗族自治县凉水沟草地，地理坐标为103°36′~104°45′E、26°36′~27°26′N，冬无严寒、夏无酷暑，年均温10~12℃，年均降水量962 mm，海拔2200 m以上。研究区草地为1992年建植的多年生黑麦草+白三叶草地，主要植物种类有多年生黑麦草、白三叶、羊茅（*Festuca ovina*）、早熟禾（*Poa annua*）、苔草（*Carexli Parocarpos*）和委陵菜（*Potentilla chinensis*）等。土壤以高原山地黄棕壤为主。

（二）试验设计

2011年8月，在对研究区黑麦草+白三叶草地利用方式调查的基础上，选择1992年建植，2001年之前放牧利用，2001年之后采用割草（mowing，M）、割草+放牧（mowing+grazing，M+G）、连续放牧（continuous grazing，CG）和轮牧休闲（rotational grazing，RG）共4种利用方式的草地各3块（即3次样地重复）。其中，刈割草地于每年6月中旬（施肥前）和9月初各刈割1次，每年刈割两次，茬高约3 cm；割草+放牧草地于每年6月中旬刈割1次，茬高约3 cm，每年刈割后至生长季结束前（11月）连续放牧利用，草层高度约保持3 cm；连续放牧草地于每年4~11月连续放牧，这期间草层高度约保持3 cm；轮牧休闲草地于每年4~11月每月放牧7~10 d，每次牧后草层高度约3 cm。放牧家畜为2~3岁健康考力代绵羊。草地每年6月下旬和10月中下旬分别施氮肥（尿素）60 kg·hm^{-2}和钙镁磷肥（过磷酸钙）300 kg·hm^{-2}。

（三）植物和土壤样品采集和分析

植被特征测定：2011年8月中下旬，在各处理的每个重复样地内分别随机选择5个0.1 m²的样方，并进行各样方内草层高度和黑麦草分蘖密度（tiller density，*TD*）的测定，然后齐地刈割收获各样方地上生物量。收获牧草样先按死物质（凋落物+立枯体）和活物质分开，再将活物质按不同种分开，于65℃下烘干测干质量；黑麦草分蘖重（tiller weight, TW）通过其种群生物量除以其分蘖密度计算；以植物种群干质量数据为基础，统计播种的黑麦草、鸭茅（Dactylis glomerata）和白三叶，以及未播种禾草和杂类草的植物种群生物量及其生物量占总生物量的百分数。同时，在收获地上生物量各样方内的对角线上，设置两个 0.01 m² 的正方形微样方，挖取土芯测定白三叶匍匐茎密度（stolon density, SD；以单位面积匍匐茎长度计）、匍匐茎质量（stolon weight, SW）及个体匍匐茎质量（通过单位面积匍匐茎质量除以其匍匐茎密度计算）。

牧草土壤样品采集：将各处理每个重复样地内测定完干质量的 5 个样方的牧草样混合，粉碎后用于矿质成分和营养价值分析。此外，在各样方植被取样后，用直径 9.5 cm 土钻取 0~10 cm 和 10~20 cm 分层土样，将各处理每个重复样地内 5 个 0.1 m² 样方中所取的同层次土样混合装袋，肉眼分拣出植物根系等杂物后，带回实验室风干备用。

牧草和土壤样品分析方法：土壤有机质（organic matter, OM）采用重铬酸钾法测定；土壤 pH 采用酸度计法测定；土壤和牧草全 N 含量采用凯氏定氮法测定；全 P 测定采用钼锑抗比色法；土壤和牧草其他全量元素 K、Na、Mg、Ca、Mn、Zn、Cu 和 Fe 含量采用原子吸收光谱法测定；牧草粗灰分（Ash）采用 600℃ 高温灼烧法测定；酸性洗涤纤维（acid detergent fiber, ADF）、中性洗涤纤维（neutral detergent fibre, NDF）和粗纤维（crude fibre, CF）采用 ANKOM-A200i 半自动纤维仪滤袋技术测定；粗脂肪（crude fat ether extract, EE）采用 ANKOMXT10i 型自动脂肪分析仪滤袋提取法测定；可溶性糖（water soluble carbohydrate, WSC）采用蒽酮比色法测定。具体分析方法见杨胜（1999）和鲁如坤（2000）及《草原生态化学实验指导书》（1987）。所有指标数据均换算为干质量基础数据。其中，牧草粗蛋白（crude protein, CP）、代谢能（metabolizable energy, ME）和有机物质消化率（organic matter digestibility, OMD）分别由 CP （%）= 6.25 × N （%）、ME （MJ·kg^{-1}）= 4.2014 + 0.0236ADF （%）+ 0.1794CP （%）和 OMD （g·kg^{-1}）= ME （MJ·kg^{-1}）/0.016 计算（McDonald et al., 1992）。

(四)数据分析

用SPSS16.0的AVOVA分析利用方式对土壤和牧草养分及植被构成特性的影响,若利用方式对其在0.05水平影响显著,再对其进行利用方式之间的LSD多重比较,数据格式为均值±标准误(Mean±SE)。

二、结果与分析

(一)黑麦草和白三叶种群密度和个体大小

黑麦草分蘖密度和分蘖质量与白三叶匍匐茎密度和匍匐茎质量在各刈牧处理之间均差异极显著($p<0.001$);白三叶匍匐茎个体质量在4个处理间差异不显著($p>0.05$)(表3-16)。黑麦草的分蘖密度M、M+G和CG草地均低于RG草地($p<0.05$),且M+G草地比M和CG草地的高($p<0.05$);黑麦草的分蘖质量M和M+G草地相近,CG和RG草地相近,且前者比后者高($p<0.05$)。白三叶匍匐茎密度M和RG相近,但二者均高于M+G和CG草地($p<0.05$);白三叶匍匐茎质量为CG比其他3个处理低($p<0.05$),且RG比M+G草地高($p<0.05$)。

表3-16 不同刈牧草地黑麦草和白三叶种群密度和个体大小

植物名称	种群特征	割草 M	割草+放牧 M+G	连续放牧 CG	轮牧休闲 RG	显著性
黑麦草 *L. perenne*	分蘖密度/ (分蘖·m^{-2})	776.0± 84.9c	4051.7± 206.4b	575.0± 203.1c	8673.0± 1104.1a	***
	分蘖质量/ (mg·分蘖$^{-1}$)	36.2±5.5a	30.2±2.4a	16.7±3.2b	11.2±1.2b	***
白三叶 *T. repens*	匍匐茎密度/ (m·m^{-2})	3.3±11.4a	31.7±9.7b	6.4±2.5b	99.9±16.8a	***
	匍匐茎个体质量/ (g·m^{-1})	1.0±0.1	1.1±0.1	1.4±0.3	1.2±0.2	ns
	匍匐茎质量/ (g·m^{-2})	77.4±12.2ab	33.7±10.3b	6.8±2.5c	112.0±22.5a	***

注 ns,**,*** 分别表示 $p>0.05$,$p<0.01$,$p<0.001$;同行中数据后不同小写字母表示在0.05水平差异显著。下同。

(二) 草地植物群落构成

刈牧处理对草地植物物种数影响显著（$p<0.05$），CG 草地比其他 3 类草地高（$p<0.05$），RG 草地比 M 和 M+G 草地低（$p<0.05$），M 和 M+G 草地的植物物种数相近（图 3-6）。草地播种牧草黑麦草、鸭茅和白三叶，非播种禾草黑穗画眉草和狗尾草，非播种杂类草蒲公英、白苞蒿、旋叶香青、积雪草、车前、夏枯草和荷兰豆草生物量，以及牧草总生物量和死物质量，在不同草地利用方式间均差异显著（$p<0.05$）（表 3-17）。在播种牧草中，黑麦草生物量 M+G 草地高于 M、CG 和 RG 草地（$p<0.05$），鸭茅生物量 CG 草地高于其他 3 类草地（$p<0.05$）；白三叶生物量 M 和 M+G 草地比 CG 和 RG 草地高（$p<0.05$），且 M 草地比 M+G 草地高（$p<0.05$）。对于非播种牧草，CG 草地的黑穗画眉草、狗尾草、旋叶香青和荷兰豆草均高于其他 3 类草地（$p<0.05$），积雪草 M+G 和 RG 草地比 M 和 CG 草地高（$p<0.05$），M+G 草地的车前和 M 草地的夏枯草分别高于 CG 和 RG 草地（$p<0.05$）。死物质量 M 和 CG 分别比 M+G 和 RG 草地高（$p<0.05$），牧草总产量仅 M+G 高于 RG 草地（$p<0.05$）。

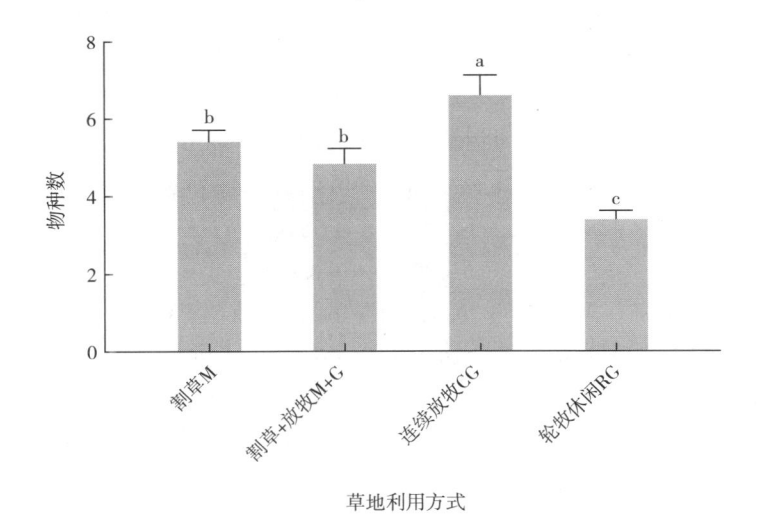

图 3-6 不同刈牧草地样方内植物物种数

注 不同小写字母表示处理间差异显著（$p<0.05$）。

表 3-17　不同刈牧草地地上生物量构成

植物名称	割草 M	割草+放牧 M+G	连续放牧 CG	轮牧休闲 RG	显著性
播种牧草/(g·m^{-2})					
黑麦草 L. perenne	27.4±4.1c	120.9±7.3a	6.1±1.9c	94.9±13.4b	*
鸭茅 D. glomerata	0b	0b	2.3±1.3a	0b	*
白三叶 T. repens	61.9±9.9a	26.0±11.7b	1.8±0.8c	17.5±3.2bc	*
非播种禾类草/(g·m^{-2})					
早熟禾 P. annua	0.2±0.2	0	0.1±0.1	0.3±0.2	ns
黑穗画眉草 Eragrostis pilosa	0b	0b	99.9±7.0a	0b	*
裂稃草 Schizachyrium brevifolium	0	0	3.6±3.6	0	ns
细柄草 Capillipedium parviflorum	0	0	0.2±0.2	0	ns
毛叶茅草 Imperata ylindrical	0	0	0.9±0.9	0	ns
狗尾草 Setaria viridis	0b	0b	99.9±7.0a	0b	*
苔草 C. liparocarpos	0	0	3.6±3.6	0	ns
非播种杂类草/(g·m^{-2})					
狗娃花 Heteropappus hispidus	0	0	0	0.1±0.1	ns
蒲公英 T. officinale	49.5±7.0a	1.7±1.5b	0b	0b	*
白苞蒿 A. lactiflora	14.6±5.2a	0b	0b	0b	*
鼠曲草 Pseudognaphalium affine	0	0	0.2±0.2	0	ns
旋叶香青 Anaphalis contorta	0b	0b	4.3±1.9a	0b	*
积雪草 Centella asiatica	1±0.9b	8.6±4.7a	1.9±1.1b	6.9±1.8a	*
车前 Plantago asiatica	1.5±3.0ab	3.0±1.3a	0.4±0.2b	0.4±0.4b	*
夏枯草 Clinopodium megalanthum	5.7±2.3a	1.7±1.5ab	0.1±0.1b	0b	*
繁缕 Stellaria media	1.0±0.7	0.3±0.3	0.1±0.1	0	ns
荷兰豆草 Drymaria cordata	0b	0b	8.3±5.3a	0b	*
尼泊尔蓼 Persicaria nepalensis	0.2±0.2	0	0	0	ns
酸模 Rumex acetosa	0	0	0.2±0.1	0	ns
委陵菜 P. chinensis	0	0	0.1±0.1	0	ns
太阳花 Portulaca grandiflora	0	0.4±0.4	0	0	ns
死物质/(g·m^{-2})	23.2±2.3a	13.3±2.8b	20.8±6.0ab	6.2±0.7c	*
合计/(g·m^{-2})	176.3±6.3ab	184.3±13.8a	151.8±11.1ab	126.4±14.2b	**

注　*表示 $p<0.05$。下同。

草地牧草生物量构成比例与其生物量变化类似，RG 和 M+G 草地的黑麦草干物质比例为 76.8% 和 66.6%，高于 CG 和 M 草地（$p<0.05$）；CG 草地的鸭茅比例为 1.6%，高于其他 3 类草地（$p<0.05$）（图 3-7）。非播种禾草比例为 CG 草地（70.3%）高于其他 3 类草地（$p<0.05$），其主要由黑穗画眉草构成，占总生物量的 66.6%。白三叶和非播种杂类草干物质比例均为 M 草地最高，分别为 36.1% 和 43.9%；其中 M 草地的杂类草主要由蒲公英和白苞蒿组成，其干物质比例分别为 28.2% 和 7.8%。虽然 CG 草地的非播种杂类草种类丰富，但其仅占总生物量比例的 9.5%，主要由荷兰豆草、旋叶香青和积雪草构成。CG 和 M+G 草地的死物质比例为 13.0% 和 12.8%，分别高于 RG 和 M 草地（$p<0.05$）。

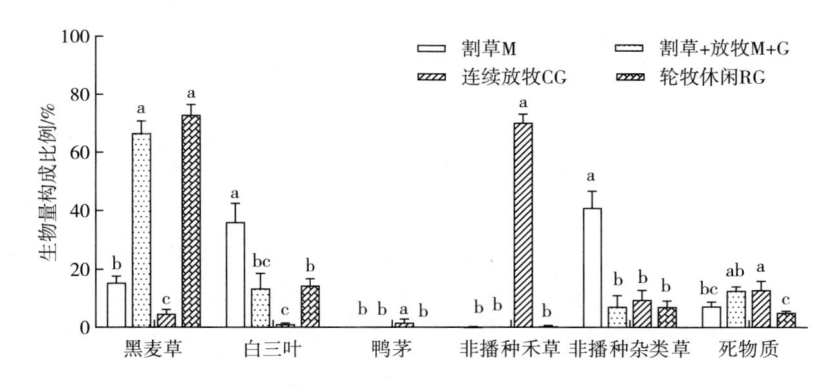

图 3-7 不同刈牧草地植被生物量构成比例

注 相同草种或功能群植物标不同小写字母者在不同刈牧利用方式间差异显著（$p<0.05$）。

（三）牧草养分

牧草矿质元素 Ca、P、Mg 和 Cu 含量在不同处理间差异显著（$p<0.05$，$p<0.01$ 和 $p<0.001$），而牧草其他营养指标在不同草地利用方式间差异均不显著（$p>0.05$）（表 3-18）。M 草地的牧草 Ca 含量高于其他 3 类草地（$p<0.05$），而 RG 草地的牧草 P 含量高于 M 和 M+G 草地（$p<0.05$），CG 草地的牧草 Mg 含量低于其他 3 个处理（$p<0.05$）；M 和 M+G 草地的牧草 Cu 含量比 CG 和 RG 草地高（$p<0.05$），且 RG 草地比 CG 草地的高（$p<0.05$）。

表 3-18 不同刈牧草地牧草矿质元素含量和营养价值分析

测试指标	割草 M	割草+放牧 M+G	连续放牧 CG	轮牧休闲 RG	显著性
矿质元素					
Ca/(g·kg^{-1})	10.05±0.12a	6.59±0.38b	2.07±0.37c	5.84±0.49b	***
P/%	0.35±0.06b	0.28±0.02b	0.39±0.01ab	0.51±0.02a	*
Na/%	0.43±0.00	0.50±0.01	0.43±0.09	0.52±0.01	ns
K/%	1.42±0.02	1.70±0.51	2.25±0.40	2.33±0.07	ns
Mg/(g·kg^{-1})	6.27±0.11a	6.09±0.41a	2.16±0.10b	5.99±0.07a	***
Fe/(g·kg^{-1})	0.50±0.04	1.77±0.87	0.82±0.09	0.81±0.01	
Cu/(mg·kg^{-1})	29.43±1.20a	24.74±1.23a	13.07±1.25c	18.66±1.74b	**
Mn/(mg·kg^{-1})	58.00±1.80	139.93±17.86	140.82±32.00	80.81±1.96	ns
Zn/(mg·kg^{-1})	141.46±1.34	159.40±18.05	147.50±23.25	192.50±20.93	ns
营养价值					
Ash/%	12.45±0.71	10.98±0.49	7.89±2.45	10.32±0.04	ns
WSC/%	3.39±1.00	6.91±0.98	5.79±1.39	6.76±1.72	ns
ADF/%	15.22±8.61	25.09±0.63	24.92±3.87	25.09±0.34	
NDF/%	21.93±11.97	46.28±1.29	58.82±6.49	45.41±0.86	
CF/%	9.33±6.03	16.96±1.28	17.52±3.08	17.45±1.05	
EE/%	2.37±0.41	2.44±0.34	2.05±0.17	2.64±0.12	
ME/(MJ·kg^{-1})	7.99±0.41	8.34±0.34	9.34±0.01	8.28±0.42	
CP/%	19.13±2.77	19.79±2.96	25.36±0.46	19.46±2.26	
OMD/%	49.95±1.84	52.15±3.23	58.37±0.06	51.78±2.62	ns

(四) 土壤养分

不同刈牧草地 0~10 cm 土层中，pH、OM、P、Cu、Mn 和 Zn 在各刈牧处理间均差异显著（$p<0.05$、$p<0.01$ 和 $p<0.001$），N、K、Na、Mg 及 Fe 含量在不同处理间差异不显著（$p>0.05$）（表 3-19）。其中，M 和 RG 草地的 OM 分别比 M+G 和 CG 的低（$p<0.05$）；CG 草地的 pH 低于其他草地（$p<0.05$），有明显酸化现象；M 和 M+G 草地的土壤 P、Cu、Mn 和 Zn 含量比 CG 和 RG 草地的高（$p<0.05$）。

10~20 cm 土层 pH，常量元素 P 和 K 含量，微量元素 Mg、Fe、Cu、Mn

和 Zn 含量在 4 个刈牧处理间均差异显著（$p<0.05$、$p<0.01$ 和 $p<0.001$），而土壤 OM、N 和 Na 含量在不同处理间均差异不显著（$p>0.05$）（表 3-19）。其中，CG 草地的土壤 pH 和 P 含量比其他 3 类草地低（$p<0.05$）；M+G 和 RG 草地的土壤 K 含量比 M 和 CG 草地的低（$p<0.05$）；Mg、Fe、Cu、Mn 和 Zn 含量一般为 M 和 M+G 草地比 CG 和 RG 草地的高（$p<0.05$）。

表 3-19 不同刈牧草地土壤化学特性

测试指标	割草 M	割草+放牧 M+G	连续放牧 CG	轮牧休闲 RG	显著性
0~10 cm					
pH	6.16±0.25a	5.79±0.02a	4.84±0.01b	5.92±0.11a	**
OM/%	4.74±0.00b	5.65±0.25a	5.92±0.03a	4.23±0.03c	***
N/%	0.18±0.02	0.16±0.00	0.16±0.01	0.15±0.00	ns
P/%	0.12±0.01a	0.11±0.00ab	0.07±0.00c	0.09±0.00bc	*
K/%	0.85±0.11	0.79±0.01	1.08±0.11	0.75±0.00	ns
Na/%	0.12±0.00	0.13±0.00	0.16±0.03	0.10±0.01	ns
Mg/(g·kg^{-1})	4.01±0.01	3.57±0.34	2.71±0.06	2.10±0.69	ns
Fe/(g·kg^{-1})	7.74±0.31	12.48±2.94	6.88±1.31	8.33±1.76	ns
Cu/(mg·kg^{-1})	52.43±6.34a	54.74±1.71a	25.73±5.39b	27.22±1.99ab	*
Mn/(mg·kg^{-1})	735.63±276.88a	769.39±35.90a	131.40±57.19b	258.32±47.48b	*
Zn/(mg·kg^{-1})	499.19±49.91a	509.89±27.75a	235.22±64.64b	263.48±28.37b	*
10~20 cm					
pH	6.18±0.09a	6.07±0.10a	4.82±0.01b	6.26±0.03a	***
OM/%	4.33±0.17	3.46±0.34	3.41±0.55	3.56±0.05	ns
N/%	0.13±0.01	0.08±0.03	0.10±0.01	0.13±0.00	ns
P/%	0.09±0.00a	0.08±0.01a	0.03±0.01b	0.08±0.00a	**
K/%	0.95±0.02b	0.77±0.03c	1.23±0.01a	0.77±0.02c	***
Na/%	0.13±0.00	0.16±0.00	0.14±0.02	0.12±0.01	ns
Mg/(g·kg^{-1})	4.16±0.14a	4.32±0.29a	2.78±0.38b	2.42±0.20b	*
Fe/(g·kg^{-1})	6.65±0.95bc	14.39±0.73a	5.97±0.36c	9.60±0.94b	*
Cu/(mg·kg^{-1})	52.37±1.22a	52.96±0.69a	24.63±5.29b	25.11±1.43b	**
Mn/(mg·kg^{-1})	574.47±78.49ab	671.43±141.00a	75.13±16.90c	300.98±48.71bc	*

三、讨论与结论

(一) 讨论

刈牧利用影响混播草地中黑麦草和白三叶的种群特性。有研究表明，禾草或三叶草分蘖或分枝密度对刈牧响应不同，表现为植物种群个体密度和个体大小的变化（Yu & Hou，2005；杨允菲等，1996）。此与本研究黑麦草分蘖密度和个体大小及白三叶匍匐茎密度和质量受刈牧方式显著影响的整体结果类似。本研究中，割草地（M和M+G）的黑麦草分蘖质量比放牧地（CG和RG）高，是由于家畜对喜食的黑麦草过度采食，对其造成较大采食损伤而不利于其恢复生长所致。M草地的白三叶生物量、匍匐茎密度和匍匐茎质量均比M+G草地的高，这是由于频繁刈割降低黑麦草对白三叶的遮阴作用，使更多红光投射到地面白三叶植株上（Teuber et al.，1996），从而刺激白三叶匍匐茎生长。此外，M草地丰富的P也利于白三叶匍匐茎生长和伸长。本研究中4类草地白三叶匍匐茎密度为$6.4 \sim 99.9 \, m \cdot m^{-2}$，这与Curll & Wilkin（1985）报道的英国威尔士放牧黑麦草+白三叶草地上白三叶匍匐茎密度为$2 \sim 70 \, m \cdot m^{-2}$相近。表明一定刈牧管理下，白三叶在草群中的生物量比例具有一定稳定性。本研究中白三叶匍匐茎密度与前期的报道，贵州灼圃放牧黑麦草+白三叶草地上白三叶匍匐茎密度的$1 \sim 5 \, m \cdot m^{-2}$（Yu et al.，2008；周姗姗等，2012）差异大，主要原因是白三叶匍匐茎部分生长于地面下约1.5 cm土层内，本研究通过挖取土芯准确测定了白三叶匍匐茎密度，而前期研究仅测定了地表白三叶匍匐茎，而漏测了土层内白三叶的匍匐茎，故二者测定结果差异较大。

刈牧利用也影响混播草地中群落物种构成和物种多样性。以往研究认为，黑麦草+白三叶草地若利用不当，会向适口性差的以当地野生植物为优势种的方向演替。本研究中，4类草地经长期不同刈牧方式利用后，RG和M+G草地植被群落稳定，仍以黑麦草+白三叶为优势种，而M和CG草地则分别演替为以白三叶+蒲公英+白苞蒿和以当地野生黑穗画眉草为优势种的群落，说明M和CG草地已严重退化。此与呼天明等（1995）报道的，轻牧使湖南南山牧场黑麦草+白三叶型放牧草地向野古草（*Arundinella hirta*) +芒草 (*Misanthus sinensis*) 的原生植被演替，过牧导致适口性差的橐吾（*Ligularia* sp.）+酸模大规模出现；张建波和李向林（2009）报道的，黑麦草+白三叶退化草地上，播种牧草逐渐减少甚至消失，画眉草、白茅（*Imperata cylindrica*）、毛花雀稗（*Paspalum dilatatum*）、茼蒿（*Glebionis coronaria*）等当地野生植物种成为优势种，以及蒋文兰和任继周（1991）报道的，黑麦草+白三叶草地退化演替时出现大量根茎型菊科蒿属和蒲公英的整体结果类似。此外，本研究中，CG 草地植物物种数比 M 和 M+G 草地高。这是由于后者在植物生长最盛时刈割收获，此时杂草还未结种子或种子还未成熟，且刈割时整齐的留茬高度也可控制杂草种子繁殖。而 CG 草地因家畜选择性采食，部分草地未被家畜采食而利于植物种子成熟，部分草地因家畜过度采食出现裸地斑块而利于植物种侵入定植，且家畜不仅通过游走、卧息传播植物种子，还通过践踏将种子埋于土中，从而利于植物种子萌发（Winkei et al.，1991；Eldridge et al.，1998）。

刈牧不仅影响草地植物种群特性及群落物种构成、物种数和演替方向，也影响牧草营养特性。本研究中，4 类利用方式的草地牧草整体营养价值相近，这可能是由于在白三叶与黑麦草或鸭茅成分较低的草地中，出现许多具较高养分的野生植物种，弥补了因栽培牧草比例低而造成的养分降低，进而使 4 类草地混合牧草整体营养价值类似。M 草地的牧草 Ca 含量比其他 3 类草地高，是由于该类草地主要由含 Ca 量较高的蒲公英构成（陈杏禹等，1998）。CG 草地牧草的 NDF 含量较高，是因为其草地主要由高纤维含量的野生黑穗画眉草和裂稃草等组成所致。

本研究中不同利用方式草地土壤和牧草矿质含量均高于牧草必需矿质缺乏阈值（Cornforth et al.，1984）和放牧家畜对牧草矿质含量的最低需求标准（Grace et al.，1983），这与任继周和蒋文兰（1987）的报道类似。中国南方黑麦草+白三叶草地常因土壤酸化而引起草地退化。本研究中，CG 草地土壤 pH 低于其他 3 类草地，出现明显酸化趋势。这是由于长期连续放牧下，草地植被因家畜的大量采食，而使土—草系统间阴阳离子循环遭到破坏，进而使土壤酸化；同时，因放牧家畜对草地的过度践踏，使草地水土流失加重，土壤 NO_3-N 和其他离子流失严重，导致草地土壤酸化。可见，为防治因土壤酸化而引起的草地退化，宜定期监测土壤 pH，对于严重酸化草地，宜深施石灰提高土壤 pH，以维持草地生产力，提高草地利用年限。

土壤 OM 作为草地土壤健康的另一关键指示指标，倍受学者关注（Martinsen et al.，2011）。本研究中，CG 草地土壤 OM 含量高于 RG 草地，这可能是由于 CG 草地家畜长期连续放牧，一方面使草地中适口性差的杂类草比例增加，而家畜对这些适口性差的杂类草采食率低而使其死物质量增大，进而引起土壤 OM 增加；另一方面，家畜过度践踏也使土壤孔隙度和通透性降低，容重增加，进而使土壤微环境遭到破坏，土壤 OM 矿化速率减慢，从而引起土壤 OM 增加（Hodgson et al.，1990）。另外，CG 草地中高比例非播种禾草致密的根系结构也能诱导土壤 OM 形成和积累，使其 OM 增加（Adair et al.，2009）。本研究中 M 草地土壤 OM 低于 M+G 草地，主要是由于后者在后期家畜放牧期间，不仅通过家畜排泄物将部分养分返还到土壤中，而且家畜践踏也使凋落物与土壤充分接触，从而利于凋落物的分解和碳的归还，使土壤 OM 增加。

综上，本研究 M 和 CG 模式不利于研究区黑麦草+白三叶草地的稳定维持，RG 和 M+G 模式为研究区该类草地长期利用较适宜的方式。因此，对于长期连续放牧退化草地，可考虑将其利用方式调整为刈牧兼用，初秋时将其刈割制成干草，作为冬季补饲料。对于连续割草利用退化草地，调整为前期割草后期放牧利用，以此提高该类草地利用率。

（二）结论

不合理的刈牧利用方式是引起草地退化主要原因之一。草地刈牧利用时，不仅要适时调整利用方式，还应施石灰，防治土壤酸化。轮牧休闲和割草+放牧为研究区黑麦草+白三叶草地长期利用的较适宜方式。

第四节　放牧牛羊对禾草+
白三叶草地稳定性和土壤养分的影响

禾草+白三叶（*Trifolium repens*）草地是世界温带地区建植面积最大的

草地类型之一（蒋文兰等，1992；Hernandez et al.，1999；Griffiths et al.，2003），具有高产、优质（Yu et al.，2003；周姗姗等，2012）及可提高家畜生产力和畜产品质量等特点（王元素等，2006；Hammond et al.，2013），20世纪80年代以来在我国南方喀斯特山区广为建植，已成为该地区主要刈牧地，在当地草地畜牧业生产中发挥重要作用。植物群落稳定性是草地生产力维持和可持续利用的基础（王刚等，1995），综合体现草地植物群落的结构和功能（Macarthur，1955）。放牧作为草地管理和利用最经济、有效的方式，在获得畜产品的同时，对草地植被构成、演替方向、草地稳定性等均具重要影响。对放牧条件下禾草+白三叶草地稳定性进行研究，可一定程度揭示该类草地生产力水平，为其合理管理提供依据。

研究表明，放牧家畜的采食、践踏等可刺激牧草分蘖和分枝，改善草地质量，维持草地群落物种多样性，提高草地群落稳定性（蒋文兰等，1993；徐震等，2003；Yu et al.，2008）。不同放牧家畜（如牛、羊）因其牧食行为和放牧活动差异而对草地影响不同，相同区域内，牛对牧草的选食性低于羊（Hodgson，1990），相同时间内，因牛体重较大，对草地的践踏高于羊（王文等，2020）。此外，牛的粪尿排泄量大于羊，二者粪尿分解速率也有差异（于应文等，2008），这些都是影响草地植物生长、再生和结构变化的重要因素。因此，研究不同家畜放牧下草地植被变化及演变规律，不仅对草地放牧演替生态学机制的深入揭示提供理论基础，也对草地放牧管理具有重要实践价值。

国外对禾草+白三叶草地研究系统而深入，涉及土—草—畜—环境系统各环节，对该类草地土壤与植被的互作、草畜系统的生产和发展、家畜采食行为和草—畜—环境系统等都进行了深入研究（Rutter et al.，2004；Oegaard et al.，2004；Roche et al.，2004；Dodd et al.，2011）；国内对其研究相对薄弱，虽然已对不同刈牧利用制度和强度下，禾草+白三叶草地群落植被构成、群落演替、物种竞争及土草养分等进行较深入研究（呼天明等，1995；徐震等，2003；Yu & Hou，2003；Yu et al.，2008；周姗姗等，2012），但对不同家畜放牧下草地植被构成特征的比较研究相对缺乏。鉴于此，本研究通过对牛、羊放牧下，禾草+白三叶草地植被群落特征、物种多样性、生物量构成、土壤养分及群落稳定性进行定量分析，明晰牛、羊放牧下禾草+白三叶草地稳定性及演替特征的分异规律，以期探究能维持禾草+白三叶草地稳定性的适宜放牧家畜种类，并据此提出合理的放牧制度建议，为该类草地的持续利用提供理论和实践基础。

一、材料与方法

（一）研究区概况

研究区位于云南省寻甸回族彝族自治县云南省种羊场（103°29′~104°27′E，25°07′~26°06′N），海拔 2084 m，属亚热带气候类型，年均气温 12.3℃，极端高温 32.2℃，极端低温-13.3℃。雨热同期，年降水量 1100 mm，5~10 月为雨季，降水量达 890 mm，占全年降水量的 73%。雨季相对湿度 52%~77%；冬季干燥，相对湿度 40%~50%。年均日照时数 2100 h，日照率 48%，全年辐射量 248 kJ·cm^{-2}。土壤类型为红壤。草地植物种主要有鸭茅（*Dactylis glomerata*）、多年生黑麦草（*Lolium perenne*）和白三叶等。

（二）试验设计

2017 年 7 月中旬，在研究区选择 2012 年秋季建植的，已连续多年放牧牛（grazing cattle pasture，GC）、羊（grazing sheep pasture，GS）的禾草（多年生黑麦草和鸭茅）/白三叶草地各 4 块，每小区面积 0.3~0.5 hm^2，作为试验样地。草地建植后及试验期间，GC 和 GS 草地均于每年牧草生长季（4 月末~11 月中旬）实行全天放牧，且旺盛期草层高度分别维持在 8~10 cm 和 6~8 cm，非旺盛期草层高度分别维持在 3~6 cm 和 2~5 cm。家畜放牧数量视草地情况而定。为避免生长季 GC 和 GS 草地实际牧草利用率不足，于每年 8 月中下旬，对 GC 和 GS 草地均进行机械刈割，收获牧草（茬高为 5~6 cm），以充分利用 GC 和 GS 草地的牧草。草地建植后，每年 6 月末至 8 月末，施钙镁磷复合肥（过磷酸钙）300 kg·hm^{-2}、尿素（含 N 46.2%）75 kg·hm^{-2} 和硫酸钾（K$_2$SO$_4$）75 kg·hm^{-2}。具体施肥时，用肥料混合机将 3 种肥料搅拌混合后，用施肥机撒施于草地。

（三）测定指标和方法

植被特征：2017 年 8 月初，在已设置的各个 0.3~0.5 hm^2 样地上，均匀设置 0.25 m² 的样方 15 个，牛、羊放牧草地分别设置 60 个 0.25 m² 样方。测定各样方内牧草的高度、盖度和生物量，并统计样地和样方物种数。生物量测定及计算方法：将收获的地上生物量按死、活物质分开，再将活物质按不同植物种分种后，于 65℃下烘干称干重。文中除物种数外其余指标均为样方尺度。生物量构成是分类后各类的分种生物量之和与全部分种生物量之和的比。

牧草功能群生物量构成：基于样方分种生物量数据，分别按不同科类、依据牧草外观（是否有毛、刺等尖锐附属物等）、气味（是否有不愉快气味等）和日常观察结果（家畜常吃、不吃、偶尔吃等）划分的牧草适口性（优良、中、劣、不食）、播种和原生类群（多年生黑麦草+鸭茅、白三叶、原生禾草、其他）3 种方法，分别统计功能群生物量组分。

草地稳定性：基于样方植物种出现与否数据，用 Raunkiaer 频度系数（覃林，2009）（R）评价草地群落稳定性。Raunkiaer 频度系数把植物种频度系数划分为 5 个等级，其中，A（级）= 1%~20%，B（级）= 21%~40%，C（级）= 41%~60%，D（级）= 61%~80%，E（级）= 81%~100%。$R=(n/N)\times100\%$。式中：n 为某植物种在全部取样样方中出现的次数，N 为全部样方数，本研究牛、羊放牧草地 N 均为 60 个。

草地演替度（degree of succession，DS）：基于样方调查数据，计算公式（任继周，1998）见式（3-1）：

$$DS = \frac{\sum(e \times d)}{N} \times \mu \qquad (3-1)$$

式中，e 为物种的寿命；d 为物种重要值；N 为各重复样地内群落总植物种数；μ 为植被盖率。DS 越大，草地群落越趋于顶极阶段。

物种多样性指数：基于植物种重要值和物种数数据，计算群落 α 多样性指数。计算公式见式（3-2）~式（3-4）：

Shannon-Wiener 多样性指数：

$$H = -\sum_{i=1}^{s}(P_i \ln P_i) \qquad (3-2)$$

Simpson 优势度指数：

$$D = -\sum_{i=1}^{S}(P_i^2) \qquad (3-3)$$

Pielou 均匀度指数：

$$E = \frac{H}{\ln S} \qquad (3-4)$$

式中，P_i 为第 i 个物种在全体物种中的重要性比例；S 为物种总数。

土样采集和分析：在收获完牧草的各样方内，用直径 3.5 cm 的土钻，分别采集 0~10 cm 深度土样，将同一重复样地内 15 个样方的土样混合为 1 个样，共得到 8 个混合土样。所有混合土样风干磨碎过 0.25 mm 筛后，进行土壤有机质（重铬酸钾法）、全氮含量（凯氏定氮法）、全磷含量（钼锑抗比色法）、全钾含量（原子吸收光谱法）测定。

(四) 数据分析

利用 Excel 处理基础数据及制图，用 SPSS 16.0 对牛、羊放牧草地的植被和土壤养分等数据进行显著性分析。数据格式为均值±标准误（Mean±SE）。

二、结果与分析

(一) 草层高度、盖度及地上生物量

禾草+白三叶草地的牧草高度、盖度、地上生物量和活物质量在牛、羊放牧地之间相近（$p>0.05$），而其死物质量为 $GC>GS$（$p<0.05$），且前者约为后者的 1.8 倍（表 3-20）。对于活物质量占地上生物量比例，GS（85.8%）显著高于 GC（76.8%），而其死物质率 GC（23.2%）$>GS$（14.1%）。这说明，牛放牧会增加草地死物质量及比率。

表 3-20　草地植物群落特征

草地类型	高度/cm	盖度/%	活物质量/($g \cdot m^{-2}$)	死物质量/($g \cdot m^{-2}$)	地上生物量/($g \cdot m^{-2}$)
牛放牧地	23.0±0.3	94.7±1.8	212.1±17.4	63.9±2.1*	276.0±19.4
羊放牧地	24.2±1.7	94.7±1.9	223.6±39.4	36.8±6.5	260.5±45.5

注　同列 * 表示两放牧草地之间差异显著（$p<0.05$）。

(二) 物种多样性指数

物种多样性指数结果表明，样地尺度上，群落物种数为 $GC>GS$ （$p<0.05$），前者为后者的 1.3 倍；样方尺度上，群落物种数在牛、羊放牧草地之间差异不显著（$p>0.05$）（图 3-8）。植物群落 α 多样性结果显示，Shannon-Wiener 多样性指数和 Pielou 均匀度指数在牛、羊放牧草地之间差异均不显著（$p>0.05$）；而 Simpson 优势度指数为 $GS>GC$ （$p<0.05$），前者为后者的 1.3 倍。表明，牛放牧利于当地草地物种多样性维持，羊放牧利于当地草地优势种维持。

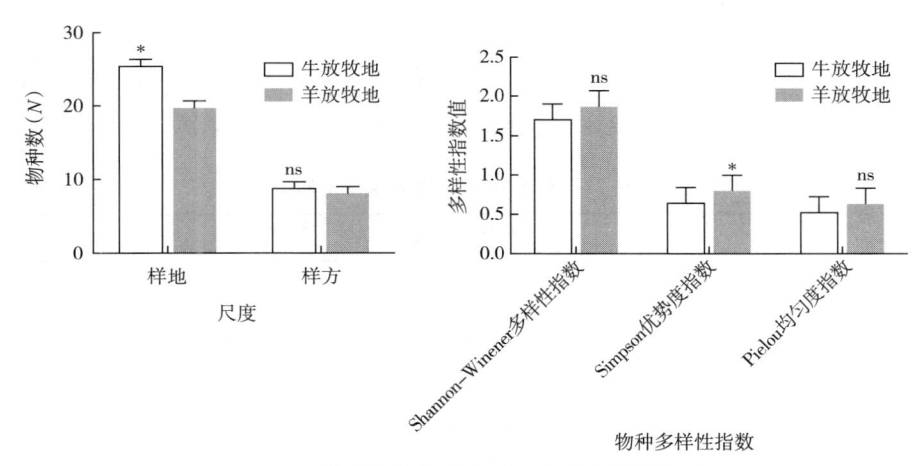

图 3-8　草地植物物种数及 α 物种多样性指数

注　* 和 ns 分别表示放牧草地在 0.05 水平上差异显著和差异不显著。

(三) 功能群生物量构成

物种科类生物量构成结果显示，牛、羊放牧草地之间差异较大（表 3-21）。其中，禾本科、马鞭草科、车前科、酢浆草科和十字花科生物量构成均表现为 $GC>GS$ （$p<0.05$ 或 $p<0.01$），豆科生物量构成表现为 $GS>GC$ （$p<0.01$），而菊科、蓼科、唇形科、石竹科、莎草科、伞形科、蔷薇科和茄科生物量构成在牛、羊放牧草地之间皆无显著差异（$p>0.05$）。GC 草地地上生物量构成以禾本科为主（77.20%），其次为菊科（5.04%）、豆科（4.57%）、车前科（4.43%）等；而 GS 草地地上生物量构成以禾本科

（51.79%）和豆科（28.02%）为主，其次为蓼科（6.84%）和菊科（6.76%）等。牧草适口性等级生物量构成结果显示，优良、劣等和不可食植物组分构成在牛、羊放牧草地之间无显著差异（$p>0.05$），中等牧草组分表现为 $GC>GS$（$p<0.01$）；其中，牛、羊放牧草地地上生物量构成均以优良牧草为主，各占80.0%和78.5%，牛、羊放牧草地中的中等、劣等和不可食植物比例分别为10.2%、4.5%和5.4%以及4.8%、7.4%和9.4%（图3-9）。牧草组分生物量构成结果显示，多年生黑麦草+鸭茅和原生禾草组分表现为 $GC>GS$（$p<0.01$），前者分别为后者的1.4倍和3.7倍；白三叶组分表现为 $GS>GC$（$p<0.01$），前者为后者的6倍；而其他类植物在两者间差异不显著（$p>0.05$）（图3-9）。表明，牛、羊放牧利于播种牧草（多年生黑麦草、鸭茅和白三叶）及草地优良牧草组分维持，牛放牧更利于禾草生长，而羊放牧更利于白三叶生长。

表3-21 草地功能群地上生物量构成

科名	牛放牧地/%	羊放牧地/%
禾本科（Gramineae）	77.20±0.54**	51.79±2.58
豆科（Leguminosae）	4.57±0.26	28.02±3.14**
菊科（Compositae）	5.04±0.55	6.76±1.50
蓼科（Polygonaceae）	0.63±0.16	6.84±4.57
唇形科（Lamiaceae）	1.44±0.16	2.40±1.10
石竹科（Caryophyllaceae）	0.01±0.01	3.88±2.26
莎草科（Cyperaceae）	2.75±0.99	0
伞形科（Apiaceae）	0	0.11±0.11
马鞭草科（Verbenaceae）	3.53±0.89*	0.10±0.10
车前科（Plantaginaceae）	4.43±0.38**	0
蔷薇科（Rosaceae）	0.01±0.01	0
酢浆草科（Oxalidaceae）	0.27±0.06**	0
十字花科（Brassicaceae）	0.13±0.03*	0
茄科（Solanaceae）	0	0.09±0.06

注 行中 * 和 ** 分别表示两放牧草地之间差异显著（$p<0.05$）和极显著（$p<0.01$）。下同。

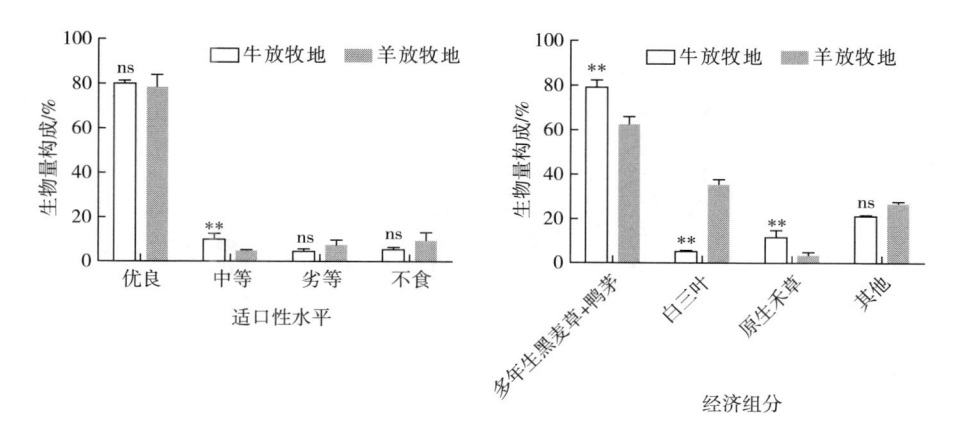

图 3-9　草地牧草适口性等级及组分生物量构成

注　** 和 ns 分别表示放牧草地在 0.01 水平上差异显著和 0.05 水平上差异不显著。

(四) 土壤养分

禾草/白三叶草地土壤养分结果显示，全 K 含量为 $GC>GS$ ($p<0.01$)，前者为后者的 1.7 倍；而有机质、全 P 和全 N 含量在牛、羊放牧草地之间差异不显著 ($p>0.05$) (表 3-22)。说明，牛放牧有利于草地土壤 K 养分维持。

表 3-22　禾草+白三叶草地土壤养分

草地类型	有机质/%	全氮/%	全磷/(g·kg^{-1})	全钾/(g·kg^{-1})
牛放牧地	4.57±0.38	0.12±0.04	1.32±0.31	6.23±0.37**
羊放牧地	5.39±0.25	0.21±0.02	1.20±0.07	3.63±0.03

(五) 草地稳定性

群落植物种 Raunkiaer 标准频度直方图结果显示，GC 草地的符合 Raunkiaer 频度定律，其频度图呈反 J 型；而 GS 草地不符合典型的 Raunkiaer 频度定律，其频度图偏离 J 型 (图 3-10)。草地群落演替度值为 GS (45.45)>GC (37.08) ($p<0.01$)。这说明 GC 草地的植物物种分布较均匀，群落整体处于相对稳定状态；而 GS 草地处于更高演替阶段，群落更不稳定。

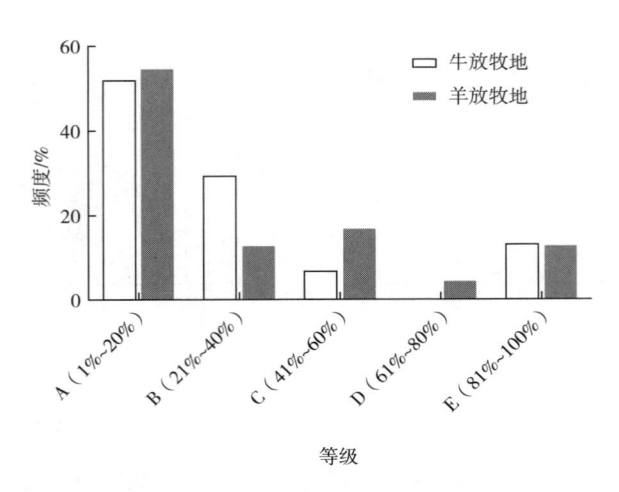

图 3-10　草地植物物种 Raunkiaer 标准频度直方图

三、讨论与结论

(一) 讨论

家畜放牧对草地植被构成的影响主要表现在牧食行为。通常，家畜优先选食草地上柔嫩多汁的牧草，避开有芒、刺等质地粗糙牧草，这种选择性采食直接导致植物群落组成和结构发生变化（Hodgson，1990）；且与牛相比，羊选食性更强，更易形成草地植被斑块（孙红，2014）。因此，牛、羊放牧草地因其牧食行为差异，而对草地群落植被构成、物种组分及草地群落稳定性影响不同。

群落物种多样性和植物功能群构成是草地生态系统生产力和稳定性维持的关键（Tilman，1996）。通常，较高物种多样性更利于群落稳定性的维持。本研究牛放牧利于草地群落物种多样性维持，牧草组分以禾草为主；羊放牧利于草地群落优势种维持，牧草组分以禾草和豆科为主。其原因为：首先，牛对牧草数量要求较高，且牧草留茬高，其草层上部的鸭茅截获更多的光，使下部的白三叶光照严重不足，进而抑制白三叶生长（Yu et al.，2005），而羊更在乎牧草品质，比牛更挑食，更易选食草地中营养价值高的野生禾草和杂类草，且牧草留茬低，使白三叶获得更多光照，进而促进白三叶生长（Teuber et al.，1996；Yu et al.，2008）。其次，牛粪对底层生长的白三叶有窒息作用，对上层的禾草生长有促进作用，且对禾草生长的促进作用和豆科牧草的抑制作用均强于羊粪（Vinther，1998；于应文和南志标，2008；孙红等，2014）。再次，由于牛食量、步长、蹄面积、排泄量均大于羊，游走过程中更可能传播种子，并通过践踏将种子埋于土中，促进种子萌发（Winkei et al.，1991；Eldridge et al.，1998），而且牛粪的营养持续时间更长，更利于种子发芽生长（孙红等，2014）。最后，牛对禾草分蘖的刺激作用比羊更强烈（蒋文兰等，2002），且羊采食后草地不均匀，而牛采食后草地相对均匀（Hodgson，1990）。

草地群落稳定性是草地生产力可持续利用的重要指标，反映物种对外界干扰的敏感性响应（赵佳琪等，2018）。本研究中，Raunkiaer标准频度直方图结果表明，牛放牧草地的群落较稳定，而羊放牧草地群落波动性较大。这是由于在生境相似条件下，牛采食以满足基本需求量为主，采食结构相对均匀，而羊因采食需求量较小，所以更偏重牧草品质和口感，存在一定程度偏食（Hodgson，1990），因此羊放牧草地群落结构不稳定；且羊对草地牧草采食有一定的选择性，采食后的草地不均匀，容易导致植被斑块化和草地异质性（孙红，2014），不利于草地群落稳定性的维持。演替度是反映草地群落稳定性的另一重要指标，通常群落演替度越大，群落越趋于顶极阶段；本研究羊放牧草地的演替度比牛放牧草地的大，其群落处于更高演替阶段或越趋于顶极植被成分，而研究区顶极群落实际是天然草山草坡植被成分，从而羊放牧草地比牛放牧草地更易退化，这进一步说明牛放牧草地群落更趋于稳定。

因此，建议在当地实行如下放牧制度，在适牧条件下，一是牛、羊混合放牧，即在放牧地内实行牛羊组合放牧；二是牛、羊轮牧，即先进行羊放牧，然后在羊放牧后的草地内再进行牛放牧，这两种放牧制度均能让牛、羊的采食行为和食性等差异得到互补，并且能利用羊对粪沉积处牧草的弃食程度低来消除牛粪沉积的影响（孙红等，2014），不仅充分利用草地，还减少了羊采食后草地裸斑的出现，同时提高草地稳定性和生产力。

（二）结论

牛、羊适度放牧利于草地中人工播种牧草生产力和组分的维持。其中，牛放牧更利于禾草生长、土壤K养分及草地物种多样性的维持，而羊放牧更利于白三叶生长及草地优势种组分的维持。从群落稳定性角度来说，牛放牧草地植物物种分布较均匀，群落整体处于相对稳定状态，而羊放牧草地处于更高演替阶段，群落更不稳定，即牛放牧更利于禾草/白三叶草地群落稳定性和物种多样性的维持，是该类草地稳定性维持的较适宜放牧家畜种类。因此，适牧条件下，应将牛、羊适当组合后，进行混合放牧；或是实行牛、羊轮牧制度。这样不仅能充分利用草地，还能长期有效地保持该类草地的稳定性和生产力。

第五节　禾草+白三叶草地刈牧管理案例

禾草+白三叶草地建植后刈牧利用及管理不当，会存在稳定性差、杂草多、易退化等缺点。研究团队在云贵高原进行的禾草（鸭茅+多年生黑麦草）+白三叶草地刈牧利用系列试验表明，禾草+白三叶草地建植后，刈牧兼用、混牧、轮牧及施肥等管理措施均利于研究区禾草+白三叶草地的稳定及持续利用（Yu et al.，2011；孙红等，2013；刘慧紧，2019；王文等，2020；胡廷花，2021；李梦瑶，2021；赵一军，2021；宣文婷，2022）。基于笔者多年禾草（多年生黑麦草、鸭茅）+白三叶草地的管理实践，提出我国云贵高原地区禾草+白三叶草地刈牧管理技术体系。该技术体系已被应用到云南省寻甸种羊繁育中心的禾草+白三叶草地刈牧管理生产实践中，将当地禾草+白三叶草地的草畜生产力提高了35%以上，减少了水土流失，为我国南方喀斯特地区混播草地的建植和管理提供了技术示范。

一、禾草（鸭茅+多年生黑麦草）+白三叶草地管理模式一

建植完成当年：

（1）7月末~8月初，机械刈割收获牧草，留茬5~7 cm。

（2）11月前，轮牧2~3次；每次轮牧时机为草层高度长至20~25 cm；每次轮牧时长7~10 d，轮牧强度50~60只羊·hm^{-2}，牧后草层高度4~8 cm。

（3）11月至第二年5月初，轮牧3~5次；每次轮牧时长5~7 d，牧后草层高度2~5 cm。

（4）第二年5月末~6月初雨季，追施250~275 kg·hm^{-2} GaMgP肥、35~40 kg·hm^{-2}的K$_2$SO$_4$肥和80~85 kg·hm^{-2}的尿素。

（5）第二年6~7月，机械刈割收获牧草，留茬5~7 cm。

（6）第二年11月前，轮牧3~4次；每次轮牧时机为草层高度长至20~25 cm；每次轮牧时长7~10 d，轮牧强度50~60只羊·hm^{-2}，牧后草层高度为4~8 cm。

（7）第二年11月至第三年5月，轮牧3~5次；每次轮牧时长5~7 d，牧后草层高度2~5 cm。

此后，按（4）→（5）→（6）→（7）的顺序重复上述步骤（图3-11）。

二、禾草（鸭茅+多年生黑麦草）+白三叶草地管理模式二

（1）7月末~8月初刈割收获牧草，留茬7~8 cm。

（2）11月份前，轮牧2~3次；每次轮牧时机为草层高度长至20~25 cm；每次轮牧时长7~10 d，轮牧强度50~60只羊·hm^{-2}，牧后草层高度为4~8 cm。

（3）11月至第二年5月初，轮牧3~5次；每次轮牧时长5~7 d，牧后草层高度2~5 cm。

（4）第二年5月末~6月初雨季，追施275~275 kg·hm^{-2}的GaMgP肥、35~40 kg·hm^{-2}的K$_2$SO$_4$肥和80~85 kg·hm^{-2}的尿素。

（5）第二年6~7月，机械刈割收获牧草，留茬5~7 cm。

（6）待第二年8月草层高度长至40~60 cm，机械刈割收获牧草，留茬5~7 cm。

（7）撒播补种光叶紫花苕，播量30~40 kg·hm^{-2}；追施GaMgP肥275~275 kg·hm^{-2}、K$_2$SO$_4$肥35~40 kg·hm^{-2}和尿素80~85 kg·hm^{-2}。

（8）第二年11月，再次机械刈割收获再生牧草，留茬5~7 cm。

（9）第二年11月至第三年5月初，轮牧3~5次；每次轮牧时长5~7 d，牧后草层高度2~5 cm。

此后，按（4）→（5）→（6）→（7）→（8）→（9）的顺序重复上述步骤（图 3-11）。

本案例提供了两种用于禾草+白三叶草地管理方法，按本案例提供的管理方法对我国云贵高原的禾草+白三叶草地进行管理，可较长时期保持研究区禾草+白三叶草地的稳定性，杂草少且不易退化。

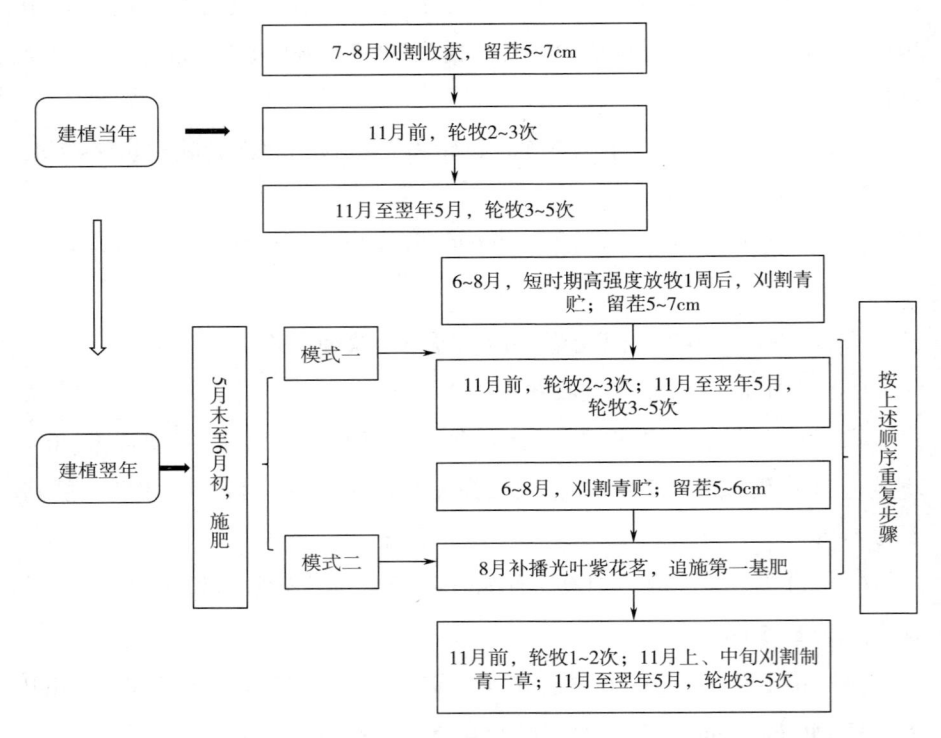

```
建植当年 → 7~8月刈割收获，留茬5~7cm
          ↓
          11月前，轮牧2~3次
          ↓
          11月至翌年5月，轮牧3~5次

建植翌年 → 5月末至6月初，施肥
  模式一 → 6~8月，短时期高强度放牧1周后，刈割青贮；留茬5~7cm
          ↓
          11月前，轮牧2~3次；11月至翌年5月，轮牧3~5次
  模式二 → 6~8月，刈割青贮；留茬5~6cm
          ↓
          8月补播光叶紫花苕，追施第一基肥
          ↓
          11月前，轮牧1~2次；11月上、中旬刈割制青干草；11月至翌年5月，轮牧3~5次

按上述顺序重复步骤
```

图 3-11 禾草（鸭茅+多年生黑麦草）+白三叶草地刈牧管理技术体系

第四章 畜粪和气候因子对禾草+白三叶草地植被构成及土壤养分的影响

第一节 畜粪对禾草+白三叶草地植被构成与养分特征的作用

草地放牧系统中，家畜排泄物沉积作为一种重要土壤施肥措施，类似于无机氮、磷等矿质元素的添加，通过其与植物的互作，被草地植物吸收，提高草地生产力，在草地生产力维持中起重要作用（Hodgson et al.，1990）。由于黑麦草（*Lolium perenne*）+鸭茅（*Dactylis glomerata*）+白三叶（*Trifolium repens*）草地的生产力和家畜承载力高，从而其家畜排泄物覆盖草地面积较大，影响草地生产力和家畜采食面积达40%～50%（Afzal & Adams，1992；Williams & Haynes，1995）。因此，家畜排泄物沉积对黑麦草+鸭茅+白三叶放牧草地的作用不容忽视。

粪作为排泄物主要形式之一，常含大量矿质元素（Aarons et al.，2004），具有对草地作用时间长、作用明显的特点；虽然粪斑具特殊气味，粪沉积初期放牧家畜拒食粪斑处植物而降低牧草利用率，但随粪沉积时间延长，粪斑处植物的高营养特性又反过来吸引家畜采食（MacDiarmid & Watkin，1972；Hutchings et al.，2001）。据此认为，家畜粪沉积通过引起草地土壤和植被养分变化而影响家畜采食，形成草地异质性。可见，深入探讨家畜粪沉积对草地的作用，对草地放牧演替生态学机制的揭示具有重要理论意义。

国外对草地生态系统中家畜粪沉积的研究深入系统，集中于土壤—

草—畜—环境各领域（Hodgson et al., 1990; Afzal & Adams, 1992; Hutchings et al., 2001）、国内该领域研究起步较晚。近年来，国内学者在典型草原和高寒草甸上，对放牧家畜粪便分解特征（刘新民等，2011）、粪对草地土壤—牧草矿质养分变化（张英俊，1999）、草地植物种子库（鱼小军，2010）、家畜采食（姜世成和周道玮，2002）、粪甲虫与节肢动物种类（姜世成和周道玮，2005）、温室气体排放（Lin et al., 2009）等进行了较系统的研究。虽然这些研究从不同侧面解释了粪沉积对土—草—畜系统的影响，丰富了放牧生态学理论，为草地异质性形成的深入研究提供了理论依据；但家畜粪沉积下，草地土—草矿质元素变化和植被构成整合的研究相对缺乏，且草地植被构成分析集中于群落水平，植物种群水平分析较少。本研究在前期工作基础上（王文等，2007；Yu et al., 2008；周姗姗等，2012），通过绵羊和肉牛粪沉积下黑麦草+鸭茅+白三叶草地土—草矿质元素含量关系、牧草种群构成和营养价值的定量分析，从植物种群和群落水平两个方面，系统分析不同家畜种类粪沉积在黑麦草+鸭茅+白三叶草地植被构成中的作用，为该类草地管理和利用提供实践依据。

一、材料与方法

（一）研究区概况

研究区位于贵州省威宁彝族回族苗族自治县的塔山、灼圃和凉水沟，地理坐标分别为 $103°17'\sim104°18'E$，$26°50'\sim26°51'N$；$104°04'\sim104°07'E$，$27°10'\sim27°12'N$；$103°36'\sim104°45'E$，$26°36'\sim27°26'N$，塔山、灼圃和凉水沟草地分别为1993年、1992年和1992年建植、每年4~11月轮牧利用20年以上的黑麦草+鸭茅+白三叶混播草地。其中，塔山草地一直放牧奶牛，灼圃和凉水沟草地一直放牧贵州半细毛羊。整个研究区气候冬无严寒，夏无酷暑，年均气温10~12℃，1月均温1.6℃，7月均温17.7℃，无霜期180~220 d。年均降水量850~1000 mm，海拔2200~2400 m以上，土壤以高原山地黄棕壤为主（Yu et al., 2008；周姗姗等，2012）。

（二）试验设计

样地选择和试验设计：2011 年 7 月，在贵州威宁高原草地塔山试验站、灼圃示范草场和凉水沟草场（site，S），分别选择三块放牧利用的黑麦草+白三叶+鸭茅草地，分别设置 3 个面积为 0.2~0.35 hm² 的重复样地，共 9 块；考虑粪沉积对草地效应，参考牧草高度和颜色等特性，在各样地选择 5 个干燥粪斑，作为粪沉积处理（dung deposition，DD）样方；其中，塔山牛粪和灼圃羊粪均已破碎，凉水沟羊粪未破碎，并在距各粪斑样方 1 m 外选择 5 个配对对照（control，CK）样方。由于羊、牛粪斑大小一般为 0.018~0.025 m² 和 0.053 m²，且其对草地的影响面积约为粪斑大小的 2 倍，本研究样方大小选择为 0.1 m²。草地每年 6 月下旬和 10 月中下旬分别施氮肥（尿素）60 kg·hm^{-2} 和钙镁磷肥（过磷酸钙）300 kg·hm^{-2}。

（三）测定指标及方法

黑麦草和鸭茅分蘖密度和分蘖重：采样期间在各处理的每个重复样地内分别随机选取 5 个 0.1 m² 的样方，进行各样方黑麦草分蘖密度（tiller density，TD）测定；黑麦草分蘖重（tiller weight，TW）用种群生物量除以其分蘖密度计算。

白三叶匍匐茎密度和匍匐茎重：采样期间在各处理的每个重复样地内，沿对角线设置两个 0.01 m² 的正方形微样方，挖取土芯测定白三叶匍匐茎密度（stolon density，SD；以单位面积匍匐茎长度）和单位面积匍匐茎重（stolon weight，SW）及个体匍匐茎重（单位面积匍匐茎重除以其匍匐茎密度计算）。

群落地上生物量及功能群生物量构成：2011 年 8 月，2012 年 4 月、8 月和 12 月，以及 2013 年 8 月中旬，在各改良年份草地的每个重复样地内分别随机选择 5 个 0.1 m² 的样方，进行各样方内牧草种群特征测定后，齐地刈割分不同种和死物质（凋落物+立枯体）收获地上生物量，在 65℃下烘干称重。统计各个 0.1 m² 样方内的植物物种数。并以植物种群干物质数据为基础，统计播种的黑麦草、鸭茅和白三叶，以及未播种禾草和杂类草的植物种群生物量及其生物量占总生物量的百分数。

测完生物量的同一样方牧草混合样品用粉碎机粉碎后用于矿质元素和养分测定。

土样采集：在测定完地上生物量和采集完根系样品的各样方内，用直径5 cm的土钻，分别采集0~10 cm和10~20 cm深度土样，拣出石子草根后，风干过筛，用于土壤养分分析。

牧草和土壤养分分析：土壤有机质（OM）采用重铬酸钾法测定；全N含量采用凯氏定氮法测定；全P含量用钼锑抗比色法测定；其他全量元素K、Na、Mg、Ca、Mn、Zn、Cu和Fe含量采用原子吸收光谱法测定；牧草酸性洗涤纤维（ADF）和中性洗涤纤维（NDF）采用ANKOM-A200i半自动纤维仪滤袋技术测定；可溶性糖（WSC）采用蒽酮比色法测定。牧草粗蛋白（CP）、代谢能（ME）和消化率（OMD）由公式 $CP = 6.25 \times N$，$ME = 4.2014 + 0.0236ADF + 0.1794CP$，$OMD = ME/0.016$ 分别计算出。所有指标均换算为干质量下数据。

饲料价值评定：采用饲料相对价值RFV（relative forage value）和粗饲料分级指数 GI（grading index）对各改良年份草地牧草饲料价值进行评定。饲料相对RFV由式（4-1）~式（4-3）计算得出。式中，DMI（dry matter intake）为粗饲料干物质的随意采食量，单位为占体重的百分比即%BW；DDM（digestible dry matter）为可消化的干物质（%DM）。

$$RFV = DMI(\%BW) \times DDM(\%DM)/1.29 \quad (4-1)$$

$$DMI(\%BW) = 120/NDF(\%DM) \quad (4-2)$$

$$DDM(\%DM) = 88.9 - 0.779ADF(\%DM) \quad (4-3)$$

饲料分级指数 GI 由式（4-4）~式（4-6）计算。

$$GI(MJ \cdot d^{-1}) = ME(MJ \cdot kg^{-1}) \times DMI(kg \cdot d^{-1})$$
$$\times CP(\%DM)/NDF(\%DM) \quad (4-4)$$

$$ME(MJ \cdot kg^{-1}) = 4.2014 + 0.0236ADF(\%DM) + 0.1794CP(\%DM)$$
$$(4-5)$$

$$DMI(g \cdot d^{-1} \cdot kgw0.75) = 51.26/NDF(\%DM) \quad (4-6)$$

式中，ME 为粗饲料代谢能（MJ/kg）；DMI为粗饲料干物质随意采食量（$g \cdot d^{-1} \cdot kgW0.75$）；ADF、NDF和CP单位均为占干物质的百分数。

家畜对植物的采食率：借鉴刘金祥等（2004）的方法，土草采样期间观察粪斑和粪斑处家畜对黑麦草和鸭茅的采食程度，由轻到重按摘顶、拔心、摘顶+拔心3个水平对其进行定性描述。

（四）数据分析

应用 SPSS16.0 的 GLM 多变量分析取样地和粪沉积及其互作对植被特性、牧草营养价值及土、草矿质元素含量等的影响，并对各取样地数据分别进行粪沉积和对照之间的差异显著性分析，数据格式为均值±标准差（Mean±SD）。同时，以样地和3个采样地为重复，对粪沉积和对照处相同矿质元素含量分别进行牧草和对应 0~10 cm、10~20 cm 土样之间的 Pearson 相关分析。

二、结果与分析

（一）黑麦草、鸭茅分蘖及白三叶匍匐茎密度和大小

取样地、粪沉积及二者互作对黑麦草和鸭茅的分蘖密度和分蘖重，及白三叶匍匐茎密度和匍匐茎重有显著影响（$p<0.05$ 或 $p<0.01$）；尽管粪沉积（DD）对白三叶个体匍匐茎重无显著影响（$p>0.05$），但3个采样点之间白三叶个体匍匐茎重有显著差异（$p<0.05$）。不同取样区粪沉积作用不同，粪沉积显著增加灼圃和凉水沟黑麦草蘖密度，使塔山黑麦草分蘖重和生殖枝率增加；显著降低塔山鸭茅蘖密度，使塔山和灼圃鸭茅分蘖重增加；与禾草相比，粪沉积仅显著降低塔山白三叶匍匐茎密度和匍匐茎重，对白三叶个体匍匐茎重无显著影响（表4-1）。

（二）群落物种数和生物量构成

粪沉积处草地植物物种数因样地的不同而不同，塔山的植物物种数明显高于灼圃和凉水沟，粪沉积对3个地点的植物物种数均无显著影响（$p>0.05$）（图4-1）。

草地生物量及其构成结果显示，取样地、粪沉积及二者互作均对牧草总生物量和死物质生物量，以及黑麦草和鸭茅的生物量有极显著影响（$p<0.001$）；取样地对白三叶和未播种禾草生物量，以及黑麦草、鸭茅、白三

表 4-1 多年生黑麦草、鸭茅分蘖及白三叶匍茎密度和个体大小

种群特性	塔山		灼圃		凉水沟	
	粪沉积	对照	粪沉积	对照	粪沉积	对照
多年生黑麦草 L. perenne						
分蘖密度/(分蘖·m^{-2})	1068.0±492.6	982.0±691.4	172.0±384.6*	90.0±151.7	10744.0±3514.5*	6512.0±1915.0
分蘖质量/(mg·分蘖$^{-1}$)	100.9±47.7**	21.7±12.1	11.3±4.7	10.6±4.9	13.3±4.3	9.3±1.4
生殖枝率/%	27.9±19.3***	0.5±0.9	0	0	0	0
鸭茅 D. glomerata						
分蘖密度/(分蘖·m^{-2})	708.0±376.6	1545.0±636.4**	4106.0±630.4	4422±658.1	0	0
分蘖质量/(mg·分蘖$^{-1}$)	169.8±77.1**	22.5±9.3	38.5±6.5***	16.0±2.8	0	0
白三叶 T. repens						
匍茎密度/(m·m^{-2})	14.6±12.4	98.6±73.8*	22.0±21.5	29.6±19.4	113.1±76.9	80.7±22.1
个体匍茎质量/(g·m^{-1})	2.3±2.1	0.9±0.8	4.3±4.0	0.9±0.3	1.1±0.4	1.1±0.3
匍茎质量/(g·m^{-2})	25.2±18.7	68.1±36.8**	30.4±14.2	28.6±19.0	100.4±38.9	89.0±23.2

注：*、** 和 *** 分别表示 $p<0.05$，$p<0.01$ 和 $p<0.001$。下同。

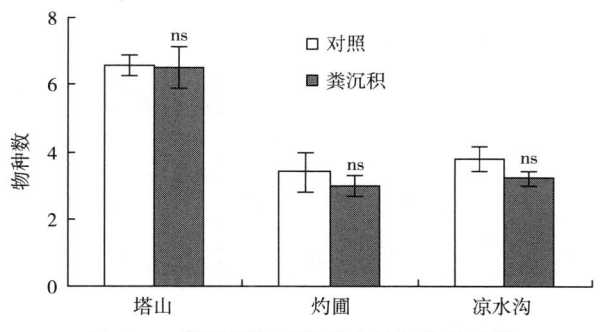

第四章 畜粪和气候因子对禾草+白三叶草地植被构成及土壤养分的影响

图 4-1 粪沉积和对照样方处植物物种数

注 ns 表示在粪斑和对照之间差异不显著（$p>0.05$）。

叶、未播种杂类草和死物质的生物量比例均有显著影响（$p<0.05$，$p<0.01$ 或 $p<0.001$），粪沉积仅对黑麦草和未播种禾草的生物量比例有显著影响（$p<0.05$），取样地和粪沉积互作对鸭茅和死物质生物量比例有显著影响（$p<0.05$）（表 4-2）。粪沉积显著增加塔山、灼圃的鸭茅生物量及塔山、凉水沟的黑麦草生物量，显著增加3个研究区的总生物量及塔山死物质量；显著增加塔山黑麦草、死物质及灼圃鸭茅的生物量比例，显著降低塔山白三叶生物量比例，而对其他植物种生物量及其构成无影响（表 4-2）。同时，灼圃粪沉积和对照的未播种禾草均为绒毛草和黄花茅，分别占各自总生物量的0.29%、0.11%和1.54%、0.11%；其未播种杂类草粪沉积处仅为积雪草，对照为繁缕和积雪草，分别占各自总生物量的0.17%、2.39%和0.38%。凉水沟未播种禾草粪沉积和对照处均为早熟禾，分别占各自总生物量的0.04%和0.91%；而未播种杂类草粪沉积处仅为积雪草，对照则为积雪草和紫菀，分别占各自总生物量的3.86%、8.73%和1.44%。塔山粪沉积和对照的未播种禾草均为早熟禾，分别占各自总生物量的0.51%和1.84%；但二者未播种杂类草种类较多，其中粪沉积处主要由酸模、繁缕和蒲公英组成，分别占其总生物量的2.39%、1.39%和1.95%，而对照主要由尼泊尔蓼、酸模、繁缕、夏枯草、蒲公英和荷兰豆草组成，分别占其总生物量的1.91%、2.92%、1.54%、2.73%、2.82%和2.99%。3个研究点的未播种禾草和未播种杂类草中每一植物种的生物量比例均在粪沉积和对照之间差异不显著（$p>0.05$）。

表 4-2 草地牧草生物量构成

植物名称	塔山			灼圃			凉水沟	
	粪沉积	对照		粪沉积	对照		粪沉积	对照
生物量/(g·m^{-2})								
黑麦草（*L. perenne*）	110.73±82.08**	16.29±7.16		2.52±5.63	0.78±1.14		131.80±19.46***	59.16±15.91
鸭茅（*D. glomerata*）	110.29±54.03***	31.52±11.93		156.02±20.11***	71.07±16.34		0	0
白三叶（*T. repens*）	12.39±11.67	6.79±4.94		6.90±5.58	8.10±5.45		21.98±12.66	12.34±5.58
早熟禾（*Poa annua*）	1.46±2.54	1.59±2.28		0	0		0.08±0.18	0.74±0.70
绒毛草（*Holcus lanatus*）	0	0		0.62±139	1.84±3.16		0	0
黄花茅（*Anthoxanthum hookeri*）	0	0		0.26±0.58	0.13±0.27		0	0
女娄菜（*Melandrium apricum*）	4.50±6.71	2.20±3.00		0	2.28±5.10		0	0
积雪草（*Centella asiatica*）	0	0		0.32±0.44	0.28±0.63		6.32±4.54	8.34±6.45
狗娃花（*Heteropappus hispidus*）	0	0		0	0		0.20±0.45	0
蒲公英（*Taraxacum lugubre*）	3.07±4.68	2.27±3.57		0	0		0	0
白苞蒿（*Artemisia lactiflora*）	0.38±1.10	0		0	0		0	0
尼泊尔蓼（*Polygonum nepalense*）	1.19±1.92	1.54±2.34		0	0		0	0
酸模（*Rumex hastatus*）	7.97±18.59	2.35±4.26		0	0		0	0
金荞麦（*P. cymosum*）	0.05±0.16	0.12±0.27		0	0		0	0
夏枯草（*Clinopodium megalanthum*）	2.44±3.61	1.24±3.58		0	0		0	0

第四章 畜粪和气候因子对禾草+白三叶草地植被构成及土壤养分的影响

续表

植物名称	塔山		灼圃		凉水沟	
	粪沉积	对照	粪沉积	对照	粪沉积	对照
微孔草（*Microula sikkimensis*）	0.77±1.63	0.14±0.44	0	0	0	0
荷兰豆草（*Drymaria cordata*）	0.08±0.25	2.41±7.62	0	0	0	0
死物质	78.27±35.13***	12.02±9.50	37.98±11.97	24.86±9.76	7.46±2.51	4.92±1.51
合计	334.02±105.92***	80.56±19.889	204.60±26.76***	109.26±23.36	167.64±11.89***	85.70±10.43
生物量构成/%						
黑麦草（*L. perenne*）	30.66±14.26*	20.06±6.98	1.28±2.86	0.88±1.25	78.45±7.99	68.18±12.56
鸭茅（*D. glomerata*）	33.45±14.00	39.05±11.57	76.47±6.25**	64.92±4.59	0.00±0.00	0.00±0.00
白三叶（*T. repens*）	3.55±3.00	9.19±7.25*	3.28±3.24	7.69±4.90	13.12±7.78	15.03±8.45
未播种禾草	0.51±0.85	1.84±2.61	0.40±0.59	1.65±2.57	0.04±0.10	0.91±0.92
未播种杂类草	8.95±12.50	15.71±10.81	0.17±0.23	2.77±5.28	3.86±2.73	10.17±7.93
死物质	22.88*±8.14	14.16±6.93	18.40±4.57	22.09±4.49	4.52±1.80	5.71±1.28

(三) 牧草养分及饲料价值

取样地（S）对牧草 9 种矿质元素与 5 种营养价值（ADF、NDF、CP、ME 和 DOMD）均有显著影响（$p<0.05$，$p<0.01$ 或 $p<0.001$），但对牧草 WSC 含量无显著影响（$p>0.05$）（表 4-3）。粪沉积（DD）对牧草 P、K、Fe、Cu、Mn、Zn 和 ADF、CP 影响显著（$p<0.05$，$p<0.01$ 或 $p<0.001$），但对牧草 Ca、Na、Mg 和 WSC、NDF、ME、DOMD 无显著影响（$p>0.05$）。取样地和粪沉积互作（S×DD）仅对牧草 Fe、Mn 与 ADF 含量有显著影响（$p<0.05$），而对牧草 Ca、P、Na、K、Mg、Cu、Zn 和 WSC、NDF、CP、ME、DOMD 无显著影响（$p>0.05$）（表 4-3）。不同采样地粪斑处牧草养分含量不同，塔山的 P、Fe 和 ME、CP、DOMD，灼圃的 Cu、Mn、Zn，以及凉水沟的 Fe、Mn 含量均显著低于对照；但塔山的 ADF、灼圃的 ADF 和凉水沟的 K 含量则显著高于对照（$p<0.05$）。3 个采样地牧草其他各养分含量在粪斑和对照之间均差异不显著（$p>0.05$）。这说明，畜粪沉积会降低牧草整体养分价值，牛粪沉积对牧草养分含量的影响比羊粪沉积的明显。对比分析土、草矿质元素含量得知，各矿质养分含量在土、草之间存在很大差异，且随矿质种类不同而异。

取样地的粪斑和对照牧草饲用价值差异显著（$p<0.05$ 或 $p<0.01$）（表 4-4）。其中，塔山牧草粪斑 DDM 和 GI 显著高于对照；灼圃牧草粪斑 DDM、RFV、GI 显著高于对照；凉水沟粪斑处牧草 DDM、DMI、RFV 均显著高于对照。可见，粪斑处饲料价值高于对照。

(四) 土壤有机质与矿质元素含量

取样地（S）对土壤 0~10 cm 和 10~20 cm 的 9 种矿质元素均有显著影响（$p<0.05$，$p<0.01$ 或 $p<0.001$）；粪沉积（DD）对 0~10 cm 土壤 OM、P 和 Fe 以及 10~20 cm 土壤 N、K 和 Zn 影响显著（$p<0.05$ 或 $p<0.01$），对 0~10 cm 土壤 N、Na、K、Mg、Cu、Mn 和 Zn 含量，以及 10~20 cm 土壤 OM、P、Na、Mg、Fe、Cu 和 Mn 无显著影响（$p>0.05$）；取样地和粪沉积互作（S×DD）对 0~10 cm 土壤 OM、P、Zn 和 10~20 cm 土壤 N、Mg，以及 0~20 cm 土壤 Na、K、Fe、Cu、Mn 含量有显著影响（$p<0.05$，$p<$

0.01 或 $p<0.001$），对 0~10 cm 土壤 N、Mg 和 10~20 cm 土壤 N、P、Zn 含量无显著影响（$p>0.05$）。不同取样地土壤矿质元素含量为，塔山粪沉积处 0~10 cm 土壤 K 和 0~20 cm 土壤 Na、Cu、Mn、Zn 含量显著高于对照，而 0~10 cm 土壤 Mg 含量低于对照；灼圃粪沉积处 0~20 cm 土壤 OM、N 和 10~20 cm 土壤 P、K 含量显著高于对照，而 0~20 cm 土壤 Na、Fe、Cu、Mn 含量显著低于对照；凉水沟粪沉积处 0~10 cm 土壤 P 和 10~20 cm 土壤 Cu 含量显著高于对照（表 4-5）。这说明，粪沉积对土壤养分的影响随矿质种类和家畜种类不同而异。

（五）牧草和土样矿质元素含量相关性分析

各矿质元素含量与牧草和土样之间的相关性分析表明，对照的牧草 Na、K 和 Mn 分别与对应（0~10 cm 和 10~20 cm）土壤的 Na、K 和 Mn 含量呈显著或极显著正相关关系（$p<0.05$ 或 $p<0.01$），粪沉积处牧草 Cu 和 Zn 含量均与之对应的 0~10 cm 和 10~20 cm 土壤 Cu 和 Zn 含量呈显著和极显著正相关（$p<0.05$ 或 $p<0.01$），且粪沉积处牧草的 K 和 Fe 含量分别与其对应 10~20 cm 土壤的 K 和 Fe 含量之间呈极显著和显著正相关（$p<0.05$ 或 $p<0.01$），对照牧草的 Fe 和对应 10~20 cm 土壤的 Fe 含量之间呈显著正相关（$p<0.05$）（表 4-6）。粪沉积处和对照的牧草 N、P、Mg 和与其对应（0~10 cm 和 10~20 cm）土壤的 N、P、Mg 之间无显著相关性（$p>0.05$）。说明，畜粪沉积主要影响 Na、K、Cu、Mn 和 Zn 在土壤和牧草系统之间的转化，降低 K 在土壤和牧草之间的正相关关系，使 Na 和 Mn 在土—草之间的正相关关系消失，使 Cu 和 Zn 在土—草系统之间由不显著性的正相关关系转化为明显的正相关关系。

表 4-3 牧草养分含量

测定指标	塔山		灼圃		凉水沟	
	粪沉积	对照	粪沉积	对照	粪沉积	对照
Ca/(g·kg^{-1})	3.29±0.96	3.66±0.64	3.11±0.04	3.81±0.54	6.05±0.20	5.64±1.18
P/%	0.24±0.07	0.35±0.02*	0.19±0.03	0.22±0.02	0.50±0.04	0.52±0.04
Na/%	0.41±0.02	0.39±0.00	0.51±0.01	0.52±0.01	0.39±0.01	0.38±0.01
K/%	1.51±0.11	1.29±0.07	2.52±0.18	2.24±0.03	2.39±0.01*	1.88±0.08
Mg/(g·kg^{-1})	8.11±023	8.91±0.62	4.35±0.11	4.76±0.18	6.08±0.02	5.90±0.19
Fe/(g·kg^{-1})	1.05±0.02	1.85±0.19*	0.73±0.11	1.03±0.03	0.63±0.00	1.00±0.02**
Cu/(mg·kg^{-1})	25.61±0.82	35.98±8.24	12.29±0.13	18.73±0.88**	17.10±0.32	20.21±4.60
Mn/(mg·kg^{-1})	134.95±25.56	148.48±3.47	192.73±10.19	292.11±3.42**	68.50±0.26	93.13±5.81*
Zn/(mg·kg^{-1})	121.02±19.51	158.11±51.87	46.79±0.25	82.39*±32.94	163.41±23.03	221.60±36.16
WSC/%	9.23±3.28	4.12±0.01	2.78±0.03	3.53±0.86	4.96±0.06	8.55±4.41
ADF/%	29.40±1.24*	23.49±0.56	30.60±0.38*	29.16±0.28	26.27±1.27	23.92±0.30
NDF/%	48.97±7.07	48.31±1.68	60.83±1.38	59.62±0.53	46.99±2.21	43.84±0.23
ME/(MJ·kg^{-1})	7.85±0.05	9.11±0.28*	7.18±0.33	7.51±0.14	8.26±0.85	8.31±0.34
CP/%	16.47±0.45	24.29±1.62*	12.60±1.81	14.60±0.74	19.18±4.64	19.74±1.93
DOMD/(g·kg^{-1})	490.58±3.26	569.55±17.31*	449.05±20.90	469.32±8.73	516.43±52.83	519.15±21.20

第四章 畜粪和气候因子对禾草+白三叶草地植被构成及土壤养分的影响

表 4-4 饲料价值评价

测定指标	塔山		灼圃		凉水沟	
	粪沉积	对照	粪沉积	对照	粪沉积	对照
DDM/%	70.6±0.31***	65.99±0.68	66.18±0.16***	65.07±0.21	70.27±0.16**	68.44±0.7
DMI/(%BW)	2.49±0.06	2.48±0.25	2.01±0.01	1.97±0.03	2.74±0.01**	2.56±0.08
DMI/(g·d⁻¹kgW0.75)	1.06±0.03	1.06±0.11	0.86±0.01	0.84±0.01	1.17±0.00**	1.09±0.04
RFV	136.04±3.94	126.54±11.61	103.27±0.89**	99.54±1.92	149.1±0.22**	135.68±5.89
GI/(MJ·kg⁻¹)	29.35±3.44***	17.01±3.03	9.49.58±0.34**	7.52±0.77	26.28±2.37	22.07±3.81

表 4-5 土壤有机质和矿质元素含量

测定指标	塔山		灼圃		凉水沟	
	粪沉积	对照	粪沉积	对照	粪沉积	对照
0~10 cm						
OM/%	9.56±0.54	9.21±0.37	11.38±0.02**	9.74±0.09	4.27±0.25	4.20±0.16
N/%	0.33±0.11	0.29±0.02	0.48±0.00*	0.45±0.01	0.15±0.01	0.14±0.00
P/%	0.14±0.00	0.13±0.00	0.10±0.00	0.10±0.00	0.09±0.00*	0.08±0.00
Na/%	0.30±0.02**	0.12±0.01	0.14±0.00	0.34±0.02**	0.10±0.02	0.11±0.01
K/%	0.69±0.01***	0.55±0.00	0.90±0.02	0.99±0.05	0.76±0.05	0.73±0.05
Mg/(g·kg⁻¹)	3.06±0.15	4.43±0.24*	3.20±0.14	2.70±0.38	1.72±0.31	2.49±1.65
Fe/(g·kg⁻¹)	16.83±3.50	16.12±0.47	5.55±0.20	19.11±1.35**	9.18±1.95	7.47±3.04

续表

测定指标	塔山		灼圃		凉水沟	
	粪沉积	对照	粪沉积	对照	粪沉积	对照
Cu/(mg·kg^{-1})	68.03±1.70**	31.52±1.29	32.18±3.08	70.09±8.18*	26.91±2.71	27.52±2.93
Mn/(mg·kg^{-1})	769.44±72.23*	236.99±26.84	134.29±24.20	642.84±161.55*	300.65±84.44	215.99±111.42
Zn/(mg·kg^{-1})	204.97±7.48*	122.55±13.42	106.28±30.2	251.62±77.49	235.26±20.42	291.69±59.81
10~20 cm						
OM/%	7.01±0.08	7.03±0.44	11.19±0.01***	6.05±0.11	3.55±0.13	3.56±0.02
N/%	0.20±0.02	0.19±0.00	0.31±0.01*	0.21±0.02	0.13±0.00	0.14±0.00
P/%	0.12±0.01	0.12±0.00	0.08±0.00*	0.07±0.00	0.08±0.00	0.08±0.00
Na/%	0.33±0.04*	0.12±0.01	0.17±0.03	0.33±0.01**	0.15±0.01	0.10±0.01
K/%	0.64±0.02	0.56±0.04	5.75±0.02**	1.06±0.03	0.78±0.06	0.75±0.01
Mg/(g·kg^{-1})	2.81±0.11	4.28±0.64	3.25±0.58	2.89±0.39	2.57±0.36	2.26±0.20
Fe/(g·kg^{-1})	18.25±1.62	15.12±0.30	5.57±0.70	12.59±0.89**	9.33±2.56	9.87±0.10
Cu/(mg·kg^{-1})	63.48±0.32**	34.06±1.67	34.74±1.05	66.06±6.54*	29.78±2.89*	20.47±1.16
Mn/(mg·kg^{-1})	787.95±121.69*	217.45±83.78	121.51±21.40	672.55±93.93*	306.28±119.87	295.69±47.87
Zn/(mg·kg^{-1})	153.60±8.06*	106.08±5.35	105.52±21.5	85.54±15.44	240.67±7.11	209.70±16.13

表 4-6 各矿质元素在牧草与土壤之间的相关性分析（$n=9$）

矿质元素	0~10 cm		10~20 cm	
	粪沉积	对照	粪沉积	对照
N	-0.76	-0.53	-0.79	-0.33
P	-0.45	-0.45	-0.25	0.11
Na	-0.18	0.98**	-0.26	0.99***
K	0.79	0.96**	0.85*	0.94**
Mg	-0.03	0.67	-0.52	0.72
Fe	0.76	0.29	0.82*	0.85*
Cu	0.88*	-0.43	0.87*	-0.28
Mn	-0.19	0.87*	-0.18	0.84*
Zn	0.93**	0.01	0.92**	0.76

（六）牛羊对斑块的采食

粪沉积处牧草高度和对照处差异显著，且粪沉积处牧草高度为塔山>灼圃>凉水沟，且在 3 个地点间差异显著（$p<0.001$）；3 个研究区粪沉积处的牧草高度均高于对照（图 4-2）。

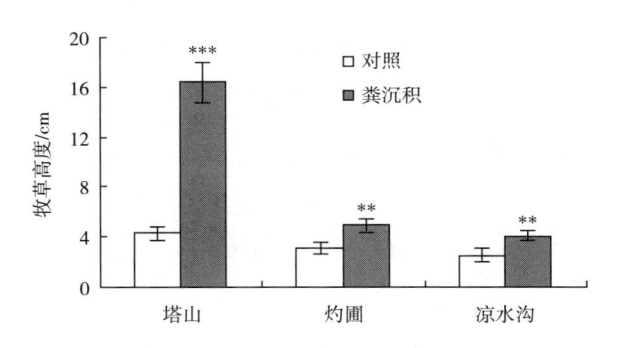

图 4-2 粪沉积和对照处牧草高度

牛、羊对 3 个研究地点粪沉积处黑麦草和鸭茅的分蘖采食率均较对照低（表 4-7）。同期家畜对禾草采食程度的定性观测结果显示，家畜对 3 个研究地对照样方内黑麦草和鸭茅的采食均以摘顶+拔心为主；而对粪沉积处禾草的采食，塔山以摘顶为主，灼圃以拔心为主，凉水沟以摘顶+拔心为主。这说明，即使粪沉积很长一段时间，放牧家畜仍对粪沉积处植物具有一定弃食性，且牛对牛粪沉积处植物的弃食程度比羊对羊粪沉积处的大。因此，牛对粪沉积处植物的采食比羊的更敏感。

表 4-7　家畜对草地禾草分蘖的采食率/%

植物名称	塔山		灼圃		凉水沟	
	粪沉积	对照	粪沉积	对照	粪沉积	对照
黑麦草（L. perenne）	52.5±16.8	85.3±21.2***	—	—	81.5±20.3	93.4±18.2*
鸭茅（D. glomerata）	61.6±16.5	83.6±17.5**	72.2±23.2	85.3±20.3*	—	—

三、讨论与结论

（一）讨论

1. 白三叶匍匐茎密度测定方法

本研究通过土芯取样方法，所测 3 个样地粪沉积和对照处的白三叶匍匐茎密度为 15~113 m·m^{-2}，这比 Curll 等（1985）和 Yu 等（2011）所报道的英国威尔士正常放牧管理未施肥黑麦草+白三叶草地同样方法所测的白三叶匍匐茎密度（15~65 m·m^{-2} 和 7~33 m·m^{-2}）高，主要是因为二者研究地点和草地利用年限不同，进而使草地白三叶比例不同。同时，本研究所测白三叶匍匐茎密度也远高于前期报道，贵州灼圃放牧黑麦草+白三叶草地上白三叶匍匐茎密度为 1~5 m·m^{-2}（Yu et al.，2008）；主要由测定方法的差异所致，前期研究仅测定了地面部分白三叶匍匐茎，而白三叶匍匐茎很大一部分生长于表层 0.5~1.0 cm 土层中，本研究通过土芯取样方法，所测白三叶匍匐茎是地上和地下土层之和。因此，本研究的土层取样方法可以准确测定白三叶匍匐茎密度。

总之，虽然畜粪沉积对草地的作用贯穿于土壤、植被和草—畜系统各领域，随畜粪类型和粪分解阶段等不同而变化。但本研究仅从畜粪沉积的

第四章　畜粪和气候因子对禾草+白三叶草地植被构成及土壤养分的影响

粪斑破碎这一特殊时期,重点分析了土壤矿质养分与植物种群和群落特征变化;在草畜系统方面,仅浅显分析了家畜对禾草的采食率。因此,以后的研究中,需进一步明晰粪沉积不同阶段,土壤和植被的分异特征及家畜的采食特征变化,以深入揭示畜粪沉积对草地植被异质性形成的作用机制。

2. 物种多样性和植被构成

有研究认为,因牛粪堆积对草地植物的窒息作用,而使粪堆积下植物死亡,进而使草地植物多样性降低(MacDiarmid & Watkin, 1972;姜世成和周道玮,2006)。与本研究中粪沉积对草地植物物种数无显著影响的结论存在分异。其主要原因是,粪沉积窒息作用发生于粪沉积初期,而本研究观测时粪已基本分解,处于粪沉积后期,此时粪中植物种子接触、进入土壤而萌发(鱼小军,2010),这又弥补了因粪窒息作用而对草地植物多样性降低产生的负效应,从而使粪斑和对照处的草地植物物种数相近。

本研究中,牛和羊粪沉积的长期效应均促进禾草生长而抑制豆科牧草的生长,这与以往排泄物沉积利于禾草而不利于豆科牧草生长的研究结果(Vinther et al.,1998)一致。这是由于禾草易于吸收粪中养分(主要是N)而充分生长(Williams & Haynes,1995),使其草层高度和种群生物量增高,进而增强禾草对白三叶的遮阴效应;同时粪中N的添加会降低白三叶的固氮作用而抑制粪斑处白三叶的生长(Vinther et al.,1998)。本研究还发现,粪沉积使牧草高度和生物量增加,这与以往研究结果一致(Williams & Haynes,1995)。这一方面是由于排泄物的施肥效应,当畜粪沉积一段时间后,粪中氮素等养分进入土壤,促进牧草生长,使牧草生产力提高(Powell et al.,1998;Yu et al.,2008);另一方面,粪斑具特殊气味和高寄生虫,从而家畜对粪斑弃食或采食较少(Hutchings et al.,2001)。本研究测定的牛粪斑处的死物质量高于羊粪斑,说明,牛粪比羊粪沉积对草地植物的抑制效应强。

3. 草地养分

家畜排泄物沉积常使土壤养分增加。本研究中,塔山牛粪和灼圃羊粪沉积能使土壤 P、K、Mg、Na、Cu、Mn 和 Zn 含量增加，这与以往多数研究结论一致（MacDiarmid et al.，1972；姜世成和周道玮，2006；Aarons et al.，2004；刘新民等，2011），但张英俊（1999）发现，将绵羊新鲜粪尿施入黑麦草+白三叶草地，除增加土壤 Mn 含量外，对土壤其他矿质元素无影响，这可能与二者粪沉积时间不同有关。由于家畜粪沉积后，完全分解需要 2~3 年甚至更长时间（Powell et al.，1998；李辉霞等，2003），粪中养分随粪的破碎和分解逐渐进入土壤。本研究中塔山牛粪和灼圃羊粪沉积时间较长，观测时牛粪块已完全破碎，羊粪也呈破碎状态，从而使粪中矿质养分较充分进入土壤，对土壤矿质养分影响明显；而张英俊（1999）的研究是在绵羊排泄物沉积 3 个月内测定，此时排泄物中矿质养分尚未充分进入土壤，粪沉积对土壤矿质养分的影响尚不明显。凉水沟羊粪对土壤矿质养分影响小，也与羊粪沉积时间较短、粪中养分进入土壤少有关。

　　家畜排泄物沉积也提高牧草养分。家畜粪沉积抑制本研究的塔山牧草 P、Fe，灼圃牧草 Cu、Mn、Zn 和凉水沟牧草 Fe、Mn 的吸收，促进凉水沟牧草 K 吸收；这与张英俊（1999）的研究结论，绵羊新鲜粪尿施入抑制牧草 Fe 和 Zn 吸收，促进植物 Mn 和 K 吸收，对牧草 Cu 含量无影响，以及 Sakadevan 等（1993）报道，草地植物可从粪尿获得 35%S、55%N 和 57%K 的结果存在分异。这与本研究牧草养分效果仅来自粪而这些研究来自粪尿共同施肥作用有关，也与粪对植物的影响效应随其沉积后的持续时间不同有关（Powell et al.，1998），还与粪中大量矿质养分输入土—草系统后，使不同矿质元素之间的促进和拮抗作用发生改变有关（Whitehead et al.，2000）。牛粪沉积处牧草 ME 和 CP 比对照低，羊粪沉积与对照处牧草营养价值指标相近，这是由于虽然家畜粪沉积提高牧草营养价值，但牛对自身粪斑弃食严重且弃食行为时间持续较长，而羊对羊粪斑的弃食程度较小，从而牛粪斑处牧草因长期采食不足而变老甚至进入生殖期，由此使牛粪斑处牧草草质变劣，适口性降低。因此，畜粪沉积对草地土壤和牧草养分的影响不仅与排泄物类型有关，还与排泄物沉积后的持续时间有关。

　　4. 家畜采食

　　虽然家畜通常会弃食粪斑处的植物（MacDiarmid & Watkin，1972；

Forbes & Hodgson，1985；姜世成和周道玮，2002），但粪斑处植物的高营养性又会吸引家畜；家畜对粪斑处植物的弃食行为常随畜粪沉积日期的加长逐渐降低（Hutchings et al.，2001），这与本研究结果一致。本研究中牛对牛粪沉积处植物的弃食程度比羊对羊粪沉积的大，这是由于牛粪沉积影响家畜采食的范围和程度大，而颗粒状羊粪沉积影响家畜采食的范围和程度小，这与 Forbes 和 Hodgson（1985）的报道类似。因此，草地实践管理中，通过牛、羊混合放牧，提高羊对牛粪沉积处牧草的采食，以降低牛粪沉积处的牧草浪费，提高草地利用率。

（二）结论

粪沉积对草地的作用体现于整个放牧系统。粪沉积对植被的作用持续时间长，随家畜种类和粪分解阶段不同而异；粪沉积促进禾草（鸭茅和黑麦草）分蘖和生长，抑制豆科牧草（白三叶）生长，使牧草生产力提高，植被构成发生变化。牛粪沉积还使牧草整体营养价值下降，黑麦草生殖枝率增加，牛粪对草地养分和植被构成的影响比羊粪明显。土壤和牧草养分含量随矿质种类和排泄物类型不同而异，受排泄物沉积后持续时间影响；家畜粪沉积主要影响 Na、K、Cu、Mn 和 Zn 含量在土—草系统间的转化，降低 K 在土—草间的正相关性，消除 Na 和 Mn 在土—草间的正相关性，促进 Cu 和 Zn 在土—草之间形成显著正相关关系。家畜对粪沉积处禾草的采食程度均比对照的低，牛对粪沉积处植物的弃食程度比羊的高。草地实践管理中，实行牛羊混牧，以降低因牛弃食牛粪斑植物而造成的牧草浪费，从而提高牧草利用率。土层取样方法可准确测定白三叶匍匐茎密度。

第二节　气候因子对混播草地种群生长及其个体消长的影响

自 1977 年 Harper 提出并建立植物组织构件理论以来（Harper et al.，1977），无性系植物的构件（modules）研究已成为种群生态学研究的热点

(Parsons et al., 1980; De et al., 1995; Yang et al., 1995)。对于广泛分布于世界温带地区最重要混播优良牧草——多年生黑麦草（*Lolium perenne*）和白三叶（*Trifolium repens*）而言，其地上构件一般指黑麦草分蘖、叶片，白三叶匍匐茎、分枝、节点等器官；二者的构件生长主要体现于黑麦草分蘖数和个体蘖大小，白三叶匍匐茎生长和分枝能力。因二者在植株高度、营养需求、形态、生理特征以及生产特性等多方面具有诸多互补特点（Schwinning & Parsons, 1996），其构件生长的研究尤其引起国内外种群生态学家的极大兴趣（Hill et al., 1990; Zhu et al., 1995）。但就气候因子对其构件生长的影响研究来说（Parsons et al., 1980），多偏重某些方面，缺乏系统性描述；且已有的研究对象仅限于混播草地中的黑麦草和白三叶，对主要伴生杂草及其与主要组分种个体消长规律的深入研究尚未见报道。

本研究是在不同种群植物再生性研究的基础上（Yu et al., 2002），选取混播草地中不同功能团（functional groups）代表植物（Tilman et al., 1997; Alejandro et al., 2000），多年生黑麦草（密集生长型禾草）、白三叶（分散生长型豆科草）和主要伴生杂草白苞蒿（*Artemisia lactiflora*）（直根性杂草）为研究对象，着重阐述自然条件下，温度、降水和日照时数对不同种群植物构件生长（生长点数和生长点生长长度）的影响及其种群消长特点的定量分析，揭示混播草地中多种种群的生长习性和共存机理及其对温度、降水和日照的反应，为人工草地的合理利用和科学管理提供理论依据。

一、材料与方法

（一）研究区概况

研究地位于贵州省威宁彝族回族苗族自治县境内的灼圃示范牧场 104°04′48″~104°07′27″E, 27°10′33″~27°12′30N, 该地海拔 2440 m, 年均气温 8.7℃, ≥0℃年积温 2960℃, 年均降水量 1023.7 mm, 水热同季，生长季内降水 919.2 mm, 年日照时数 1611.4 h, 无霜期 182 d。属高原山地中山岩溶地貌、高原缓丘地形，土壤以黄棕壤为主，pH 为

第四章 畜粪和气候因子对禾草+白三叶草地植被构成及土壤养分的影响

5.0~6.0。

(二) 研究方法

1. 样地选择

在 1985 建植，多年放牧利用的多年生黑麦草+白三叶混播草地上，于 1997 年 10 月中旬选取地势平坦、土壤肥力均匀，牧草生长一致的混播草地 300 m²，围栏保护。草地植被主要由黑麦草（禾草）60%、白三叶（豆科草）20%，主要伴随杂草（不可食）白苞蒿 10% 左右构成。

2. 黑麦草、白三叶和白苞蒿生长指标测定

研究区选取黑麦草、白三叶和白苞蒿共存的观测样方 5 个，面积为 1.0 m×1.0 m，每个观测样方中用彩色塑料线分别标定黑麦草 3 株（每株 5 个蘖）、白三叶 2 级匍匐茎 5 个、白苞蒿近地面 2 级侧枝 5 个。于 1998~1999 年生长季（4~11 月）每月 6 日、16 日、26 日，分别测定标定黑麦草分蘖数、白三叶 2 级匍匐茎分枝数及白苞蒿近地面 2 级侧枝的侧芽数（均称生长点数，number of growing points，NGP）；黑麦草叶片、白三叶 2 级匍匐茎和白苞蒿近地面 2 级侧枝生长（均称生长点生长长度，length of growing points，LGP）。共测定黑麦草 15 株，白三叶匍匐茎和白苞蒿侧枝各 25 个。试验开始测定日期为 1998 年 4 月 16 日。

3. 气象数据采集

试验期间所需主要气象数据从灼圃示范牧场简易气象站获取。

(三) 数据分析

采用 Statistia 统计软件，对生长季内每 10 d 平均气温、降水和日照时数数据与对应的植物观测记录数据进行相关性和多元线性回归分析。

二、结果与分析

(一) 温度、降水和日照时数对草地优势植物种群的影响

温度、降水和日照与不同植物生长点数和生长点生长长度的相关性分析显示，温度与黑麦草分蘖呈明显负相关，与叶片生长呈弱显著或显著正相关；降水对其分蘖形成的负效应不显著，对叶片生长正效应显著，而日

照对其分蘖和叶片生长均无明显影响（表4-8）。温度对白三叶分枝具弱正效应，降水和日照对其无明显影响；试验第1年，3个主要气候因子对白三叶匍匐茎生长影响显著。温度对白苞蒿侧枝生长的正效应显著，而降水对其具弱正效应。表明，温度和降水抑制黑麦草分蘖和白苞蒿侧芽的产生，明显刺激黑麦草叶片和白苞蒿侧枝生长，而日照抑制3种植物生长点的发生和生长。

回归分析显示，黑麦草分蘖形成主要受温度和日照时数联合效应的季节性影响，其叶片生长由1998年受降水影响转为1999年受温度和日照时数共同影响；虽然降水与黑麦草叶片和白三叶匍匐茎生长的相关程度高于日照，但其回归方程中并未出现降水因子，主要原因是该试验区生长季降水900 mm以上，已能满足黑麦草和白三叶生长的水分需要（表4-8）。表明温度和日照对黑麦草叶片和白三叶匍匐茎生长的互作效应大于温度和降水。3种植物生长点形成中，黑麦草分蘖的形成受温度影响最大，白三叶次之，白苞蒿最小；白三叶匍匐茎生长受日照影响最大，白苞蒿侧枝次之，黑麦草叶片最小。黑麦草分蘖产生和叶片生长受降水影响较大。因白苞蒿侧芽形成几乎不受温度、降水和日照时数的影响，以致1999年回归方程出现白苞蒿侧芽常数的现象。因此，温度和日照是3种植物生长点数目变化和生长点生长的主要影响因子。

（二）黑麦草、白三叶及白苞蒿相互关系及其消长特点

三种植物生长特性相关性分析显示，黑麦草叶片与白三叶匍匐茎生长呈极显著正相关，而其分蘖数和白三叶分枝数仅1999年呈极显著负相关。白苞蒿侧枝与白三叶匍匐茎生长呈显著正相关；但二者生长点数则由1998年的正相关变为1999年的负相关。黑麦草分蘖数与白苞蒿侧芽数，以及黑麦草叶片和白苞蒿侧枝生长均呈显著正相关（表4-9）。可见，黑麦草分蘖数与白三叶分枝数存在相互消长，而其叶片与白三叶匍匐茎生长具有相互促进作用；白苞蒿侧枝和白三叶匍匐茎生长存在相互促进，而其生长点数则由相互促进向相互抑制转化；黑麦草与白苞蒿种群生长存在相互促进效应。

第四章 畜粪和气候因子对禾草+白三叶草地植被构成及土壤养分的影响

表 4-8 黑麦草、白三叶和白苞蒿的生长点数（NGP）和生长点生长长度（LGP）与温度（T）、降水（P）和日照时数（S）的相关性与回归分析（N=23）

植物名称	年份	相关系数 R_T	R_P	R_S	回归方程	复相关系数（R）
黑麦草（L. perenne）	1998	−0.704***	−0.388^a	−0.152	$N_{NGP} = 16.609 − 0.696T$	0.704***
		(0.403^a)	(0.449*)	(−0.360^a)	($L_{LGP} = 20.796 + 0.096P$)	(0.449*)
	1999	−0.510**	−0.182	0.200	$N_{NGP} = 31.239 − 1.639T + 0.180S$	0.582**
		(0.722***)	(0.368^a)	(−0.123)	($L_{LGP} = 11.744 + 1.862T − 0.125S$)	(0.761***)
白三叶（T. repens）	1998	0.379^a	0.245	−0.271	$N_{NGP} = 0.933 + 0.023T − 0.003S$	0.482^a
		(0.559**)	(0.661**)	(−0.581**)	($L_{LGP} = 0.720 + 0.323T − 0.061S$)	(0.837***)
	1999	0.380^a	0.053	−0.209	$N_{NGP} = 0.084 + 0.042T$	0.380^a
		(0.653**)	(0.266)	(−0.284)	($L_{LGP} = −0.008 + 0.433T − 0.051S$)	(0.760***)
白苞蒿（A. lactiflora）	1998	−0.380^a	−0.285	−0.215	$N_{NGP} = 11.435 − 0.376T$	0.380^a
		(0.412*)	(0.358^a)	(−0.459*)	($L_{LGP} = 6.449 + 0.533T − 0.106S$)	(0.640**)
	1999	−0.099	−0.164	−0.058	$N_{NGP} = 5.652$	
		(0.841***)	(0.389^a)	(−0.168)	($L_{LGP} = −1.275 + 1.082T − 0.079S$)	(0.894***)

注：^{a} $p<0.1$，* $p<0.05$，** $p<0.01$，*** $p<0.001$，下同。N_{NGP} 和 L_{LGP} 分别为 NGP 和 LGP 与温度（T）、降水（P）和日照时数（S）的多元线形回归方程变量，括号内数据为 LGP 与温度、降水和日照时数的相关性和多元线形回归分析。

表 4-9 黑麦草、白三叶和白苞蒿的生长点数（NGP）或生长点生长长度（LGP）相关性分析（$N=23$）

植物名称	年份	相关系数		
		黑麦草 L. perenne	白三叶 T. repens	白苞蒿 A. lactiflora
黑麦草（L. perenne）	1998	1.000 (1.000)		
	1999	1.000 (1.000)		
白三叶（T. repens）	1998	−0.074 (0.738***)	1.000 (1.000)	
	1999	−0.904*** (0.782***)	1.000 (1.000)	
白苞蒿（A. lactiflora）	1998	0.780*** (0.780***)	0.483* (0.576**)	1.000 (1.000)
	1999	0.495* (0.599**)	−0.504* (0.730***)	1.000 (1.000)

注 括号内数据为 3 种植物生长点生长长度（LGP）相关系数。

黑麦草分蘖数与其叶片生长的负效应不显著（表 4-10）。试验第 1 年，白三叶分枝数与匍匐茎生长具较弱的正效应，白苞蒿侧芽产生与侧枝生长正效应显著。说明黑麦草分蘖数对其叶片生长无明显影响；白三叶匍匐茎越长，分枝力越强；白苞蒿侧枝生长力越强，侧枝数越多。

表 4-10 同种植物的生长点数（NGP）和生长点生长长度（LGP）相关性分析

年份	黑麦草 L. perenne	白三叶 T. repens	白苞蒿 A. lactiflora
1998	−0.056	0.391[a]	0.453*
1999	−0.290	0.151	−0.044

注 表中数据为相关系数。

三种植物的生长特性季节变化模式显示，黑麦草叶片、白三叶匍匐茎和白苞蒿侧枝生长具明显季节动态性，虽年间略有差异，但模式类似；黑麦草分蘖、白三叶分枝和白苞蒿侧芽产生的季节性变化不明显，年间差异较大（表 4-8）。随生长季推移，黑麦草分蘖数逐渐增加，白三叶分枝数呈波浪式（1998 年）或逐渐降低（1999 年）趋势，白苞蒿侧芽数呈降低→增加→降低变化模式。1998 年，白三叶和白苞蒿的生长点数高峰值（分别为 1.4N，12.2N）均出现于 10 月。1999 年，黑麦草分蘖数呈大幅增加趋势，白三叶分枝数呈大幅下降趋势，白三叶分枝数低峰值（0.33N）出现于白苞蒿侧芽高峰期（8~9 月），而白苞蒿侧芽第 2 低峰值（6.6N）出现于黑麦草分蘖数高峰期（10 月）。黑麦草叶片与白三叶匍匐茎生长，分别在黑麦草分蘖和白三叶分枝数平滑期（4~6 月）变化剧烈。白苞蒿侧枝生长在旺盛期（6~9 月）最佳，于 8 月出现峰值，但其侧芽峰期（9~10 月）明显滞后于前者。总之，黑麦草分蘖和白苞蒿侧芽具夏秋季发生优势，黑麦草叶片具春末（5 月中旬）生长优势，白苞蒿侧枝具旺盛期生长优势；白三叶匍匐茎因受日照的负效应最大（表 4-8），在日照较短的 6~8 月具较高的匍匐茎生长特性。

三、讨论

一般认为，温度和太阳辐射是引起白三叶叶片出生变异的主要气象因子（Li et al.，1998），辐射对植物生长的影响比温度小（Weihing et al.，1963；Thomas，1975），温度和辐射对白三叶叶片出现率、匍匐茎伸长、分枝数产生具正效应（Baker et al.，1987；Sackville et al.，1989；Barthram et al.，1992）。关于降水对白三叶的生长效应，具诸多争议观点。Sackville 等（1989）及李锋瑞（1998）认为，白三叶叶片出现率和单位匍匐茎叶片数与降水呈正相关（Sackville et al.，1989；Li et al.，1998），Barththram 等（1992）指出，白三叶匍匐茎伸长、叶片出现率、分枝率均与降水呈负相关。本研究结果表明，白三叶匍匐茎生长和分枝数与温度和降水呈正相关，与日照呈负相关。虽然本研究 4~5 月的旬平均气温在 10℃以上，但因旬降水低于 30 mm，使白三叶匍匐茎旬生长处于 2 cm 以下的极低水平，由此证实，温度对白三叶匍匐茎生长的正效应受降水条件限制。白三叶匍匐茎生长易受光环境影响，可变环境下，白三叶可通过匍匐茎伸长、新分枝形成和叶柄的伸长，增强它对基本资源的获取能力；光照不足时，白三叶匍匐茎节间缩短，垂直方向的叶柄伸长和分枝力增强，以获取更多营养和光资源。本研究1999年白三叶分枝能力较1998年大幅下降，但1999年匍匐茎伸长大于1998年（图4-3），也是白三叶适应外界不同环境条件，获取光资源和营养资源的结果。以往研究表明，禾草叶片发生和生长与温度紧密联系，禾草叶片生长随土壤水分的短缺而缩减，并被土壤水分缺乏所掩盖。说明禾草对温度的反应总是在一定降水条件下起作用，土壤水分缺乏情况下，温度对黑麦草叶片生长的正效应不明显。因本研究生长季内降水900 mm以上，温度对黑麦草叶片生长的正效应比较明显。黑麦草叶片生长具明显季节动态性和春末生长优势，可能原因为春季大分子储存糖类物质快速下降，小分子糖类增加（Pollock, 1979），从而储存同化物质供给增加（Parsons et al., 1980），更易为禾草叶片生长所利用以及禾草光合合成能力晚春最高等有关（Robson et al., 1977）。正常情况下，若温度、降水和日照时数对白苞蒿侧芽形成、侧枝生长的影响效应与黑麦草的完全一致（表4-8），则二者应出现竞争现象，但本研究中，黑麦草与白苞蒿种群生长具相互促进作用（表4-9）。这说明，白苞蒿侧芽形成和侧枝的生长主要受温度、光照和降水以外其他因子的影响。白苞蒿侧芽产生几乎不受温度、降水和日照时数的影响（表4-8），也与一般结论杂草植物更易适应不良环境条件一致。

　　就混播草地目标植物黑麦草与白三叶而言，黑麦草为密集生长型禾草，通过子蘖（daughter tillers）的产生，种群个体数增加；通过叶片生长，分蘖个体增大，从而提高它对土壤营养和光资源的利用能力。白三叶为分散生长型豆科固氮植物，主要通过节间距增大、匍匐茎伸长和分枝数的增加以及匍匐茎上叶片的生长，充分利用光和土壤营养资源。当黑麦草利用白三叶固定的氮时，迅速生长，草层高度增加，叶面积指数增加，对下部白三叶形成遮阴作用，使处于地表面的黑麦草分蘖个体与白三叶分枝数之间的竞争作用加剧，抑制了白三叶新分枝的产生（Thompson, 1993）。此时，白三叶在分枝强度和匍匐茎长度方面进行"权衡"，只有通过匍匐茎的伸长，先占据更多生境资源（资源占据对策），以避免在混播草地中消失。生长季前期（4～8月），因黑麦草叶片生长加速（图4-3），个体植株增大，采取资源占据对策；生长季后期（9～11月），因黑麦草分蘖数急

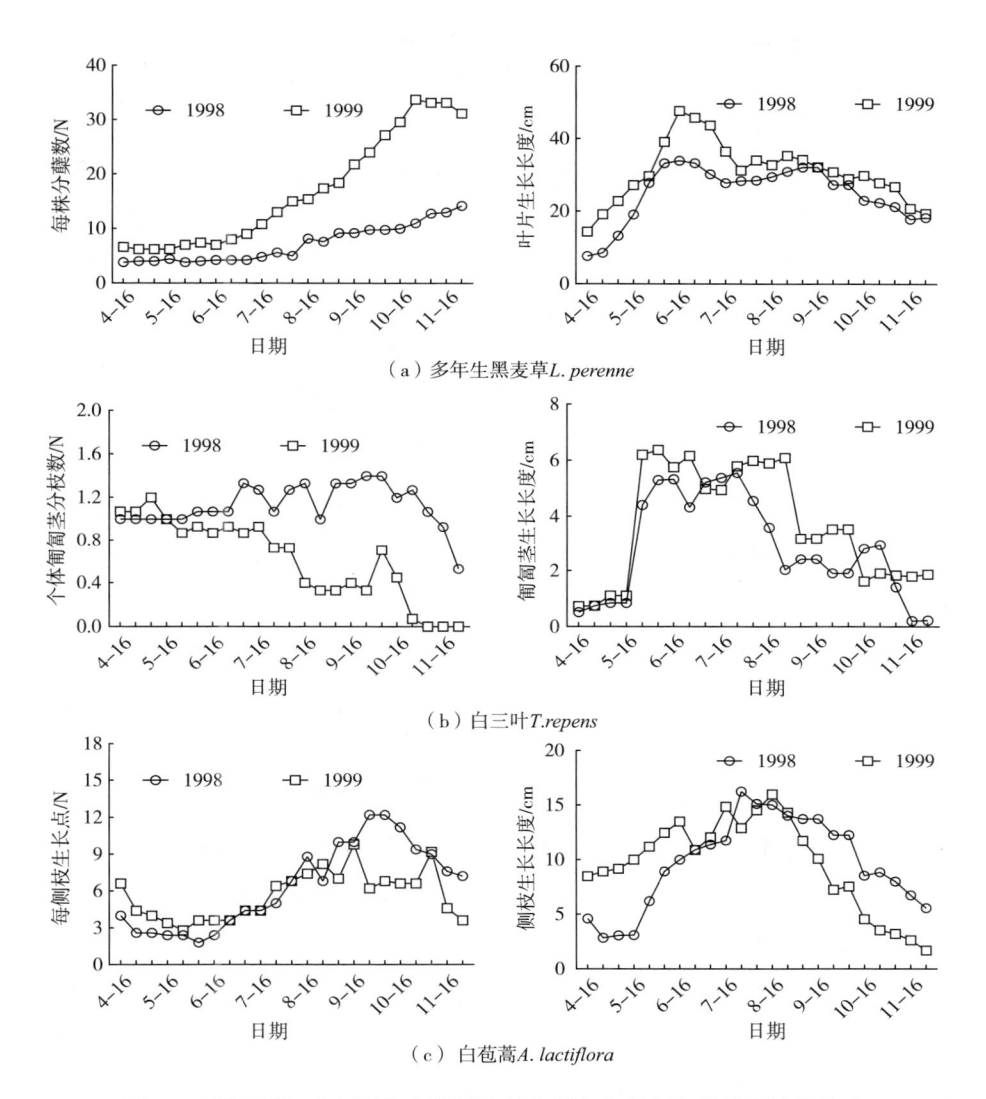

第四章 畜粪和气候因子对禾草+白三叶草地植被构成及土壤养分的影响

(a) 多年生黑麦草 L. perenne

(b) 白三叶 T. repens

(c) 白苞蒿 A. lactiflora

图 4-3　黑麦草、白三叶和白苞蒿生长点数和生长点生长长度季节模式

剧增加（图 4-3），采取相应资源利用对策。白苞蒿属易耐瘠薄土壤直根性杂草植物，也可从白三叶固氮作用中获得一定益处。本研究选取白苞蒿的近地面侧枝为观测对象，因其侧枝生长与主枝约成 45°锐角逐渐向上扩散，侧枝逐渐远离地面，而白三叶分枝处于近地面，故二者个体间的负效应直至 1999 年才表现出来。因黑麦草分蘖个体处于近地面，故其与白三叶分枝的负效应应于试验第 1 年就表现出来。因白苞蒿侧枝与主枝成 45°锐角逐渐向上扩散、适应环境资源的对策，既异于直立生长的黑麦草，又异于白三叶水平方向的匍匐茎伸长、垂直方向的叶柄生长（De et al., 1995），也正因3种植物对环境的不同适应对策，以致贵州威宁放牧利用12年以上草地，似蒿属杂草虽很少，但仍与黑麦草、白三叶长期共存，未完全从混播草地中消失。

第三节　气候因子和排泄物施肥对混播草地牧草生长的影响

多年生黑麦草（*Lolium perenne*）+鸭茅（*Dactylis glomerata*）+白三叶（*Trifolium repens*）混播草地是中国南方分布最广的人工草地混播组合之一（蒋文兰、李向林，1992；杨允菲等，1995；于应文等，2003a），因其产量高、草质好常被用作放牧家畜的优良放牧地和割草地（Hodgson, 1990；蒋文兰等，1992）。自然条件下，草地牧草生长主要受限于水、热、光照等主要气候因子的影响（梁天刚等，2001；于应文等，2003b）；放牧条件下，因家畜排泄物的返还类似于草地土壤施肥，故草地牧草植物生长受自然气候因子和放牧管理水平，特别是家畜排泄物返还水平的影响（张英俊，1999；辛晓平等，2004；于应文，2005）。目前，中国南方人工草地牧草生产能力与气候因子关系的研究较多（于应文等，2003c；梁天刚等，2001；辛晓平等，2004），但有关放牧家畜排泄物与草地植物生长的互作研究相对缺乏（张英俊，1999）。本书通过对放牧奶牛条件下，多年生黑麦草+鸭茅+白三叶混播草地上，排泄物施肥与对照处理草地牧草生长特性的研究，以及主要气候因子温度、降水和日照时数与牧草生长的定量分析，为人工草地的科学管理和可持续利用提供理论依据。

一、材料方法

（一）试验区概况

试验区位于贵州省清镇市奶牛示范牧场（26°30′N，106°07′E），该地海拔 1245 m，年均气温 14.1℃，≥0℃ 年积温 5101.4℃，年均降水量 1124 mm，水热同季，约 85% 降水发生于 4~10 月，年日照时数 1187 h，无霜期 349 d。属亚热带季风性潮湿气候。

土壤为黄棕壤，pH 值为 5.0~5.5，土壤有机质含量 3.05%~3.88%，全氮含量 0.135%~0.193%，有效磷 0.04%~0.05%，有效钾 0.7%~1.09%。建场后采取牛粪返还和追施化肥等措施，使土壤肥力不同程度提高。

(二) 研究方法

样地选择和试验设计：在 1990 年 10 月建植的多年放牧利用的多年生黑麦草+鸭茅+白三叶混播草地上，于 1993 年年底选取地势平坦、土壤肥力均匀，牧草生长一致的混播草地 0.667 hm², 均分成两块，进行奶牛粪尿混合排泄物施肥试验（施肥和对照处理）。施肥时期为 1994 和 1995 年的 3~4 月，排泄物施用湿重总量为 93000 kg·hm⁻²（含冲圈水），每年施一半，总施肥量约相当于 N 为 301.5 kg·hm⁻²，P_2O_5 为 53.4 kg·hm⁻²，K_2O 为 199.5 kg·hm⁻²。

牧草生长速率和年产量测定：1994~1995 年的每月月末先测定牧前现存量，再用一定数量的黑白花奶牛快速放牧 2~3 d 后测定牧后现存量（放牧期间的牧草生长量忽略），一般牧后草地留茬高度为 7~10 cm。每次现存量测定时，不同处理均随机选取 0.1 m² 样方 15 个，齐地面刈割后，80℃ 烘至干称重。每月牧草净生长量为本月牧前现存量减去上月牧后现存量，牧草生长速率为本月牧草净生长量除以当月天数计算得出。牧草年产量为年内各月牧草净生长量之和。

气象数据采集：试验期间所需主要气象数据从清镇市气象局获取。

(三) 数据分析

采用 SPSS 统计软件，对试验期间（1994~1995 年）的各月平均气温、降水量和日照时数数据与对应的牧草月生长速率观测记录数据进行相关性和多元线形回归分析，并对多元线性回归方程计算的牧草生长速率理论值与相应实际值进行 T 检验分析。同时，对不同处理的牧草年产量进行 $p < 0.05$ 水平的差异显著性分析。

二、结果与分析

(一) 温度、降水和日照时数对草地牧草月生长速率的影响

牧草生长速度与温度、降水和日照时数的相关性与多元回归分析结果显示,虽然温度、降水和日照时数与混播草地牧草月生长速率均呈显著正相关关系,但3个气象因子与草地牧草月生长速率的多元线性回归结果分析中,仅为降水量与草地牧草月生长速率的一元线性方程(表4-11)。同时,由降水与牧草生长速率的线性回归方程计算的牧草生长速率的理论值与其实际值间的 T 检验结果显示,施肥与对照处理的 P 值分别为 0.990 和 0.985。表明,降水是该区域牧草生长的主要限制因子,由降水与牧草生长速率的线性回归方程,可很好地估测研究区牧草的实际生长量。

表4-11 牧草生长速度(PGR, DM kg·hm^{-2}·d^{-1})与温度(T)、降水(P)和日照时数(H)的相关性与多元回归分析($N=24$)

处理	相关系数			回归方程	复相关系数 (R)
	R_T	R_P	R_H		
施肥	0.632**	0.694***	0.561**	$PGR=10.713+0.160P$	0.694***
对照	0.675***	0.690***	0.617**	$PGR=7.651+0.101P$	0.690***

注 ** 和 *** 分别表示在 0.01 和 0.001 水平上相关性显著。

(二) 施肥对混播草地牧草月生长速率和年产量的影响

施肥对草地牧草生长速度季节动态的影响结果显示,除对照处理1994年的牧草生长速率为不明显单峰曲线变化外,施肥和对照处理的牧草生长速率均呈明显的单峰曲线变化(图4-4)。试验期间,不同处理1~2月的牧草生长速率较低,此后随生长季的推移,其牧草生长速率呈逐渐增加变化趋势,至牧草旺盛生长期4~8月出现峰值,随后随生长季的推移呈逐渐降低变化,直至生长季末期(12月)。其中,施肥处理1994年和1995年的峰值分别出现于6月和4月,为 60.4 kg·hm^{-2}·d^{-1} 和 64.1 kg·hm^{-2}·d^{-1};对照处理中1994年5月、6月和8月的牧草生长速率较高,为 26.1~26.4 kg·hm^{-2}·d^{-1},但其1995年的峰值则出现在5月,为 45.2 kg·hm^{-2}·d^{-1}。

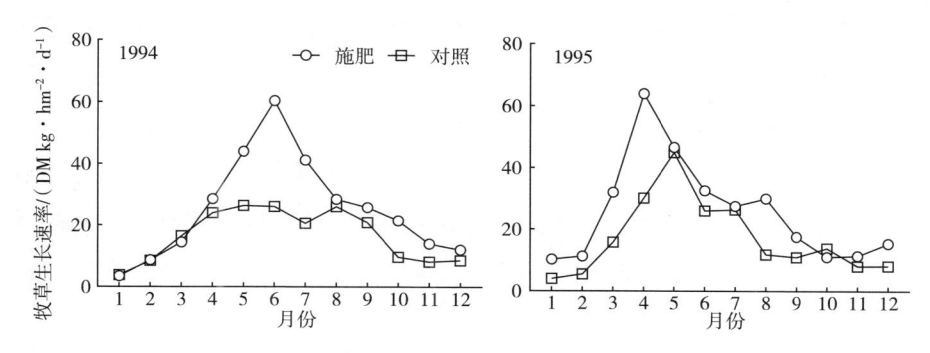

第四章　畜粪和气候因子对禾草+白三叶草地植被构成及土壤养分的影响

图 4-4　施肥与对照处理的牧草生长速度季节动态

不同处理各月牧草生长速率的年内均值比较，1994 年和 1995 年施肥处理为 25.2 kg·hm^{-2}·d^{-1} 和 25.8 kg·hm^{-2}·d^{-1}，均大约为对照的 1.5 倍（图 4-4）。同时，施肥与对照处理的牧草年产量比较，前者 1994 年和 1995 年的牧草年干物质产量分别为 9122 kg·hm^{-2} 和 9464 kg·hm^{-2}，均显著高于对照（图 4-5）。因此，当地气候条件下，通过放牧奶牛排泄物返还草地，可很好地达到施肥增产效果。

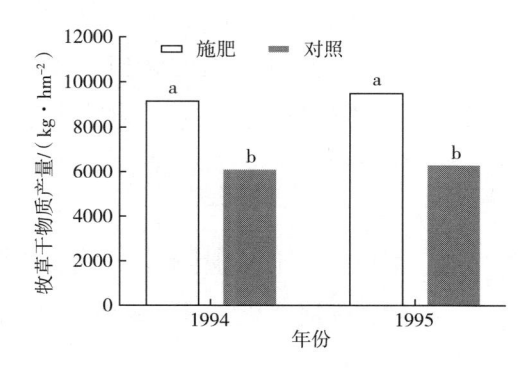

图 4-5　施肥与对照处理的牧草年干物质产量

注　不同小写字母表示在 0.05 水平差异显著。

三、讨论与结论

（一）讨论

清镇地区多年气象资料显示，该区降雨量、气温、日照时数的年内变化基本呈较明显单峰曲线变化，此与本研究结果中牧草生长的年内动态相似。施肥与对照处理的牧草月生长速率均与均温、降水量和日照时数呈显著正相关关系，亦证实了这一点。本研究结果之一，3个气候因子与牧草生长速率的线性回归关系仅为降水和牧草生长速率的方程模型；可能因混播草地中，不同植物种生长对不同气候因子的响应不同或同种植物不同生长阶段对不同气候因子的响应不同，从而掩盖或降低了温度和日照对群落牧草生长的正效应作用。

据报道，放牧家畜排泄物沉积作为一种重要的土壤施肥措施，类似于无机N、P、K的添加，通过其与草地植物的互作，在草地土壤中快速转化，被草地植物吸收（Van et al.，1999；Kebreab et al.，2001）。同时，家畜排泄物沉积对草地牧草生长具双效作用，即对牧草生长的短期抑制作用和长期促进作用。试验期间，奶牛粪尿混合排泄物处理草地的年内牧草生长速率约为对照的1.5倍，且前者的草地牧草年干物质产量显著高于后者，充分证实了排泄物对草地牧草生长的长期促进作用。

本研究结果中，降水与牧草生长速率线性回归方程的理论值和实测值的T检验结果说明，根据该地区长期的降水规律，结合中长期天气预报，就能合理的进行草地牧草生长量预测；在此基础上，结合家畜生产和家畜牧草采食量需求，进行长期的饲料预算，做到以草定畜，为生产实践服务，从而科学地利用和保护草地，实现草地畜牧业的可持续发展。

（二）结论

放牧奶牛排泄物返还草地能加速牧草生长，显著提高牧草年干物质产量；使翌年草地牧草生长旺季提前，从而缩短家畜的青饲料亏缺期，提高放牧系统的经济效益。

3个气候因子对牧草生长的影响顺序为降水>温度>日照时数，研究区草地群落牧草的月生长速率能很好地用降水和牧草生长的一元线性回归方程估测，即$PGR = a + b \times P$，其中，PGR为月牧草生长速率（DM kg·hm^{-2}·d），P为月降水量（mm·月$^{-1}$），a和b为常数。根据研究区降水资料和放牧家畜的牧草采食需求资料分析，可进行长期的饲料预算，做到以草定畜，为生产实践服务。

第二篇

云贵地区饲用灌木资源

第五章　云贵地区主要饲用灌木资源及其营养价值

第一节　云贵地区饲用灌木营养价值及生物活性物质概述

饲用灌木作为畜禽特别是黑山羊日粮组分（Devendra，1990；Papanastasis et al.，2008），大部分具有高蛋白、低纤维、高矿质及适口性好等特点（杨泽新等，1994；李向林等，1998；万里强，2001；何蓉等，2001；孙红等，2013），可为家畜提供饲料而缓解家畜饲草压力（Torres，1983；Joffre et al.，1988）；而有的饲用灌木因其特殊气味或表观特征，致使家畜不喜食，但富含生物活性物质和较高药用价值（刘明生等，1994；向艳辉，2004；肖志勇和穆青，2007；朱珊和刘岱琳，2010），可提高家畜消化率、降低家畜死亡率（李昌林和陈默君，1995；Guevara & Silva，2003），在家畜健康养殖和天然饲料添加剂开发方面有重要利用价值。因此，饲用灌木在山区草地畜牧业生产中发挥重要作用。

云贵喀斯特区地处湿润亚热带季风气候区，气候温暖，雨热同期，为野生饲用植物生长提供适宜自然条件。虽然该区草地面积有限，草山草坡牧草生产力低且品质较差，但因森林植被遭受破坏后被次生灌木和旱生植物所取代（何方，2003），从而该区饲用灌木资源极其丰富（黄芬等，2010a），为山区草地畜牧业发展提供优越条件。

以往云贵喀斯特区饲用灌木研究，学者们多关注灌丛资源开发（靖德兵，2003），局部区域单一科属主要灌木种营养成分评价（何蓉等，2001；

唐一国等，2003；黄芬等，2010a，b；孙红等，2014）和生物活性物质研究（刘明生等，1994；肖志勇等，2007；朱珊等，2010），而对整个云贵区主要饲用灌木科属如豆科、蔷薇科及桑科营养成分和生物活性物质的系统分析相对缺乏。本书通过对云贵喀斯特区常见饲用灌木营养成分、营养价值、生物活性物质及药理价值的系统总结和分析，为该区饲用灌木的深入开发和草地畜牧业的健康发展提供一定参考依据。

一、主要饲用灌木资源

在云贵喀斯特区 17 科 53 属 100 种主要灌木科属种中，营养价值高且研究系统地集中于豆科、蔷薇科和桑科，这些科属的灌木普遍具有高蛋白、低纤维、高含量微量元素及适口性好等特点，是理想的植物蛋白饲料，具有较高的综合利用价值（何蓉等，2001；唐一国等，2003；文亦芾等，2009；黄芬等，2010b）。较重要的饲用灌木有豆科的合欢属、千斤拔属、杭子梢属、羊蹄甲属、山蚂蝗属、槐属、黄花木属、槐兰属及舞草属，蔷薇科的扁核木属、蔷薇属及火棘属，桑科的桑属和构属等（表 5-1）。

二、营养价值

（一）常规养分

粗蛋白、粗脂肪和粗灰分是动物生长发育必需的植物营养成分。其中，粗蛋白含量高低是评价灌木饲用品质主要指标，纤维成分是影响牧草质地、适口性和消化率的重要因子（郭继勋等，1992；陈玉林，1995）。灌木因嫩枝叶、果实、种子和花富含粗蛋白、粗脂肪、粗灰分、粗纤维和无氮浸出物等营养成分，是畜禽生产中的宝贵植物饲料（向艳辉，2004；宁晨，2013）。

云贵喀斯特区常见 3 科 21 属 31 种饲用灌木叶片常规营养成分与紫花苜蓿（*Medicago sativa*）和大豆（*Glycine max*）相比，豆科合欢属、槐兰属、苦参属、紫穗槐属及蔷薇科扁核木属的粗蛋白含量>20%，是优良植物蛋白饲料；豆科羊蹄甲属、槐属、黄花木属、山蚂蝗属、任豆属、猪屎豆属、黄檀属、舞草属、千斤拔属及桑科构属和桑属粗蛋白含量<15%，

第五章 云贵地区主要饲用灌木资源及其营养价值

表 5-1 云贵喀斯特区主要灌木

科	属	种名	参考文献
豆科 (Leguminosae)	羊蹄甲属 (Bauhinia)	刀果鞍叶羊蹄甲 (B. brachycarpa)、宫粉羊蹄甲 (B. variegata)、白花羊蹄甲 (B. acuminata)、羊蹄甲 (B. purpurea)	(何容等, 2001, 2003; 黄芬等, 2010a, 2010b; 唐一国等, 2003; 陈超等, 2014)
	胡枝子属 (Lespedeza)	胡枝子 (L. bicolor)、达乌里胡枝子 (L. davurica)、山豆花 (L. omentosa)、大叶胡枝子 (L. davidii)、截叶铁扫帚 (L. cuneata)、铁马鞭 (L. fasciculiflora)、多花胡枝子 (L. floribunda)、矮生胡枝子 (L. forrestii)、细梗胡枝子 (L. virgata)	(唐一国等, 2003; 黄芬等, 2010a, 2010b; 陈超等, 2014)
	山蚂蝗属 (Desmodium)	山蚂蝗 (D. podocarpum ssp. oxyphyllum)、宽卵叶山蚂蝗 (D. podocarpum ssp. fallax)、长波叶山蚂蝗 (D. sequax)、假地豆 (D. heterocarpum)、疏果假地豆 (D. griffithianum)、单叶假地豆 (D. rubrum)、葫芦茶 (D. triquatrum)、大叶拿身草 (D. laxiflorum)、饿蚂蝗 (D. multiflorum)	(何容等, 2001, 2003; 黄芬等, 2010a, 2010b; 唐一国等, 2003; 文亦芾等, 2009; 陈超等, 2014)
	杭子梢属 (Campylotropis)	杭子梢 (C. macrocarpa)、多花杭子梢 (C. polyantha)、西南杭子梢 (C. delavayi)、三梭枝杭子梢 (C. trigonoclada)	(何容等, 2001, 2003; 黄芬等, 2010a, 2010b; 唐一国等, 2003; 陈超等, 2014; 和丽萍和何容, 2000)
	黄花木属 (Piptanthus)	光果黄花木 (P. leiocarpus)、绒毛叶黄花木 (P. tomentosus)、金链叶黄花木 (P. laburnifolius)	(何容等, 2001; 唐一国等, 2003; 和丽萍和何容, 2000)
	千斤拔属 (Flemingia)	水边千斤拔 (F. fluminalis)、滇千斤拔 (F. yunnanensis)、千斤拔 (F. prostrata)、大叶千斤拔 (F. macrophylla)	(何容等, 2001; 唐一国等, 2003; 和丽萍和何容, 2000)

续表

科	属	种名	参考文献
豆科 (Leguminosae)	槐属 (Sophora)	白刺花 (S. davidii)、灰毛槐树 (S. velautina)	(何蓉等, 2001, 2003; 黄芬等, 2010a, 2010b; 唐一国等, 2003; 陈超等, 2014)
	槐兰属 (Indigofera)	马棘 (I. pseudotinctoria)、木兰 (I. galegoides)、韩氏木兰 (I. hancockii)、假大青兰 (I. tinctoria)、多花木蓝 (I. amblyantha)	(何蓉等, 2001, 2003; 黄芬等, 2010a, 2010b; 唐一国等, 2003; 文亦芾等, 2009; 陈超等, 2014; 和丽萍和何蓉, 2000; 罗天琼等, 2016)
	锦鸡儿属 (Caragana)	柠条 (C. intermedia)、云南锦鸡儿 (C. franchetians)、锦鸡儿 (C. sinica)	(唐一国等, 2003; 李连友等, 2002)
	黄檀属 (Dalbergia)	毛叶秧青 (D. szemaoensis)	(何蓉等, 2001, 2003; 唐一国等, 2003)
	猪屎豆属 (Crotalaria)	毛叶猪屎豆 (C. lonchophylla)、黄雀儿 (C. cytisoides)	(何蓉等, 2001, 2003; 唐一国等, 2003)
	舞草属 (Codariocalyx)	舞草 (C. motorius)、圆叶舞草 (C. gyroides)	(何蓉等, 2001; 唐一国等, 2003; 陈超等, 2014)
	田菁属 (Sesbania)	刺田菁 (S. bispinosa)、田菁 (S. cannabina)	(唐一国等, 2003)
	紫穗槐属 (Amorpha)	紫穗槐 (A. fruticosa)	(黄芬等, 2010a, 2010b; 陈超等, 2014)
	合欢属 (Albizia)	光腺合欢 (A. calcarea)	(黄芬等, 2010a, 2010b; 陈超等, 2014)
	银合欢属 (Leucaena)	银合欢 (L. leucocephala)	(文亦芾等, 2009; 陈超等, 2014)
	任豆属 (Zenia)	任豆 (Z. nsignis)	(黄芬等, 2010a, 2010b; 陈超等, 2014)

续表

科	属	种名	参考文献
豆科 (Leguminosae)	苦参属 (Sophora)	苦参 (S. flavescens)	(黄芬等, 2010a, 2010b; 陈超等, 2014)
	木豆属 (Cajanus)	木豆 (C. cajan)	(文亦芾等, 2009; 陈超等, 2014)
	云实属 (Caesalpinia)	牛王刺 (C. decapetala)	(黄芬等, 2010a, 2010b; 陈超等, 2014)
	紫荆属 (Cercis)	紫荆 (C. chinensis)	(陈超等, 2014)
	灰叶属 (Tephrosia)	灰叶 (T. purpurea)	(何蓉等, 2001)
	假木豆属 (Dendrolobium)	假木豆 (D. triangulare)	(何蓉等, 2001; 黄芬等, 2010a, 2010b; 文亦芾等, 2009; 陈超等, 2014)
	排钱草属 (Phyllodium)	排钱草 (P. pulchellum)	(唐一国等, 2003)
	蔷薇属 (Rosa)	小果蔷薇 (R. cymosa), 红果蔷薇 (R. mairei), 刺梨 (R. roxburghii), 峨眉蔷薇 (R. omeiensis)	(杨泽新等, 1994; 孙红等, 2013; 黄芬等, 2010a, 2010b; 孙红等, 2014; 陈超等, 2014)
	绣线菊属 (Spiraea)	中华绣线菊 (S. chinensis), 光叶绣线菊 (S. japonica)	(杨泽新等, 1994)
蔷薇科 (Rosaceae)	火棘属 (Pyracantha)	火棘 (P. fortuneana)	(杨泽新等, 1994; 孙红等, 2013, 2014; 黄芬等, 2010a, 2010b; 陈超等, 2014)
	悬钩子属 (Rubus)	悬钩子 (R. corchorifolius)	(孙红等, 2013, 2014; 陈超等, 2014)
	栒子属 (Cotoneaster)	平枝栒子 (C. horizontalis)	(杨泽新等, 1994; 孙红等, 2013, 2014)
	扁核木属 (Prinsepia)	青刺尖 (P. utilis)	(黄芬等, 2010a, 2010b; 陈超等, 2014)
	樱属 (Cerasus)	山樱桃 (C. cyclamina)	(黄芬等, 2010a, 2010b; 陈超等, 2014)

续表

科	属	种名	参考文献
桑科（Moraceae）	小石积属（Osteomeles）	华西小石积（O. schwerinae）	（唐一国等，2003；陈超等，2014）
	构属（Broussonetia）	构树（B. papyrifera）、小构树（B. kazinoki）	（黄芬等，2010a，2010b；陈超等，2014）
	桑属（Morus）	鸡桑（M. australis）、蒙桑（M. mongolica）	（黄芬等，2010a，2010b；唐一国等，2003；陈超等，2014）
	榕属（Ficus）	斜叶榕（F. tinctoria）	（黄芬等，2010a，2010b；唐一国等，2003）
荨麻科（Urticaceae）	荨麻属（Urtica）	荨麻（U. fissa）	（陈超等，2014）
	水麻属（Debregeasia）	水麻（D. edulis）、长叶水麻（D. longifolia）	（唐一国等，2003；黄芬等，2010b）
	雾水葛属（Pouzolzia）	红雾水葛（P. sanguinea）	（唐一国等，2003）
菊科（Compositae）	蒿属（Artemisia）	茵陈蒿（A. capillaries）	（唐一国等，2003）
	千里光属（Senecio）	锯叶千里光（S. prionophyllus）	（唐一国等，2003）
	苦荬菜属（Ixeris）	苦荬菜（I. polycephala）	（孙红等，2013）
云实科（Caesalpiniaceae）	决明属（Cassia）	羽叶决明（C. ictitans）、黄花决明（C. glauca）	（陈超等，2014）
锦葵科（Malvaceae）	黄花稔属（Sida）	黄花稔（S. rhombifolia）、拔毒散（S. szechuensis）	（唐一国等，2003）
苋科（Amaranthaceae）	浆果苋属（Cladostachys）	浆果苋（C. frutescens）	（唐一国等，2003）
马钱科（Loganiaceae）	醉鱼草属（Buddleja）	醉鱼草（B. lindleyana）	（孙红等，2013，2014）

续表

科	属	种名	参考文献
杨柳科（Salicaceae）	柳属（Salix）	中华柳（S. cathyana）	（孙红等，2013，2014）
漆树（Anacardiaceae）	盐肤木属（Rhus）	盐肤木（R. chinensis）	（陈韶等，2014）
木兰科（Magnoliaceae）	木兰属（Magnolia）	多花木兰（M. multiflora）	（文亦芾等，2009；陈韶等，2014）
木犀科（Oleaceae）	连翘属（Forsythia）	连翘（F. suspensa）	（陈韶等，2014）
马桑科（Cortariaceae）	马桑属（Coriaria）	马桑（C. nepalensis）	（黄芬等，2010a，2010b；唐一国等，2003）
藤黄科（Guttiferae）	金丝桃属（Hypericum）	贵州金丝桃（H. kouytchense），黄花香（H. patulum）	（孙红等，2013；孙红等，2014）
蒺藜科（Zygophyllaceae）	白刺属（Nitraria）	白刺（N. tangutorum）	（黄芬等，2010a，2010b；唐一国等，2003）
胡颓子科（Elaeagnaceae）	胡颓子属（Elaeagnus）	羊奶子（E. pungens）	（黄芬等，2010a，2010b；唐一国等，2003）

属较好饲料蛋白植物；豆科胡枝子属、杭子梢属及假木豆属的粗蛋白含量为13%~18%，营养价值较高；蔷薇科蔷薇属和火棘属的粗蛋白含量均>11%，甚至高达16%，具有较好的营养价值，为民间较普遍利用的优良饲料（表5-2）。这些灌木的叶片单独使用就能满足草食家畜正常生长发育的蛋白质需求，具备蛋白饲料的基本条件。

豆科槐兰属、黄花木属、合欢属、猪屎豆属、千斤拔属，蔷薇科蔷薇属及桑科桑属，其粗纤维含量均低于或接近于粗饲料标准（18%），其余各营养成分如粗蛋白、粗脂肪及无氮浸出物等均达规定的植物蛋白饲料标准（杨凤，2001）；其他各属灌木的粗纤维含量均>18%，属粗饲料（表5-2）。豆科千斤拔属、猪屎豆属、紫穗槐属、合欢属、苦参属、黄花木属、槐兰属和桑科构属和桑属叶片粗蛋白与粗纤维之比>1，粗纤维含量较少，畜禽消化能消耗少（成若琳，1994），适口性较好，具有较高营养价值。

（二）矿质成分

矿质元素是动物6大营养物质之一，是动物生长发育过程中不可或缺的营养成分。灌木的花、果实、种子和嫩枝叶含丰富Ca、P、Fe、Cu、Mn、Zn等。云贵喀斯特区常见3科21属28种饲用灌木都是理想的动物微量元素来源（表5-3）。其中，Ca含量为0.19%~6.46%，多数灌木P含量为0.20%~0.50%。受较高土壤Ca含量影响，该区灌木叶片Ca含量整体高于非岩溶区（曹建华，2005）。不同属比较，豆科羊蹄甲属、槐属、槐兰属、云实属、山蚂蝗属、紫穗槐属、胡枝子属、蔷薇科火棘属、扁核木属及桑科构属和桑属的Ca含量均达4.00%以上，而豆科云实属高达6.46%；豆科黄花木属、合欢属、猪屎豆属、黄檀属、杭子梢属及蔷薇科悬钩子属和蔷薇属次之，为1.00%~4.00%；豆科舞草属和千斤拔属及蔷薇科枸子属Ca含量最低，为0.80%~1.00%。豆科槐兰属及桑科桑属P含量最高；豆科槐属、黄花木属、羊蹄甲属、猪屎豆属、紫穗槐属、合欢属、舞草属、杭子梢属、千斤拔属、黄檀属和山蚂蝗属，蔷薇科蔷薇属和扁核木属及桑科构属次之；豆科云实属和胡枝子属及蔷薇科悬钩子属、枸子属和火棘属最低（表5-3）。

第五章 云贵地区主要饲用灌木资源及其营养价值

表 5-2 云贵喀斯特区常见饲用灌木养分（DW）

科	属	种名	粗灰分/%	粗蛋白/%	粗脂肪/%	粗纤维/%	无氮浸出物/%	参考文献
豆科 (Leguminosae)	羊蹄甲属 (Bauhinia)	刀果鞍叶羊蹄甲 (B. brachycarpa)、粉花羊蹄甲 (B. variegata)、白花羊蹄甲 (B. acuminata)	6.08~7.69	15.10~22.92	1.80~2.95	21.95~35.94	35.66~46.35	(何容等, 2001, 2003; 唐一国等, 2003; 黄芬等, 2010b)
	槐兰属 (Indigofera)	马棘 (I. pseudotinctoria)	5.85~8.60	21.82~28.15	2.70~10.20	9.40~11.40	42.80~59.09	(何容等, 2001, 2003; 唐一国等, 2003; 黄芬等, 2010b; 陈超等, 2014; 和丽萍和何容, 2000)
	槐属 (Sophora)	白刺花 (S. davidii)、灰毛槐树 (S. velautina)	5.17~7.44	17.50~22.86	2.07~4.10	12.78~25.09	41.21~52.83	(何容等, 2001, 2003; 唐一国等, 2003; 黄芬等, 2010b; 陈超等, 2014)
	黄花木属 (Piptanthus)	光果黄花木 (P. leiocarpus)、绒毛叶黄花木 (P. tomentosus)	4.10~8.20	16.2~20.9	2.40~3.20	10.50~18.40	47.90~57.80	(何容等, 2001; 唐一国等, 2003; 和丽萍和何容, 2000)
	苦参属 (Sophora)	苦参 (S. flavescens)	6.81	22.53	2.66	20.23	47.77	(黄芬等, 2010b; 陈超等, 2014)
	合欢属 (Albizia)	光腺合欢 (A. calcarea)	6.59	30.49	3.38	18.68	40.86	(黄芬等, 2010b; 陈超等, 2014)
	紫穗槐属 (Amorpha)	紫穗槐 (A. fruticosa)	5.81~6.65	22.11~26.87	2.47~3.54	15.93~22.74	39.54~44.96	(黄芬等, 2010b; 陈超等, 2014)
	山蚂蝗属 (Desmodium)	波长波叶山蚂蝗 (D. sequax)、假地豆 (D. hererocarpum)	5.85~12.45	15.32~17.45	1.30~5.89	12.86~31.51	39.81~64.67	(何容等, 2001, 2003; 唐一国等, 2003; 黄芬等, 2010b; 陈超等, 2014)

续表

科	属	种名	粗灰分/%	粗蛋白/%	粗脂肪/%	粗纤维/%	无氮浸出物/%	参考文献
豆科（Leguminosae）	任豆属（Zenia）	任豆（Z. insignis）	7.23~9.38	15.85~16.60	3.88~8.20	25.33~28.30	42.60~42.68	（黄芬等，2010b；陈超等，2014）
	杭子梢属（Campylotropis）	杭子梢（C. macrocarpa）、多花杭子梢（C. polyantha）	6.18~7.23	13.18~17.74	2.10~4.20	12.70~25.89	43.55~63.68	（何蓉等，2001，2003；唐一国等，2003；黄芬等，2010b；陈超等，2014；和丽萍和何蓉，2000）
	猪屎豆属（Crotalaria）	毛叶猪屎豆（C. lonchophylla）	8.80	17.20	2.20	14.40	57.40	（何蓉等，2001；唐一国等，2003；何蓉等，2003）
	黄檀属（Dalbergia）	毛叶秧青（D. szemaoensis）	7.44	18.95	2.20	32.76	30.05~38.65	（何蓉等，2001；唐一国等，2003）
	舞草属（Codariocalyx）	舞草（C. motorius）	7.23~7.73	16.06	8.20	25.33	42.68	（何蓉等，2001；唐一国等，2003）
	千斤拔属（Flemingia）	水边千斤拔（F. fluminalis）、滇千斤拔（F. yunnanensis）	7.90~7.93	15.60	0.90~2.30	11.00	53.50~63.17	（何蓉等，2001；唐一国等，2003；和丽萍和何蓉，2000）
	胡枝子属（Lespedeza）	胡枝子（L. bicolor）	7.11~8.80	13.15~17.2	2.2~2.51	14.40~34.1	43.14~57.40	（黄芬等，2010b；陈超等，2014）
	假木豆属（Dendrolobium）	假木豆（D. triangulare）	5.67~8.32	12.99~17.15	1.80~2.60	29.04~35.94	43.14~43.60	（何蓉等，2001；黄芬等，2010b；陈超等，2014）

续表

科	属	种名	粗灰分/%	粗蛋白/%	粗脂肪/%	粗纤维/%	无氮浸出物/%	参考文献
蔷薇科 (Rosaceae)	火棘属 (Pyracantha)	火棘 (P. fortuneana)	6.10~8.32	11.34~16.90	2.60~3.02	28.58~29.04	43.15~45.89	(黄芬等, 2010b; 孙红等, 2014; 陈超等, 2014)
	蔷薇属 (Rosa)	刺梨 (R. roxburghii)	5.13	16.64	2.34	16.67	59.22	(黄芬等, 2010b)
	扁核木属 (Prinsepia)	青刺尖 (P. utilis)	8.95	20.28	4.10	24.66	42.01	(黄芬等, 2010b)
桑科 (Moraceae)	构属 (Broussonetia)	构树 (B. papyrifera)、小构树 (B. kazinoki)	10.10~13.99	18.02~22.63	2.40~3.14	9.79~20.13	42.94~55.16	(黄芬等, 2010b; 陈超等, 2014)

表 5-3　云贵喀斯特地区常见饲用灌木矿质成分 (DW)

科	属	种名	Ca/%	P/%	Fe/mg·kg^{-1}	Cu/mg·kg^{-1}	Mn/mg·kg^{-1}	Zn/mg·kg^{-1}	参考文献
豆科 (Leguminosae)	羊蹄甲属 (Bauhinia)	刀果鞍叶羊蹄甲 (B. brachycarpa)、粉花羊蹄甲 (B. variegata)、白花羊蹄甲 (B. acuminata)	1.54~4.64	0.24~0.52	123.00~457.34	7.13~100.87	47.25~79.11	16.70~48.28	(何蓉等, 2001, 2003; 唐一国等, 2003; 黄芬等, 2010a, 2010b)
	槐属 (Sophora)	灰毛槐树 (S. velautina)、白刺花 (S. davidii)	2.69~4.11	0.18~0.43	204.25~290.00	6.75	70.76	10.98~18.70	(何蓉等, 2001, 2003; 黄芬等, 2010a, 2010b; 陈超等, 2014)
	槐兰属 (Indigofera)	马棘 (I. pseudotinctoria)	1.22~4.24	0.24~0.33	232.68~453.2	7.49	189.76	33.12	(何蓉等, 2001, 2003; 唐一国等, 2003; 何蓉, 2000; 和丽洋和黄芬等, 2010a, 2010b)

续表

科	属	种名	Ca/%	P/%	Fe/mg·kg⁻¹	Cu/mg·kg⁻¹	Mn/mg·kg⁻¹	Zn/mg·kg⁻¹	参考文献
豆科（Leguminosae）	黄花木属（*Pip-tanthus*）	光果黄花木（*P. leiocarpus*）、绒毛叶黄花木（*P. tomentosus*）	1.41~2.64	0.16~0.40	219.11~444.77	2.02~9.30	21.14~112.52	17.22~30.33	（唐一国等，2003；和丽萍和何蓉，2000；何蓉等，2001）
	云实属（*Caesal-pinia*）	牛王刺（*C. decapetala*）	6.46	0.12	101.00			10.89	（黄芬等，2010a，2010b；陈超等，2014）
	合欢属（*Albizia*）	光腺合欢（*A. calcarea*）	3.95	0.20	225.00			11.50	（黄芬等，2010a，2010b；陈超等，2014）
	黄檀属（*Dalbergia*）	毛叶秧青（*D. szemaoensis*）	1.95	0.30	475.33	7.82	63.57	13.80	（何蓉等，2001，2003；唐一国等，2003）
	山蚂蝗属（*Desmodium*）	长波叶山蚂蝗（*D. Sequax*）、假地豆（*D. hererocarpum*）	1.13~4.46	0.21~0.52	280.55~1933.84	8.55~21.18	103.86~127.55	37.30~77.97	（何蓉等，2001，2003；陈超等，2003；唐一国等，2014）
	猪屎豆属（*Crotalaria*）	毛叶猪屎豆（*C. lonchophylla*）	2.24	0.20	190.71	9.10	34.74	36.12	（何蓉等，2001，2003；唐一国等，2003）
	紫穗槐属（*Amorpha*）	紫穗槐（*A. fruticosa*）	4.27	0.23	126.00			20.29	（黄芬等，2010a，2010b；陈超等，2014）
	舞草属（*Codariocalyx*）	舞草（*C. motorius*）	0.96	0.33	402.03	9.88	79.97	16.90	（何蓉等，2001；唐一国等，2003）

续表

科	属	种名	Ca/%	P/%	Fe/mg·kg^{-1}	Cu/mg·kg^{-1}	Mn/mg·kg^{-1}	Zn/mg·kg^{-1}	参考文献
豆科（Leguminosae）	千斤拔属（Flemingia）	滇千斤拔（E. yunnanensis）	0.84	0.37	1259.09	14.44	119.16	26.30	（何萃等，2001；唐一国等，2003）
	杭子梢属（Campylotropis）	多花杭子梢（C. polyantha）	2.58	0.44	157.61	9.80	53.74	24.68	（何萃等，2001；唐一国等，2003）
	胡枝子属（Lespedeza）	胡枝子（L. bicolor）	4.24~4.28	0.12~0.20	133.00			22.82	（黄芬等，2010a，2010b；陈超等，2014）
	悬钩子属（Rubus）	悬钩子（R. corchorifolius）	1.10	0.19	638.10	20.10	83.22	54.42	（孙红等，2014）
	栒子属（Cotoneaster）	平枝栒（C. horizontalis）	0.88	0.17	508.90	24.10	113.95	67.98	（孙红等，2014）
蔷薇科（Rosaceae）	火棘属（Pyracantha）	火棘（P. fortuneana）	0.85~4.61	0.19~0.24	312.40	20.80	85.59	37.05	（黄芬等，2010a，2010b；孙红等，2014；陈超等，2014）
	蔷薇属（Rosa）	刺梨（R. roxburghii）	3.73	0.28	141.00			21.85	（黄芬等，2010a，2010b）
	扁核木属（Prinsepia）	青刺尖（P. utilis）	4.22	0.30	211.00			19.96	（黄芬等，2010a，2010b）
	构属（Broussonetia）	小构树（B. kazinoki），构树（B. papyrifera）	4.18~6.18	0.26~0.32	133.00~177.00			26.21~28.75	（黄芬等，2010a，2010b；陈超等，2014）
桑科（Moraceae）	桑属（Morus）	鸡桑（M. australis），蒙桑（M. mongolica）	0.19~4.73	0.24~4.73	109.00~143.00			19.82~23.24	（黄芬等，2010a，2010b；陈超等，2014）

根据反刍家畜对矿物元素的需要（成若琳，1994），可判断云贵喀斯特区常见3科21属28种饲用灌木Fe、Cu、Mn、Zn这几种微量元素均能满足其日常需求（表5-3）。其中，Fe含量为豆科山蚂蝗属和千斤拔属及蔷薇科悬钩子属和栒子属最高；Cu含量为豆科羊蹄甲属和山蚂蝗属及蔷薇科悬钩子属、栒子属和火棘属最高；Mn含量为豆科槐兰属、黄花木属、山蚂蝗属和千斤拔属及蔷薇科栒子属最高；Zn含量为豆科山蚂蝗属，蔷薇科悬钩子属和栒子属及桑科构属最高。

（三）氨基酸

氨基酸是植物能否作为蛋白质饲料的主要考察指标之一。与具有较好能量和氨基酸的畜禽饲料小麦麸相比（Erickson et al.，1985；Nelson，1985），云贵喀斯特区常见豆科9属14种饲用灌木的氨基酸总量均高于小麦麸（6.59%）；其中，氨基酸总量最高的是槐属，达16.36%，最低的是黄花木属，为9.17%。9属饲用灌木富含谷氨酸、亮氨酸及天门冬氨酸，而其蛋氨酸和组氨酸含量低（表5-4）。该区主要饲用灌木叶片的17种氨基酸中，缬氨酸、异亮氨酸、酪氨酸和苯丙氨酸含量均高于小麦麸，苏氨酸和赖氨酸含量均接近于或高于小麦麸；其余氨基酸的含量虽略低于小麦麸，但能满足动物对氨基酸的需求，是理想的植物蛋白饲料（表5-4）。

三、生物活性成分及药理价值

（一）生物活性成分

马钱科的醉鱼草属、蔷薇科的悬钩子属、蔷薇属和火棘属及藤黄科的金丝桃属富含黄酮类、萜类、鞣质类等多种生物活性物质，虽然其含量较少，但种类繁多，生理活性丰富（表5-5）。

第五章　云贵地区主要饲用灌木资源及其营养价值

表 5-4　云贵喀斯特区豆科饲用灌木氨基酸含量（%DW）

属	天门冬氨酸 ASP	苏氨酸 THR	丝氨酸 SER	谷氨酸 GLU	甘氨酸 GLY	丙氨酸 ALA	缬氨酸 VAL	蛋氨酸 MET	异亮氨酸 ILE	亮氨酸 LEU	酪氨酸 TYR	苯丙氨酸 PHE	赖氨酸 LYS	组氨酸 HTS	精氨酸 ARG	脯氨酸 PRO	合计	参考文献
槐兰属 (Indigofera)	0.30~1.56	0.52~0.72	0.47~0.65	1.19~1.66	0.66~0.86	0.69~1.11	0.79~1.06	0.13~0.77	0.60~0.82	1.18~1.62	0.54~0.59	0.74~1.03	0.88~1.04	0.31~0.39	0.73~1.17	0.72~0.88	10.47~15.92	（何蓉等，2001，2003；和丽萍和何蓉，2000）
黄花木属 (Piptanthus)	1.27~2.97	0.35~0.46	0.95~0.50	1.10	0.57~0.59	0.53~0.57	0.63~0.76	0.10	0.47~0.53	0.85~0.88	0.36~0.53	0.66~0.83	0.57~0.76	0.22~0.30	0.52~0.72	0.80~0.88	9.17~12.47	（何蓉等，2001；和丽萍和何蓉，2000）
千斤拔属 (Flemingia)	1.22	0.48	0.45	1.09	0.58	0.64	0.71	0.10	0.53	1.02	0.35	0.73	0.83	0.31	0.67	0.91	10.60~10.60	（何蓉等，2001；和丽萍和何蓉，2000）
山蚂蝗属 (Desmodium)	1.59~1.78	0.59~0.64	0.51~0.66	1.38~1.54	0.70~0.82	0.79~0.90	0.86~0.92	0.05~0.13	0.67~0.72	1.19~1.26	0.42~0.46	0.78~0.85	0.93~1.01	0.30~0.31	0.80~0.82	0.87~0.96	12.52~13.68	（何蓉等，2001，2003）
羊蹄甲属 (Bauhinia)	1.58~2.74	0.55~0.67	0.62~0.68	1.29~1.52	0.63~0.82	0.68~0.92	0.78~0.93	0.04~0.06	0.57~0.76	1.00~1.26	0.41~0.45	0.82~0.83	0.85~0.96	0.28~0.30	0.78~0.82	0.78~0.97	11.65~14.69	（何蓉等，2001，2003）
黄檀属 (Dalbergia)	1.20	0.47	0.49	0.99	0.54	0.58	0.73	0.04~0.06	0.52	0.88	0.40	0.69	0.76	0.25	0.60	0.85	9.95	（何蓉等，2001，2003）

173

续表

属	天门冬氨酸 ASP	苏氨酸 THR	丝氨酸 SER	谷氨酸 GLU	甘氨酸 GLY	丙氨酸 ALA	缬氨酸 VAL	蛋氨酸 MET	异亮氨酸 ILE	亮氨酸 LEU	酪氨酸 TYR	苯丙氨酸 PHE	赖氨酸 LYS	组氨酸 HTS	精氨酸 ARG	脯氨酸 PRO	合计	参考文献
舞草属 (Codariocalyx)	1.40	0.50	0.44	1.16	0.62	0.68	0.79	0.04~0.06	0.60	1.11	0.40	0.80	0.87	0.33	0.82	1.74	12.26	(何蓉等, 2001)
杭子梢属 (Campylotropis)	0.97~1.08	0.45~0.50	0.41~0.44	1.08~1.09	0.56	0.63~0.64	0.70~0.72	0.09~0.12	0.58~0.64	1.05~1.26	0.40~0.48	0.657~0.69	0.76~0.81	0.27	0.66~0.68	0.97~1.15	10.23~11.12	(何蓉等, 2001, 2003; 和丽洋和何蓉, 2000)
槐属 (Sophora)	3.32	0.63	0.64	1.66	0.77	0.82	1.00	0.07	0.71	1.24	0.57	0.93	1.03	0.36	1.02	1.62	16.36	(何蓉等, 2001, 2003)

表 5-5 云贵地区常见灌木属活性物质

科	属	代表植物	生物活性物质	参考文献
马钱科 (Loganiaceae)	醉鱼草属 (Buddleja)	密蒙花 (B. Officinalis), 醉鱼草 (B. davidii), 白花醉鱼草 (B. asiatica)	黄酮及黄酮醇类 (Flavonoids and flavonols), 苯丙素类 (Phenylpropanoids), 萜类和皂苷 (Terpenes and saponins), 甾醇类 (Sterols), 长链脂肪酸 (Long-chain fatty acids), 生物碱 (Alkaloids), 木脂素 (Lignans)	(杨棒等, 2009; 张虎翼等, 1995; Mensah et al., 2001)

第五章 云贵地区主要饲用灌木资源及其营养价值

续表

科	属	代表植物	生物活性物质	参考文献
蔷薇科 (Rosaceae)	悬钩子属 (Rubus)	山楂叶悬钩子 (R. crataegifolius)、山莓 (R. corchorifolius)、覆盆子 (R. chingii)、茅莓 (R. parvifolius)	黄酮类 (Flavonoid)、萜类 (Terpenes)、生物碱 (Alkaloids)、甾醇类 (Sterols)、鞣质类 (Tannins)、维生素 (Vitamins)、有机酸 (Organic acids)、醌类 (Quinones)	(刘明生等,1994;孟祥娟等,2011;王宝珍等,2014;傅正生等,2001)
	蔷薇属 (Rosa)	百叶蔷薇 (R. centifolia)、野蔷薇 (R. multiflora)、刺梨 (R. roxburghii)、小果蔷薇 (R. cymosa)	黄酮类 (Flavonoid)、皂苷 (Saponins)、萜类 (Terpenes)、鞣质类 (Tannins)、苷元 (Glycosides)、多糖 (Polysaccharides)、挥发油类 (Volatile oils)	(朱珊和刘岱琳,2010;徐冶国等,2003;陈青等,2011)
	火棘属 (Pyracantha)	火棘 (P. fortuneana)	黄酮类 (Flavonoid)、皂苷 (Saponins)、苷元 (Glycosides)、鞣质类 (Tannins)、多糖 (Polysaccharides)、脂肪酸 (Fatty acids)、联苯糖苷类化合物 (Biphenyl glycosidesils)	(陈青等,2011;邓如福等,1990)
藤黄科 (Gutiferae)	金丝桃属 (Hypericum)	贯叶连翘 (H. perforatum)、贯叶金丝桃 (H. perforatum)、小连翘 (H. erectum)	黄酮及黄酮醇类物质 (Flavonoids and flavonols)、挥发油类 (Volatile oil)、鞣质 (Tannin)、甾醇类 (Sterols)、脂肪酸 (Fatty acids)、二蒽酮衍生物 (Dianthrone derivatives)、间苯三酚类衍生物 (M-triphenols)、黄烷酮醇类 (Flavanone alcohols)、香豆素类 (Coumarins)、酚酸类 (Phenolic acids)、山酮类化合物 (Alanone compounds)、正烷烃 (N-alkanes)、三萜类化合物 (Triterpenes)、绵马次酸类 (Carassidic acid)、笼状元宝草素类 (Caged Chlorophyllin)	(肖志勇和穆青,2007;梁小燕,1998;宋馨等,2005;吕洪飞等,2002)

醉鱼草属各灌木主要是黄酮和黄酮醇类（Zhang et al.，1996；陆江海等，2001），单萜物质主要分布于该属植物的幼茎和根中；悬钩子属所含萜类包括二萜、三萜及少数单萜，鞣质为可水解鞣质；蔷薇属植物分离得到的黄酮类化合物多为黄酮醇类（徐治国等，2003；朱珊和刘岱琳，2010），其萜类物质广泛分布于蔷薇亚属植物果实中（徐治国等，2003），主要为三萜类化合物及挥发油，三萜类化合物主要是五环三萜，挥发油重要组分是半萜及单萜，所含鞣质约70种，多为可水解鞣质；火棘属灌木的果实、根、茎、叶中含有黄酮类、三萜类、鞣质类和皂苷等（陈青等，2011）；金丝桃属含有的黄酮类物质分布广泛，贯叶连翘（*H. perforatum*）总黄酮类化合物含量为4.58%~15.90%（Bergonzi et al.，2001），萜类的挥发油主要为含量极低的单萜和倍半萜（刘一兵，1998），鞣质存在于该属29种植物中（梁小燕，1998）。

各属灌木还含有其他生物活性物质。其中，醉鱼草属含环烯醚萜甙、倍半萜烯、苯丙素酚甙、木脂、生物碱、皂甙、长链脂肪酸酯和甾醇等（杨犇等，2009）；悬钩子属富含甾类、有机酸等（孟祥娟等，2011；王宝珍和解红霞，2014），其甾类的 β-谷甾醇和胡萝卜苷广泛分布于本属植物，本属山楂叶悬钩子（*R. crataegifolius*）根中还分离得到白藜芦醇苷（魏忠宝等，2012），茅莓（*R. parvifolius*）中分离得到月桂酸和邻硝基苯酚（梁成钦等，2011）等；蔷薇属富含皂苷、多糖、脂肪族、脂肪酸及其衍生物等物质，其中脂肪族化合物广泛存在于蔷薇种子中；火棘属的火棘（*P. fortuneana*），其果实富含5种脂肪酸、18种氨基酸、18种无机盐、果胶、维生素E和多种微量元素等（邓如福等，1990）；金丝桃属含二蒽酮衍生物、类黄酮类、香豆素类和间苯三酚衍生物等，其二蒽酮衍生物包括金丝桃素、伪金丝桃素和原金丝桃素等，间苯三酚衍生物包括贯叶金丝桃素和加贯叶金丝桃素，目前已从16种该属植物获得119个此类物质（肖志勇等，2007）。

（二）药理价值

醉鱼草属、悬钩子属、蔷薇属、火棘属和金丝桃属还有极高的药用价值（表5-5）。

醉鱼草属含有的黄酮类、环烯醚萜甙物质有抗炎利尿作用，黄酮类、三萜和皂甙物质有止咳、平喘、祛痰的作用，其木犀草素和毛蕊花苷等有一定抗菌作用和抗氧化活性，黄酮甙可作为皮肤增白剂，倍半萜类化合物有抗皮肤真菌作用等；密蒙花（*B. officinalis*）提取物有抗炎和小胶质细胞激活的抑制及神经保护作用（Lee et al., 2006），球花醉鱼草（*B. globosa*）提取物有镇静止痛和抗感受伤害作用（Backhouse et al., 2007；Backhouse et al., 2008），皱叶醉鱼草（*B. crispa*）有抗高血压和解痉活性等。

蔷薇科悬钩子属灌木如灰白毛莓（*R. tephrodes*）的生物碱、挥发性油及黄酮和覆盆子（*R. chingii*）提取物等有抗菌作用；粗叶悬钩子（*R. alceaefolius*）总生物碱和水提物等具有抗炎、保肝作用；山莓（*R. corchorifolius*）叶三萜提取物和三叶悬钩子（*R. delavayi*）等有抗过敏作用；空心泡（*R. rosaefolius*）地上部分提取物有镇痛作用；茅莓水煎液和黑树莓（*R. mesogaeus*）鞣花酸等具有抗肿瘤作用，且茅莓还具有较好抗脑缺血、减少神经功能损伤、抑制细胞凋亡等作用，其水提取物具有有促进血凝和加速止血作用，其根中分离物甜叶苷 R_1 对多巴胺能神经元有保护作用；插田泡（*R. coreanus*）未成熟果实有抗风湿成分，其果实提取物对骨质疏松和骨炎性疾病有一定预防作用（Lee et al., 2006）等。蔷薇属灌木中的鞣质具有清除自由基、抗衰老、预防肿瘤等生理活性，黄酮类化合物中的黄酮醇类多具有抗癌、抗氧化和健脾胃作用（徐治国等，2003；朱珊和刘岱琳，2010），萜类中的三萜类化合物是本属主要抗癌成分，挥发油是本属植物多具芳香气味的原因；蔷薇属中的刺玫果（*R. davurica*），其总黄酮有减慢心率作用，刺梨（*R. roxburghii*）中的多糖（RRTP）可以提高抗氧化能力，刺梨汁可降低动脉粥样硬化，促进胆汁分泌，促消化，刺梨根煎液对胃溃疡有治疗作用，小果蔷薇（*R. cymosa*）提取物有显著的凝血、抗菌作用，其根可治疗烧烫伤等。该科火棘属也有明显防病保健和抗疲劳的作用（柴立等，1988；侯建军，2003），火棘的果实提取物有较强的消食健脾功能；火棘发酵后的精渣，芳香味浓厚，适口性更好，可使家畜消化率大幅提高。

金丝桃属含有的黄酮类多具抗氧化、清除自由基、抗菌、抗抑郁、促凝血、利尿、预防心血管疾病和防癌抗癌等活性（Butterweck et al.,

2000），其中金丝桃苷有镇痛作用，对心血管系统、缺血性脑损伤和肝肾损伤有保护作用，金丝桃苷有外周镇痛抗炎作用；二蒽酮衍生物中的伪金丝桃素和金丝桃素是主要抗病毒成分，金丝桃素有抗肿瘤、抗抑郁、增强免疫力、抗癌、治疗艾滋病和慢性紧张性头痛的作用（宋馨等，2005；肖志勇和穆青，2007）；间苯三酚衍生物有明显抗真菌活性；该属贯叶连翘提取物能治疗抑郁症（Mulder et al.，1984）、甲型和乙型肝炎、艾滋病及强迫症（张健等，2003），保护肝脏活性等；贯叶连翘粗提物和贯叶金丝桃素有抗菌作用；贯叶金丝桃（*H. perforatum*）有治疗烧伤和防腐作用。

四、讨论与结论

云贵喀斯特区饲用灌木分布广泛，资源丰富，普遍具有高蛋白、低纤维、高矿质元素含量及牲畜适口性好等特点，是畜禽理想的矿质元素和植物蛋白饲料来源，在山区草地畜牧业生产中发挥重要作用。该区常见饲用灌木豆科槐兰属、合欢属、苦参属及紫穗槐属和桑科构属的小构树粗蛋白含量>20%，属优良蛋白饲料；桑科的蒙桑和鸡桑等粗蛋白与粗纤维之比>1，适口性较好；豆科山蚂蝗属、羊蹄甲属和槐兰属，蔷薇科的悬钩子属和枸子属及桑科桑属灌木是优良矿质饲料；豆科槐属氨基酸总量高达16.36%，是优良氨基酸饲料。马钱科醉鱼草属，蔷薇科悬钩子属、蔷薇属和火棘属及藤黄科金丝桃属富含黄酮类、鞣质类、萜类、甾醇、脂肪酸和皂苷等生物活性物质，具抗菌、抗病毒、促消化、止血、抗氧化和抗肿瘤等药理价值，可提高畜禽对食物消化利用率，降低家畜死亡率，可作为家畜饲料添加剂，在家畜生产和健康方面具有重要开发价值。

虽然众多学者对灌木资源的营养价值、药理价值和利用价值都进行过研究，但云贵喀斯特区饲用灌木开发利用还存在如下主要问题：①一些优质灌木如豆科广泛存在酚类化合物（李昌林和陈默君，1995；曹国军和文亦芾，2006），银合欢存在含羞草酸氨基酸毒素，截叶胡枝子含5.1%～9%的单宁（徐泽荣，1987；夏亦荠第二部分，1990）；②饲用灌木现代加工技术起步晚，多直接作饲料，缺乏科学合理生产配比；③饲用灌木资源多天然野生，未充分引种驯化和栽培，存在极大利用不便性；④该区多种灌木具有医疗保健价值,但其生物活性成分和药理价值尚不明确。因此,研制降低灌木体内抗营养因子含量加工技术,完善饲用灌木科学配比生产技术,加强野生饲用灌木资源的引种驯化,明晰主要科属灌木所含生物活性物质及具体药理作用,以提高研究区饲用灌木资源在畜禽业生产和健康中的生产利用和潜在价值,是目前饲用灌木亟待解决的问题。

第二节 贵州威宁喀斯特地区野生饲用植物资源构成分析

贵州省是中国乃至世界热带、亚热带喀斯特分布面积最大、发育最强烈的高原山区省份。区内植被区系组成复杂,植物种类多(皇甫江云等,2009)。威宁彝族回族苗族自治县作为贵州省面积最大,地势最高的国家扶贫县,地处贵州喀斯特区典型地段,具有典型低纬度、高海拔、高原台地特征,气候温和,降水充沛,光热水同季,为野生饲用植物生长提供适宜自然条件;境内土地总面积约27%、海拔>2300 m的温凉山地广布草山草坡,野生饲用植物资源丰富,极适于草地畜牧业的发展。虽然自20世纪80年代以来,全县开始建植人工草地,但草山草坡和野生饲草仍一直是当地草食家畜特别是黑山羊和肉牛的主要日粮组分,在当地草地畜牧业中占重要地位。因此,充分挖掘当地天然饲草资源,扩大家畜日粮饲草组分,提高家畜营养需求,对当地草地畜牧业的发展具有重要的现实意义。

以往喀斯特地区的研究,学者关注于岩溶区的石漠化治理(杨振海,2008;凡非得等,2011;郭柯等,2011)、土壤养分和微生物及植被变化等(古书鸿等,2008;魏媛等,2009;杨新强等,2011)。虽然这些研究对岩溶区的植被进行了深入系统分析,内容涉及乔木(旷远文等,2010;杨荣和等,2010)、灌木和草本及苔藓等(王玉娟等,2008;王智慧等,2010),但对该区野生饲用植物的研究集中于主要灌木矿质元素定量分析或饲用价值评价等方面(何蓉等,2001;杜有新等,2010;黄芬等,2010a;字学娟等,2011),而对饲用植物资源的调查分析相对不足。因此，本研究以中国西南喀斯特典型地区贵州威宁喀斯特山区为研究对象，通过该区野生饲用植物资源的调查与饲用等级构成及家畜配置分析，为威宁和贵州喀斯特山区野生饲用植物资源的进一步开发和当地草地畜牧业的发展提供基础资料和实践依据。

一、材料与方法

（一）自然概况

威宁彝族回族苗族自治县地处贵州省西北的乌蒙山腹地，东和东北分别与贵州省的六盘水市和赫章县相连，南、西、西北分别与云南省的彝良、鲁甸、会泽、宣威和昭通相邻。地理坐标为 $103°36'\sim104°45'E$、$26°30'\sim27°25'N$。境内南北长 105 km，东西宽 116 km，海拔 2000~2700 m；地势为四周低矮而中部开阔平缓的高原面，从东南向西北缓慢升高，素有"贵州屋脊"之称（李富祥，2011）。属亚热带高原湿润季风区，年温差小，昼夜温差大，干湿季分明，雨热同季；冬无严寒，夏无酷暑，降水充沛；年日照 1700~1945 h，年均温 10.5℃，最低气温 -15.3℃，最高气温 31℃，$\geqslant10℃$ 的年积温 2486℃，年降水量 960~1100 mm，无霜期为 195 d。土壤以黄棕壤为主（安裕伦等，1990）。适宜的气候为野生饲用植物生长提供了良好条件，区内草山草坡资源丰富，饲用植物种类多，具有发展草地畜牧业得天独厚的自然条件，从而该县素有"畜牧之乡"美誉（杨振海，2008）。

（二）资料来源

威宁彝族回族苗族自治县野生饲用植物信息主要来自文献资料和实地调查。于 2011 年 6 月~2012 年 5 月进行植物资料的采集和整理。

文献资料收集：包括中国数字植物标本馆《贵州植物志》、《贵州高产饲用植物的栽培与利用》（2008）、《云南省常见草地植物》（1991）、《云南野生饲用植物》（1989）和《云南草地资源》（1989）等文献。

实地调查：1998~2000 年和 2011 年 7~8 月，对威宁彝族回族苗族自治县境内主要草山草坡植物资源以及主要饲用植物的牧草等级和家畜采食程度进行野外实地和农户访谈调查。

（三）资料整理和分析

将威宁彝族回族苗族自治县野生饲用植物的科名、属名、种名、生活型、家畜采食程度和牧草等级等制成统计表，作为威宁彝族回族苗族自治县野生饲用植物初步名录和数据库。根据实地观察和农户访谈调查资料，对威宁彝族回族苗族自治县野生饲用植物初步名录进行检查和校正，对遗漏植物进行修补，删除多余和不具有适口性的植物种。对于一些饲用价值模糊和不明物种，通过咨询权威专家和查阅文献来确定。在此基础上，建立威宁彝族回族苗族自治县最终野生饲用植物名录数据库。

在建立的威宁彝族回族苗族自治县野生饲用植物名录数据库基础上，分析野生饲用植物科、属、种和生活型（草本和木本）构成特征。同时，依据家畜对饲用植物的采食程度、采食季节和采食器官的不同，将威宁彝族回族苗族自治县野生饲用植物划分为优、良、中、劣4级，对其饲用价值构成及家畜类型配置进行系统分析。

二、结果

（一）野生饲用植物种类构成

威宁彝族回族苗族自治县共有野生饲用植物55科227属384种，草本植物构成威宁饲用植物的主体；草本和木本/藤本饲用植物种类分别为292种和92种，占总饲用植物种类的76.0%和24.0%（表5-6）。一般各科野生饲用植物以草本为主，但主要科豆科和蔷薇科中的木本、藤本多，分别为26种和23种，各占相应科总饲用植物的51%和79%；其他科植物中，葡萄科、鼠李科、马钱科和山茱萸科等也以灌木为主。

表5-6 野生饲用植物科、属、种数量构成

科名	属/个	种/个	草本/个	藤本/木本/个
禾本科（Gramineae）	47	79	77	2
豆科（Leguminosae）	31	51	25	26
菊科（Compositae）	21	36	36	0
蔷薇科（Rosaceae）	12	29	6	23

续表

科名	属/个	种/个	草本/个	藤本/木本/个
莎草科（Cyperaceae）	11	28	28	0
唇形科（Labiatae）	10	18	16	2
蓼科（Polygonaceae）	3	12	12	0
荨麻科（Urticaceae）	6	9	7	2
灯芯草科（Juncaceae）	1	7	7	0
百合科（Liliaceae）	6	7	5	2
茜草科（Rubiaceae）	4	7	5	2
伞形科（Umbelliferae）	2	4	4	0
大戟科（Euphorbiaceae）	2	2	2	0
桔梗科（Campanulaceae）	3	4	3	1
壳斗科（Fagaceae）	1	1	0	1
爵床科（Acanthaceae）	1	1	1	0
葡萄科（Vitaceae）	2	4	0	4
十字花科（Cruciferae）	6	6	6	0
杜鹃花科（Ericaceae）	1	1	0	1
葫芦科（Cucurbitaceae）	4	5	3	2
石竹科（Caryophyllaceae）	2	3	3	0
锦葵科（Malvaceae）	3	3	2	1
旋花科（Convolvuiaceae）	4	5	3	2
马鞭草科（Verbenaceae）	2	2	2	0
苋科（Amaranthaceae）	4	4	4	0
苦苣苔科（Gesneriaceae）	1	1	0	1
报春花科（Primulaceae）	1	3	3	0
柳叶菜科（Onagraceae）	2	2	2	0
薯蓣科（Dioscoreaceae）	1	1	0	1
玄参科（Scrophulariaceae）	1	3	3	0
鸭跖草科（Commelinaceae）	2	3	3	0
樟科（Lauraceae）	1	1	0	1
紫草科（Boraginaceae）	1	1	1	0
紫金牛科（Myrsinaceae）	1	1	0	1

续表

科名	属/个	种/个	草本/个	藤本/木本/个
鼠李科（Rhamnaceae）	3	4	0	4
萝藦科（Asclepiadaceae）	1	2	1	1
远志科（Polygalaceae）	1	1	1	0
山茶科（Theaceae）	1	1	0	1
凤仙花科（Balsaminaceae）	1	1	1	0
堇菜科（Violaceae）	1	4	4	0
藜科（Chenopodiaceae）	4	4	4	0
牻牛儿苗科（Geraniaceae）	1	2	2	0
桦木科（Betulaceae）	1	1	0	1
川续断科（Dipsacaceae）	1	2	2	0
藤黄科（Guttiferae）	1	2	1	1
马钱科（Loganiaceae）	1	2	0	2
败酱科（Valerianaceae）	1	3	3	0
山茱萸科（Cornaceae）	1	2	0	2
杨梅科（Myricaceae）	1	1	0	1
紫茉莉科（Nyctaginaceae）	1	1	1	0
榆科（Ulmaceae）	2	2	0	2
车前科（Plantaginaceae）	1	2	2	0
石蒜科（Amaryllidaceae）	1	1	1	0
柿树科（Ebenaceae）	1	1	0	1
防己科（Menispermaceae）	1	1	0	1
合计	227	384	292	92

主要 10 个饲用植物科共有植物 276 种，占总野生饲用植物的 71.9%；其中，禾本科、豆科、菊科、蔷薇科和莎草科分别为 79 种、51 种、36 种、29 种和 28 种，分别占总饲用植物种类的 20.6%、13.3%、9.4%、7.6% 和 7.3%，其余 5 个优势科植物为 18~7 种，占总饲用植物种类的 2%~5%（图 5-1）。其他科植物共有 108 种，占总饲用植物的 28.1%。

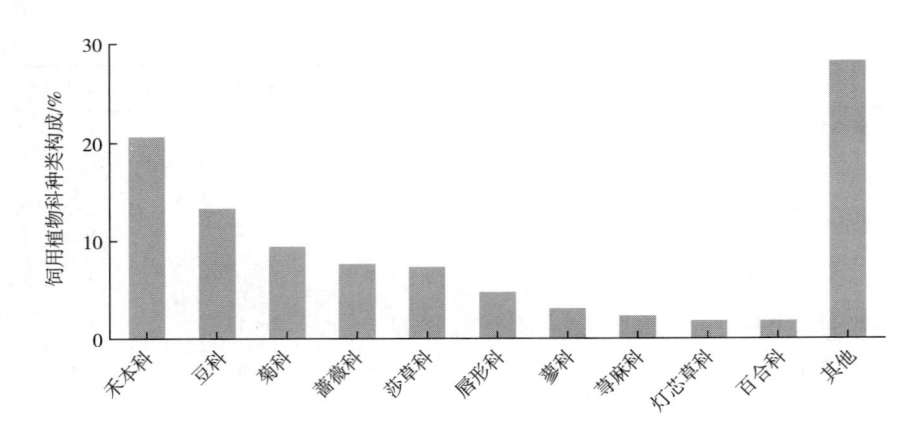

[图表：主要饲用植物科种类构成 - 饲用植物科种类构成/%]

图 5-1　主要饲用植物科种类构成

常见野生饲用植物主要属为禾本科的马唐属（5 种）、早熟禾属（5 种）、翦股颖属（4 种）、羊茅属（4 种）、画眉草属（3 种）、柳叶箬属（3 种）、种燕麦属（3 种）和雀麦属（3 种）等，豆科的野豌豆属（4 种）、杭子梢属（3 种）、山蚂蝗属（3 种）、胡枝子属（3 种）、葛藤属（3 种）和车轴草属（3 种）等，以及菊科的千里光属、蒿属（4 种）、苦荬菜属和兔耳风属，蔷薇科的悬钩子属、蔷薇属和栒子属，莎草科的苔草属和飘拂草属，唇形科的香薷属，蓼科的蓼属，灯芯草科的灯芯草属等（表 5-7）。

表 5-7　常见野生饲用植物主要属

科名	主要属
禾本科（Gramineae）	马唐属（*Digitaria*）（5 种）、早熟禾属（*Poa*）（5 种）、翦股颖属（*Agrostis*）（4 种）、羊茅属（*Festuca*）（4 种）、画眉草属（*Eragrostis*）（3 种）、柳叶箬属（*Isachne*）（3 种）、燕麦属（*Avena*）（3 种）、雀麦属（*Bromus*）（3 种）
豆科（Leguminosae）	野豌豆属（*Vicia*）（4 种）、杭子梢属（*Campylotropis*）（3 种）、山蚂蝗属（*Desmodium*）（3 种）、胡枝子属（*Lespedeza*）（3 种）、葛藤属（*Pueraria*）（3 种）、车轴草属（3 种）
菊科（Compositae）	千里光属（*Senecio*）（5 种）、蒿属（*Artemisia*）（4 种）、苦荬菜属（*Ixeris*）（4 种）、兔耳风属（*Ainsliaea*）（3 种）
蔷薇科（Rosaceae）	悬钩子属（*Rubus*）（7 种）、蔷薇属（*Rosa*）（5 种）、栒子属（*Cotoneaster*）（4 种）
莎草科（Cyperaceae）	苔草属（*Carex*）（7 种）、飘拂草属（*Fimbristylis*）（4 种）、荸荠属（*Heleocharis*）（3 种）、珍珠茅属（*Scleria*）（3 种）

续表

科名	主要属
唇形科（Labiatae）	香薷属（*Elsholtzia*）（7 种）
蓼科（Polygonaceae）	蓼属（*Polygonum*）（8 种）、酸模属（*Rumex*）（3 种）
荨麻科（Urticaceae）	苎麻属（*Boehmeria*）（2 种）、冷水花属（*Pilea*）（2 种）、荨麻属（*Urtica*）（2 种）
灯芯草科（Juncaceae）	灯芯草属（*Juncus*）（7 种）
百合科（Liliaceae）	菝葜属（*Smilax*）（2 种）

（二）野生植物饲用价值构成

研究区野生饲用植物等级构成中，中等饲用价值植物种数最多，为 124 种，占饲用植物总数的 32.3%；优等、良等和劣等饲用植物数量相近，分别为 92 种、88 种和 80 种，占总饲用植物种类的 24.0%、22.9% 和 20.8%（图 5-2）。由此得知，威宁彝族回族苗族自治县优良野生饲用植物数量多，占总野生饲用植物的 46.9%。

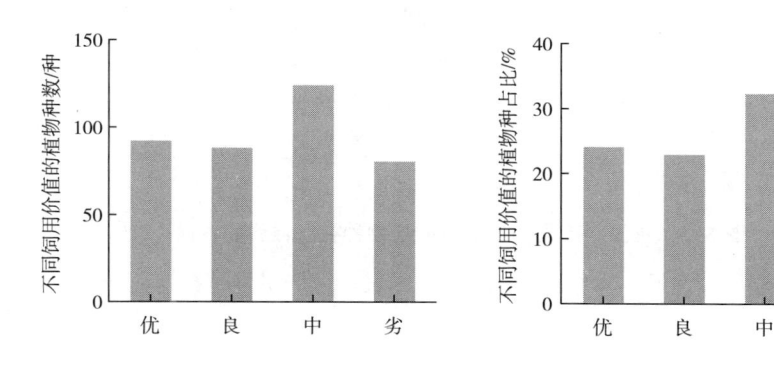

图 5-2　不同饲用价值野生饲用植物的种数及其占比

在主要 10 个科中，禾本科和豆科植物中多数为家畜喜食，牧草品质以优和良居多，其饲用价值高；其中，禾本科中优等和良等饲用植物分别为 50 种和 17 种，占禾本科总数的 63.3% 和 21.5%；豆科中优等和良等饲用植物分别为 22 种和 19 种，占豆科植物总数的 43.1% 和 37.3%%（图 5-3）。蔷薇科和莎草科中的多数植物为家畜喜食或采食，牧草品质以良和中居多，其饲用价值中等偏上；其中，蔷薇科的良、中、劣等饲用植物种类相近，莎草科中的优良和中等饲用植物为 12 种和 16 种，占该科植物总数的 42.8% 和 57.1%。菊科植物的中等饲用价值种类最多，为 20 种，占 55.6%；蓼科、灯芯草科和荨麻科的中等饲用价值种类较多，分别占相应科总数的 41.7%、85.7% 和 41.4%；这 4 个科中的多数植物为家畜采食较差或不食，牧草以中等品质居多，其饲用价值较低。唇形科仅有中劣等植物，其饲用植物价值相对较低。其他科总体为优、良、中和劣等饲用植物分别为 13 种、23 种、38 种和 34 种，占其总数的 12.0%、21.3%、35.2% 和 31.5%，饲用价值中等。

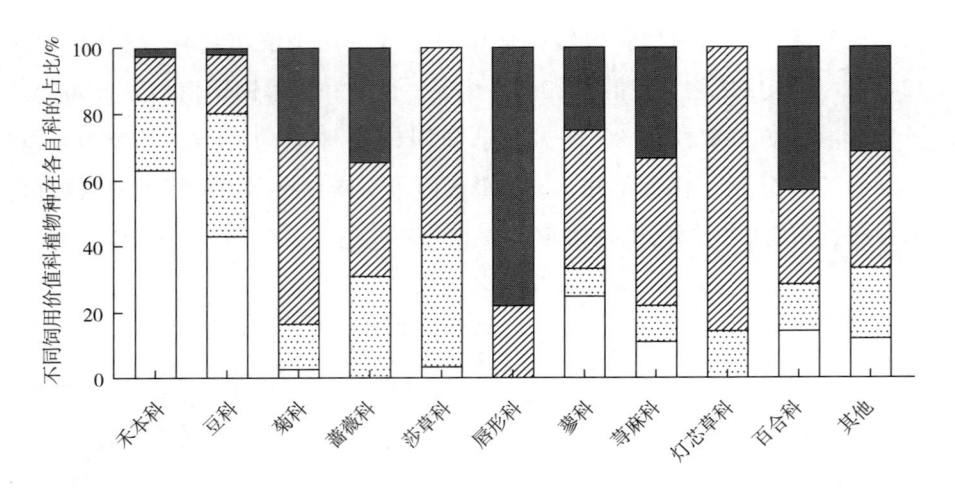

图 5-3 主要科不同饲用价值的植物种在各自科的占比

三、讨论与结论

本研究表明，威宁喀斯特山区的野生饲用植物主要由禾本科、莎草科、豆科、菊科和蔷薇科构成（占近 60%）。其中，野生草本中禾本科饲草主要由草质柔软、适口性好，具较高饲用价值的马唐属、早熟禾属、翦股颖属、羊茅属、画眉草属、燕麦属和雀麦属等构成；莎草科主要由牧草品质良等和中等的苔草属、飘拂草属、荸荠属和珍珠茅属等构成；菊科主要由少量较高饲用价值的苦荬菜属、莴苣属和部分蒿属等（云南省畜牧局，1989a，1989b，1991；王栋，1989），以及大量含有毒性和苦味物质或具有硬毛和刺的适口性中等和低劣的如蒿属等其他植物构成（李玉平等，2003；王明莹，2011）。这与以往报道，禾草和类禾草（莎草）的整体营养价值较高，而菊科饲草因种类繁多而饲草品质整体一般或劣等的结论一致（中国草地资源，1996；李玉平等，2003；王明莹，2011）。本研究还发现，威宁彝族回族苗族自治县野生豆科饲草主要由草本的野豌豆属和山蚂蝗属等，以及灌木的胡枝子属、葛藤属和槐属等构成，由于这些植物富含蛋白质、氨基酸、钙、磷等矿质和微量元素等，整体营养价值高，为家畜喜食饲草料（张仁平等，2008；刘壮等 2009；陈艳琴等，2010；黄芬等，2010a；马彦军等，2010；陈青等，2011；孟祥娟等，2011），故威宁彝族回族苗族自治县的野生豆科饲草资源可作为畜禽蛋白质补充料与其他粗饲料一起配合使用。

威宁彝族回族苗族自治县野生蔷薇科饲草中灌木种类较多，主要为栒子属、蔷薇属、火棘属和悬钩子属等。由于这些饲用灌木的嫩枝叶和果实及花，是山羊日粮主要饲草，富含糖、蛋白质、氨基酸、有机酸、维生素C 等（徐治国等，2003；黄芬等，2010a；贾佳等，2010），具有多种药理作用，对家畜健康具有重要作用。与本研究同步的家畜采食特性观测结果显示，贵州黑山羊喜食的蔷薇科灌木主要有悬钩子（*Rubus corchorifolius*）、红果蔷薇（*Rosa mairei*）、栒子（*Cotoneaster hissaricus*）和火棘（*Pyracantha fortuneana*）；其采食的其他科灌木主要为豆科的白刺花（*Sophora davidii*）等，颓子科羊奶子（*Elaeagnus pungens* Thunb.）、藤黄科的黄花香（*Hypericum patulum*）、杨柳科的中华柳（*Salix cathayana*），以及马钱科的醉鱼草（*Buddleja officinalis*）等。查阅相关文献发现，山羊喜食的这些灌木中，红果蔷薇、悬钩子和羊奶子含黄酮类、鞣质、多糖、萜类、皂苷和甾类（陈新，2001；徐治国等，2003；孟祥娟等，2011），火棘（救军粮）和栒子含烃类和萜类等（贾佳等，2010；陈青等，2011）；白刺花含生物碱、甾醇类、苷类等（陈青等，2011）；黄花香含5%~16%的黄酮类，还含一定金丝桃素、间苯三酚类化合物、香豆素类、酚羟酸类、挥发油等；醉鱼草含黄酮类、环烯醚萜苷类、苯丙素酚苷、倍半萜烯类、三萜和皂苷和木质素类等（张虎翼等，1995；宋馨等，2005；肖志勇等，2007）。

分析发现，这些生物活性物质不仅具有很高的医疗保健价值，还具有消炎、活血化瘀、助消化、软化血管、降血压等功效（张虎翼和潘竞先，1995；贾佳等，2010）。这暗示出活泼好动的山羊在放牧过程中，一方面通过采食充足的具有这些特殊生物活性物质的饲用灌木，防止其身体破裂出血损伤和促进伤口愈合、消炎止疼，避免采食多样性日粮植物而造成的消化不良等问题；另一方面，由于山羊采食的这些食疗保健灌木中含有多种降压、活血、降血脂、抗缺氧等活性物质，不仅使其健康，还能使其肉质品质改善，口感增强。因此，对于威宁山区分布数量多的具有特殊生物活性物质的主要灌木饲料，如蔷薇科的栒子属、蔷薇属、悬钩子属和火棘属，胡颓子科的羊奶子和藤黄科的黄花香，以及马前科的醉鱼草等植物，可在落叶前将其收获，风干后以一定比例混合在当地农作物秸秆饲料和刈割饲草中，以作为当地黑山羊及其他放牧家畜的冬季补饲料组分，从而使家畜冬季营养摄入均衡，提高其生产性能；也可通过工业加工手段将这些具有特殊生物活性成分的天然灌木饲料开发为畜禽生物保健药类添加剂，以使家畜健康生长。

同时，与本研究同步的家畜采食特性结果也显示，当贵州黑山羊与当地肉牛和绵羊在黑麦草+鸭茅+白三叶草地或退化人工草地放牧时，山羊多奔走寻找野生饲草而对人工草地牧草采食少，易形成明显草地斑块，绵羊寻找高营养牧草斑块，使采食后草地高低不平，植被斑块明显，而放牧过牛的草地似剪草机剪过一样，草层高度整齐均匀，无明显植被斑块。这一方面与不同类型家畜自身采食特性有关，即山羊喜食野生灌木或乔木幼嫩枝叶及部分野生杂类草（万里强，2000），绵羊对草地质量要求高，喜食含蛋白质多、粗纤维少、异味少、营养价值高的栽培牧草和野生优质牧草来满足自身营养需要（Adlerl et al.，2001；Dumont et al.，2002；Sibbal et al.，2003），牛的选食性低，在野生和栽培牧草间无明显偏好等有关（Dumontetal. 2002）；也可能与人工草地养分含量相对单一，而草山草坡野生饲用植物种类繁多，牧草养分含量丰富等有关（云南省畜牧局，1989）。可见，放牧家畜喜食的植物种类和日粮植物种类构成因其类型不同而异，绵羊、牛和山羊的日粮构成具有互补性。

综合分析威宁饲草资源分布和家畜类型，认为家畜混合放牧比单纯放牧一种家畜好，如仅放牧一种家畜，可能因家畜的选择采食造成草地的非均匀利用而引起草地退化。在饲用植物丰富的威宁草山草坡上，如家畜混合放牧，不仅利于不同生活型（草本、木本和藤本）饲草植物的充分利用，还利于草山草坡的良好管理和健康发展。因此，建议将威宁天然草地和人工草地综合利用，一方面通过人工草地建植，扩大饲草种植面积，缓解草畜压力，以减缓天然草地退化的速度和程度；另一方面，通过家畜适时利用天然草地丰富饲草料资源，避免人工草地养分单一或冷季饲草料不足缺陷。此外，对于那些分布于威宁彝族回族苗族自治县境内的占总野生植物种类 32.3% 的具有中等和劣等饲用价值的饲草资源，可在牧草丰年刈割作家畜冷季补饲料。

第三节　黔西北岩溶区九种灌木综合营养价值评价

在山羊—灌丛放牧系统中，山羊日粮以灌木为主，一般占日粮组分的 50%~80%，即使在饲草料丰富条件下，山羊对草本植物的采食量仍不高（万里强，2001）。灌木作为山羊日粮主要成分，具有适应性强、利用期长、产量和营养价值高等优点（黄芬等，2010a）。相关研究表明，山羊对灌木的采食不仅与其养分含量和种类有关，还与家畜采食特性有关（杨泽新和蔡维湘，1994）。在我国南方草地中，分布着极其丰富的野生饲用灌木资源，灌丛草地约占草地总面积的 30%（中华人民共和国农业部畜牧兽医司，1996）。据报道，灌木含有多种矿质成分和养分（蛋白质、氨基酸和维生素等）（杨泽新等，1994；黄芬等，2010a），营养价值（CP、ME 和 OMD 等）较高（何蓉等，2001），生物活性物质（黄酮类、多糖、萜类、苷类、酚类、鞣质和烃类等）含量较充分（张虎翼等，1995；陈新等，2001；徐治国等，2003；肖志勇等，2007；孟祥娟等，2011；陈青等，2011），具有很高的饲用价值和医疗保健价值。因此，明确灌木的种类和营养价值，认识和开发富含营养和特殊生物活性物质的野生灌木饲料，对放牧动物饲养管理和健康维持具有重要实践意义。

有关野生饲用灌木研究，诸多学者在种类调查和灌丛资源开发（靖德兵等，2003）、养分和矿质成分含量及饲料价值评价（何蓉等，2001；黄芬等，2010a）、家畜采食（万里强，2001）、生物活性物质分析（张虎翼等，1995；陈新等，2001；徐治国等，2003；肖志勇等，2007；孟祥娟等，2011；陈青等，2011）等方面进行较系统分析。在西南喀斯特地区，饲用灌木研究集中在云南、贵州、湖北等岩溶区（杨泽新等，1994；万里强，2001；何蓉等，2001）。研究表明，灌木饲料的矿质成分和养分含量高而全面，营养价值等级较高，山羊喜食灌木等。在灌木饲用价值研究领域，这些研究要么注重矿质成分分析，要么注重营养价值定量分析（杨泽新等，1994；何蓉等，2001；黄芬等，2010a）；而将灌木矿质成分和营养价值整合的综合营养价值评价明显不足。同时，虽然目前多指标综合评价体系如模糊数学隶属函数法、灰色关联分析法和聚类分析等已在农业生产各领域中广泛应用（邓聚龙，1987；王彩华等，1988），但将这些方法应用于饲用植物养分和饲用价值综合评价的研究相对缺乏。

贵州省毕节市地处典型岩溶地带，是以山地为主、丘陵和河谷错杂分布的高原山区，其低纬度高海拔的湿润亚热带季风气候，为野生饲用植物生长提供得天独厚的自然条件，境内野生饲用草本和灌木资源丰富，是贵州黑山羊的主要产区，山羊—灌丛放牧系统是该区域灌丛草地资源的主要利用方式之一。本研究以该区域广为分布的9种山羊喜食野生饲用灌木为研究对象，对其灌木矿质成分和营养价值进行定量分析，并运用模糊数学隶属函数法、灰色关联分析法和聚类分析对其综合营养价值进行评价和分类，为西南岩溶山区灌丛草地资源的开发提供科学依据。

一、材料与方法

（一）实验材料

在对贵州黑山羊采食特性观察和日粮成分构成分析基础上，确定9种当地分布范围广、数量多，且山羊喜食的灌木为供试植物，分别为藤黄科的黄花香（*Hypericum patulum*），马钱科的醉鱼草（*Buddleja officinalis*），杨柳科的中华柳（*Salix cathayana*），蔷薇科的红果蔷薇（*Rosa mairei*）、悬钩子（*Rubus corchorifolius*）、火棘（救军粮）（*Pyracantha fortuneana*）和平枝栒子（*Cotoneaster horizontalis*），胡颓子科的羊奶子（*Elaeagnus pungens*）以及山茱萸科的老母七（*Dendrobenthamia capitata*）等。于 2011 年 7 月末在贵州威宁彝族回族苗族自治县（103°36′~104°45′E，26°36′~27°26′N）采集这 9 种植物嫩枝叶（山羊采食部分），每种植物均采集 3 个样品（即 3 次采样重复），每个样品均采集多株嫩枝叶。采集植物样风干后粉碎备用。

（二）测定指标和方法

矿质元素：常量元素 Ca、P、Na、K 和 Mg，以及微量元素 Fe、Cu、Mn 和 Zn。营养价值：粗蛋白（crude protein，CP）、中性洗涤纤维（neutral detergent fiber，NDF）、酸性洗涤纤维（acid detergent fiber，ADF）、水溶性糖（water-soluble sugars，WSC）、代谢能（metaboli cenergy，ME）和有机物质消化率（organic matter digestibility，OMD）。其中，CP 含量用凯氏定氮法测定，全 P 含量用钼锑抗比色法测定；其他全量元素 K、Na、Mg、Ca、Mn、Zn、Cu 和 Fe 含量用原子吸收光谱法测定；ADF 和 NDF 含量用 ANKOM-A200i 半自动纤维仪滤袋技术测定，WSC 用蒽酮比色法测定；具体分析方法参见《饲料分析及饲料质量检测技术》和《草原生态化学实验指导书》。所有测定指标均换算为干重。牧草 ME 和 OMD 含量分别用 ME（MJ·kg^{-1}）= 4.2014 + 0.0236ADF（DM%）+ 0.1794CP（DM%）和 OMD（g/kg）= ME（MJ·kg^{-1}）/0.016 计算（McDonald et al.，1992）。

（三）灌木营养价值评价

1. 模糊数学隶属函数法

运用模糊数学隶属函数法（王彩华和宋连天，1988），分别对 9 种灌木的矿质成分、营养价值和综合营养价值进行评价。如测定指标与灌木营养价值呈正相关，由式（5-1）和式（5-2）计算各灌木营养价值；如测定指标在某一最适值时，其营养价值最高，则该指标以最适值为标准，先计算测定值与标准值之间的绝对值，再求其倒数后用式（5-1）和式（5-2）计算各灌木的养分价值。本研究中，仅 ADF 和 NDF 的营养价值依据最适值 20.0% 和 27.5%（杨凤，1993）计算；其他指标均与灌木营养价值呈正相关，其营养价值均由式（5-1）和式（5-2）直接计算。

$$Z_{ij} = (X_{ij} - X_{j\min}) / (X_{j\max} - X_{j\min}) \tag{5-1}$$

$$\overline{Z}_t = \frac{1}{n}\sum_{j=1}^{n} Z_{ij} \tag{5-2}$$

式中，Z_{ij} 为第 i 种植物的第 j 个指标的营养价值隶属值；X_{ij} 为 i 种植物的第 j 个指标的测定值；$X_{j\max}$ 和 $X_{j\min}$ 分别为所有植物中第 j 个指标的最大和最小测定值；$\overline{Z}_t$ 为第 i 种植物的营养价值隶属均值；n 为所测指标总数，对于矿质、营养价值和综合营养价值评价，n 分别为 9、6 和 15。

2. 灰色关联分析

将 9 种灌木的 9 个矿质元素指标、6 个营养价值指标和 15 个综合营养价值指标（9 个矿质元素指标+6 个常规营养价值指标）及其各自的隶属函数均值分别视为 1 个灰色系统。将各灌木的矿质元素含量、营养价值和综合营养价值的平均隶属函数值分别作为参考数据列 X_0，9 个矿质元素、6 个营养价值指标和 15 个综合营养价值指标作为对应的比较数据列。因各指标量纲不同，按式（5-3）对各原始数据进行标准化处理，使之无量纲。各原始数据经标准化处理后，先按式（5-4）计算参考数列（平均隶属函数值，即各指标最大值）X_0 与比较数列（各指标）X_i 各对应值的关联系数 $r_0i(k)$（邓聚龙，1987），再按式（5-5）分别计算各灌木种类的矿质成分、营养价值和综合营养价值的关联度 r_0i。

$$X_i'(k) = \frac{X_i(k)}{X_{\max}} \tag{5-3}$$

式中，$X_i(k)$ 为原始数据；$X_i'(k)$ 为原始数据无量纲处理后结果；$X_{\max}$ 为同一指标最大值。

$$r_0i(k) = \frac{\min\limits_{i}\min\limits_{k}|X_0'(k) - X_i'(k)| + p\max\limits_{i}\max\limits_{k}|X_0'(k) - X_i'(k)|}{|X_0'(k) - X_i'(k)| + p\max\limits_{i}\max\limits_{k}|X_0'(k) - X_i'(k)|}$$

$$\tag{5-4}$$

式中，i 为某个指标；$r_0i(k)$ 为比较数列 X_i 对参考数列 X_0 在第 k 点的关联系数；p 为分辨系数，$p \in (0, 1]$。本书采取折中的办法，取 $p=0.5$。

$$r_0i = \frac{1}{n}\sum_{k=1}^{n} r_0i(k); \quad i=1, 2, \cdots, n \qquad (5-5)$$

式中，r_0i 为比较数列 X_i 与参考数列 X_0 的关联度；n 为所测指标总数，对于矿质、营养价值和综合营养价值评价；n 分别为9，6和15。

（四）数据分析

采用 SPSS17.0 分别对矿质元素含量和营养价值各指标数据进行植物种类间差异显著性分析和 0.05 水平的 LSD 检验；分别对 9 种灌木的矿质成分、营养价值和综合营养价值进行聚类分析。数据格式为均值±标准误（Mean±SE）。

二、结果与分析

（一）九种灌木矿质成分分析

常量元素 Ca、P、K 和 Mg 含量在植物种间均差异极显著（$p<0.001$），而 Na 含量在植物种间差异不显著（$p>0.05$）（表5-8）；不同植物比较，Ca 含量为悬钩子和中华柳最高，红果蔷薇次之，黄花香、醉鱼草和羊奶子最低；P 含量为救军粮和黄花香最高，悬钩子和平枝栒子次之，老母七、中华柳和红果蔷薇最低；Na 含量为平枝栒子最高，救军粮最低，其他植物介于二者之间；K 含量为老母七最高，中华柳次之，平枝栒子最低；Mg 含量为悬钩子最高，平枝栒子次之，羊奶子最低。

表5-8 九种灌木常量元素含量/%

植物名称	Ca	P	Na	K	Mg
黄花香（H. patulum）	0.5572±0.0110e	0.2030±0.0178a	0.2961±0.0151ab	0.845±0.004f	0.5024±0.0048c
醉鱼草（B. officinalis）	0.5641±0.0004e	0.1323±0.1449de	0.2681±0.0060ab	0.896±0.022ef	0.3793±0.0004f

续表

植物名称	Ca	P	Na	K	Mg
老母七（D. capitata）	0.9351±0.0274c	0.0804±0.0037f	0.2818±0.0050ab	1.812±0.062a	0.4843±0.0035d
中华柳（S. cathayana）	1.0818±0.0028a	0.0999f±0.0050f	0.2822±0.0111ab	1.395±0.032b	0.5061±0.0032c
羊奶子（E. pungens）	0.5633±0.0106e	0.1475cd±0.0127cd	0.2677±0.0025ab	1.170±0.020c	0.2536±0.0066g
红果蔷薇（R. mairei）	0.9899±0.0203b	0.1064ef±0.0076ef	0.2906±0.0212ab	0.942±0.015e	0.5036±0.0044c
悬钩子（R. corchorifolius）	1.0968±0.0288a	0.1923±0.0103ab	0.2874±0.0105ab	1.040±0.012d	1.0000±0.0061a
救军粮（P. fortuneana）	0.8507±0.0014d	0.20986±0.0020a	0.2598±0.0030b	1.161±0.0010c	0.4605±0.0015e
平枝栒子（C. horizontalis）	0.8820±0.0081d	0.1698±0.0093bc	0.2954±0.0383a	0.666±0.010g	0.7809±0.0018b
显著性	***	***	ns	***	***

注　ns 和 *** 分别表示 $p>0.05$ 和 $p<0.001$。列中均值后小写字母不同者在 0.05 水平上差异显著。下同。

微量元素 Cu 含量在植物种间差异不显著（$p>0.05$），Fe、Zn 和 Mn 含量在植物种间差异极显著（$p<0.001$）（表5-9）。其中，Fe 含量为悬钩子最高，老母七、醉鱼草和平枝栒子次之，黄花香、中华柳、红果蔷薇、羊奶子和救军粮含量较低；Cu 含量为平枝栒子、救军粮、悬钩子和红果蔷薇最高，黄花香和羊奶子次之，醉鱼草、老母七和中华柳最低；Mn 含量为羊奶子最高，红果蔷薇次之，黄花香最低；Zn 含量为中华柳最高，老母七次之，羊奶子最低。

表5-9　九种灌木微量元素含量

植物名称	Fe/ ($g \cdot kg^{-1}$)	Cu/ ($mg \cdot kg^{-1}$)	Mn/ ($mg \cdot kg^{-1}$)	Zn/ ($mg \cdot kg^{-1}$)
黄花香（H. patulum）	0.3871±0.0025c	16.7067±2.9128ab	76.4959±1.3572h	61.7686±16.537cd

续表

植物名称	Fe/(g·kg^{-1})	Cu/(mg·kg^{-1})	Mn/(mg·kg^{-1})	Zn/(mg·kg^{-1})
醉鱼草（B. officinalis）	0.5144±0.0108b	15.6508±2.7272b	98.6762±1.5791e	33.2074±5.4793cd
老母七（D. capitata）	0.5580±0.0027ab	15.6401±3.3860b	226.0272±4.6811c	113.0735±32.412b
中华柳（S. cathayana）	0.3217±0.0120c	15.1854±1.5341b	102.5239±1.9698e	242.3670±26.726a
羊奶子（E. pungens）	0.3918±0.0465c	18.3295±0.4497ab	346.0634±1.3823a	29.0720±1.6021d
红果蔷薇（R. mairei）	0.3713±0.0588c	20.0733±9.2553a	307.7671±2.5769b	47.7292±2.7113c
悬钩子（R. corchorifolius）	0.6381±0.0995a	20.1042±3.8732a	83.2214±3.4953g	54.4200±8.6993c
救军粮（P. fortuneana）	0.3124±0.0426c	20.8034±1.6799a	85.5915±2.0348f	37.0501±0.2300cd
平枝栒子（C. horizontalis）	0.5089±0.0267b	24.0960±1.6799a	113.9520±0.5615d	67.9771±8.8659c
显著性	***	ns	***	***

（二）九种灌木营养价值分析

ME、CP、WSC、ADF、NDF 和 OMD 含量在植物种间均差异显著（$p<0.001$）（表5-10）。其中，CP 含量为羊奶子最高，黄花香、悬钩子、救军粮和平枝栒子次之，醉鱼草、老母七和红果蔷薇最低；WSC 含量为黄花香、老母七和红果蔷薇最高，醉鱼草和中华柳次之，悬钩子、平枝栒子和羊奶子最低；不同植物间 ADF 和 NDF 含量变化类似，均为羊奶子最高，醉鱼草、中华柳和平枝栒子次之，红果蔷薇和黄花香最低，其他 3 种灌木的 NDF 和 ADF 较低；不同植物之间的 ME 和 OMD 变化类似，均为羊奶子最高，平枝栒子和悬钩子次之，其他 6 种灌木的较低。

表 5-10　九种灌木营养价值

植物名称	ME/(MJ·kg^{-1})	CP/%	WSC/%	ADF/%	NDF/%	OMD/(g·kg^{-1})
黄花香（H. patulum）	6.67±0.16cd	12.27±0.94b	12.83±1.21a	11.24±0.44d	16.18±0.67e	416.72±9.86c
醉鱼草（B. officinalis）	6.41±0.16de	9.4±0.89dc	12.09±1.60ab	22.32±0.21b	35.31±1.44b	400.94±9.71c
老母七（D. capitata）	6.03±0.09ef	7.5±0.40d	13.35±1.34a	20.37±0.61c	27.83±0.74c	376.83±5.38d
中华柳（S. cathayana）	6.64±0.18cd	10.44±0.72bc	10.38±0.60bc	23.85±2.09b	35.02±2.49b	414.82±11.10c
羊奶子（E. pungens）	7.90±0.32a	17.113±1.83a	3.93±0.94e	26.52±0.35a	45.09±0.80a	493.58±20.00a
红果蔷薇（R. mairei）	5.94±0.09f	7.98±0.54d	13.60±0.65a	13.07±0.37d	21.91±0.75d	371.39±5.54d
悬钩子（R. corchorifolius）	6.93±0.21bc	12.71±1.07b	8.05±1.23d	19.10±0.65c	29.61±1.39c	433.22±12.99bc
救军粮（P. fortuneana）	6.71±0.02bcd	11.34±0.07b	9.24±0.81cd	20.19±1.29c	27.69±0.94c	419.55±1.04bc
平枝栒子（C. horizontalis）	7.09±0.16b	13.21±0.83b	7.81±0.63d	22.09±0.36bc	39.52±6.04b	443.26±9.80b
显著性	***	***	***	***	***	***

（三）九种灌木矿质和营养价值及综合营养价值评价与聚类分析

结合模糊数学隶属函数法和灰色关联分析数据及聚类分析结果，对其矿质、营养价值和综合营养价值进行评价和分类。

9 种灌木按矿质成分分为 4 类：①悬钩子和平枝栒子的隶属函数值和关联度均最高，为 0.5772~0.6159 和 0.7598~0.6911，归为 1 类，属高矿质灌木；②老母七和中华柳的隶属函数值和关联度次之，分别为 0.4784~0.5772 和 0.7003~0.7063，归为第 2 类，属较高水平矿质灌木；③羊奶子和红果蔷薇的隶属函数值和关联度居中，为 0.2759~0.5277 和 0.6173~0.6752，归为第 3 类，属中等矿质含量灌木；④黄花香、救军粮和醉鱼草的隶属函数值和关联度最小，为 0.1792~0.3381 和 0.5524~0.5825，归为第 4 类，属低矿质灌木 [表 5-11 和图 5-4（a）]。

9 种灌木按营养价值分为 4 类：①救军粮的隶属函数值和关联度最高，分别为 0.6228 和 0.7893，归为第 1 类，属高营养价值灌木；②羊奶子的隶属函数值和关联度次之，为 0.5011 和 0.6801，归为第 2 类，属较高营养价值灌木；③老母七的隶属函数均值和关联度居中，为 0.3564 和 0.6380，归为第 3 类，属中等营养价值灌木；④黄花香、醉鱼草、中华柳、悬钩子、红果蔷薇和平枝枸子的隶属函数值和关联度较低，为 0.1800~0.3754 和 0.5710~0.6208，归为第 4 类，属低营养价值灌木 [表 5-11 和图 5-4（b）]。

表 5-11 九种灌木矿质和营养价值及综合营养价值评价

植物名称	隶属函数（Z_i）			关联度（r_0i）		
	矿质元素	营养价值	综合营养价值	矿质元素	营养价值	综合营养价值
黄花香（*H. patulum*）	0.3381	0.3607	0.3472	0.5825	0.6208	0.5978
醉鱼草（*B. officinalis*）	0.1792	0.2668	0.2143	0.5524	0.5793	0.5632
老母七（*D. capitata*）	0.5528	0.3564	0.4742	0.7063	0.6380	0.6790
中华柳（*S. cathayana*）	0.4784	0.2877	0.4021	0.7003	0.5710	0.6486
羊奶子（*E. pungens*）	0.2759	0.5011	0.3660	0.6173	0.6801	0.6424
红果蔷薇（*R. mairei*）	0.5277	0.1800	0.3886	0.6752	0.5816	0.6377
悬钩子（*R. corchorifolius*）	0.6159	0.3754	0.5197	0.7598	0.5910	0.6923
救军粮（*P. fortuneana*）	0.2172	0.6228	0.3795	0.5737	0.7893	0.6599
平枝枸子（*C. horizontalis*）	0.5772	0.3745	0.4961	0.6911	0.5944	0.6524

九种灌木按综合营养价值（9 种矿质和 6 种营养价值共 15 种）分为：①悬钩子和平枝枸子的隶属函数值和关联度最高，分别为 0.4961~0.5197 和 0.6524~0.6923，归为第 1 类，属优等饲料；②虽然老母七、中华柳、羊奶子、红果蔷薇和救军粮的聚类分析结果均单独成为 1 类，但其隶属函数值和关联度居中，为 0.3660~0.47472 和 0.6377~0.6790，故将其最终归为 1 类，即属良等饲料；③黄花香和醉鱼草的隶属函数值和关联度最低，

为 0.2143~0.3472 和 0.5632~0.5978，归为第 3 类，属中等养分价值饲料[表 5-11 和图 5-4（c）]。对比分析发现，聚类分析与隶属函数法和关联分析法对 9 种灌木的矿质成分或营养价值或综合营养价值的总体评价结果类似，关联分析的灌木矿质成分与聚类结果更一致，而模糊数学隶属函数法分析的灌木营养价值则与其聚类结果更一致；这说明，3 种方法结合可对 9 种灌木营养价值进行客观评价。

```
黄花香（H.patulum）
醉鱼草（B.officinalis）
救军粮（P.fortuneana）
悬钩子（R.corchorifolius）
平枝栒子（C.horizontalis）
红果蔷薇（R.mairei）
羊奶子（E.pungens）
老母七（D.capitata）
中华柳（S.cathayana）
          （a）矿质成分

悬钩子（R.corchorifolius）
平枝栒子（C.horizontalis）
醉鱼草（B.officinalis）
中华柳（S.cathayana）
红果蔷薇（R.mairei）
黄花香（H.patulum）
羊奶子（E.pungens）
老母七（D.capitat）
救军粮（P.fortuneana）
          （b）营养价值

黄花香（H.patulum）
醉鱼草（B.officinalis）
悬钩子（R.corchorifolius）
平枝栒子（C.horizontalis）
红果蔷薇（R.mairei）
中华柳（S.cathayana）
老母七（D.capitat）
救军粮（P.fortuneana）
羊奶子（E.pungens）
   +---------+---------+---------+---------+---------+
   0         5        10        15        20        25
          （c）综合营养价值
```

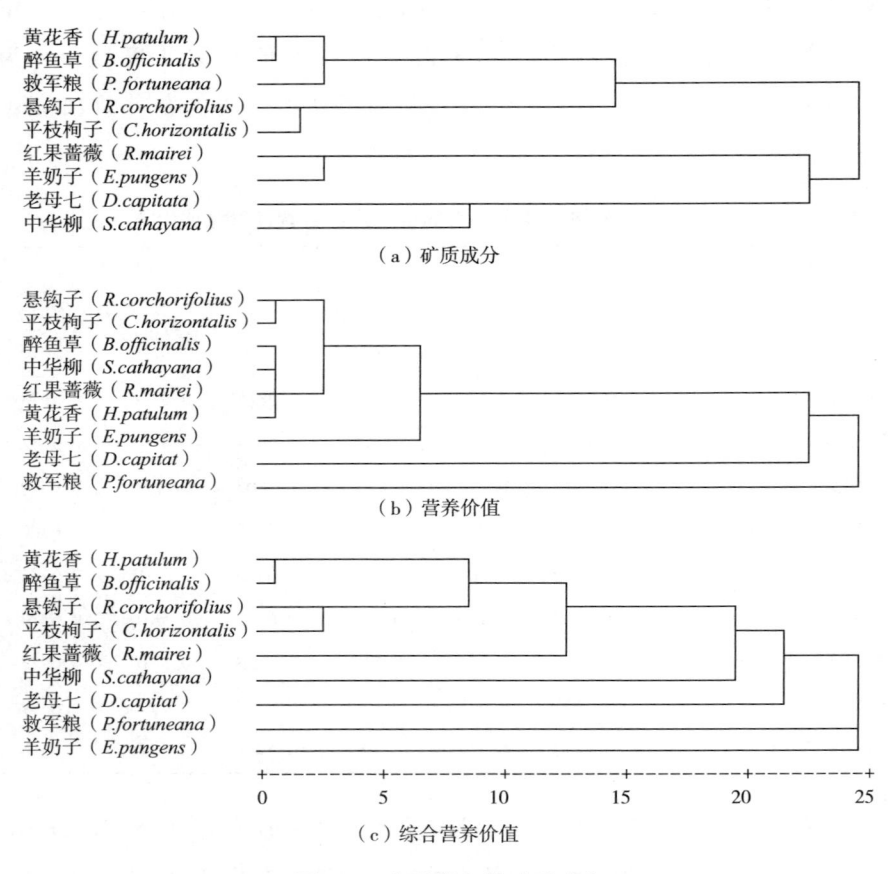

图 5-4　九种灌木的矿质成分

三、讨论

本研究表明，9 种灌木的主要矿质元素含量分别与青绿青贮饲料和典型放牧地的 Ca 含量 0.3%~0.8% 和 0.23%~1.23%、Na 含量 0.2%~0.3% 和 0.08%~0.32%、Mg 含量 0.1%~0.3% 和 0.14%~0.34%、Zn 含量 5.0~30.0 mg·kg^{-1} 和 25~50 mg·kg^{-1}，Mn 含量 16.0~94.0 mg·kg^{-1} 和 50~100 mg·kg^{-1}，Cu 含量 3.0~11.0 mg·kg^{-1}g 和 3.5~18 mg·kg^{-1} 接近或比后者高，其 Fe 含量也比典型放牧草地高出 100 mg·kg^{-1}（Grace，1983）；虽然本研究 9 种灌木的 K 含量在赵彦光等（2012）报道的云贵高原黑麦草（*Lolium perenne*）+白三叶（*Trifoliurn repens*）草地的 0.3%~3.6% 范围内，全 P 含量与黄芬等（2010a）报道的黔西南布依族苗自治州 27 种灌木的 0.07%~0.31% 接近，但均比典型草地的 P 含量 0.3%~0.4% 以及 K 含量 2%~4%（Grace et al.，1983）低。这说明从矿质成分看，除 P 和 K 外，9 种灌木矿质成分均符合放牧家畜日粮饲料需求标准。同时，从营养价值看，除醉鱼草、老母七和红果蔷薇外，本研究中其他 6 种灌木的 CP 含量均与常见禾草，如玉米（*Zea mays*）（10%）、大麦（*Hordeum* spp.）（11%）、黑麦（*Secale cereale*）（12.4%）和小麦（*Triticum aestivum*）（12.4%）等以及优质黑麦草+白三叶草地的 11.8%~15.6% 接近或比其略高（Yu et al.，2011）；这说明单独使用这些灌木饲草就能满足放牧家畜 CP 需求。9 种灌木的 WSC 除羊奶子外，均比黄芬等（2010a）报道的黔西南布依族苗自治州 27 种灌木的 2.7%~10.2% 高；虽然 9 种灌木的 ME 比一般反刍动物营养价值标准中青绿饲料的 8.2~12.1 MJ·kg^{-1}（McDonald et al.，1992）和典型放牧黑麦草+白三叶草地的 50%（Yu et al.，2011）低，但其 ADF 和 NDF 更接近二者的最适值 20% 和 27.5%（杨凤，1993），优于典型放牧黑麦草+白三叶草地的 25% 和 53%（Yu et al.，2011）。据此认为，本研究 9 种灌木为中等和良等饲料。此外，本研究也表明，灌木矿质成分和营养价值因植物种不同而异，同种植物矿质成分和营养价值评价结果也存在分异；这说明，为利于矿质成分和营养价值的均衡，灌木饲料开发需多种植物配合使用，这样才能满足家畜营养需求。

模糊数学隶属函数法、灰色关联分析法和聚类分析等是农业应用中常用的多指标综合评价体系，其中，模糊数学隶属函数法和灰色关联分析法可较为真实全面反映人们对客观系统的实际认识程度，能对评价系统给出质的定性解释和量的确切描述，还能对评价对象进行大致分类，而聚类分析可对多指标评价对象进行客观评价和较准确分类（王彩华等，1988；邓聚龙，1987）。本研究在综合考虑反映植物自身养分基础上，选用9个常见矿质成分和6个常见营养价值指标作为灌木综合营养价值评价依据，采用模糊数学隶属函数法和灰色关联分析法，对9种灌木饲用价值进行定量评价，并与对应聚类分析结果进行对比分析；结果表明，两种方法对9种灌木矿质成分、营养价值和综合养分价值的评价结果基本一致，并与对应的聚类分析结果吻合。这说明，本研究采用的模糊数学隶属函数法和灰色关联分析法能对9种灌木的矿质成分、营养价值和综合营养价值进行客观评价，聚类分析能按灌木养分状况对其进行合理分类。由此认为，模糊数学隶属函数法和灰色关联分析法与聚类分析法相结合，能对多指标饲用植物的综合营养价值进行较好评价，可作为饲草料营养价值评价的一个新方法，应用于牧草多指标营养价值和饲用价值评价中。

本研究结果之一，黄花香和醉鱼草的综合营养价值较低，但据研究区山羊日粮采食特性观察，山羊不仅大量采食这两种灌木，且山羊采食醉鱼草的频率远比黄花香高。这是由于虽然黄花香和醉鱼草矿质成分和营养价值低，但二者均含一些特殊生物活性物质，如黄花香含黄酮类和一定金丝桃素、间苯三酚类化合物、挥发油等（肖志勇等，2007），醉鱼草含黄酮类、环烯醚萜苷类、苯丙素酚苷、倍半萜烯类、三萜和皂苷和木质素类（张虎翼等，1995）；这些生物活性物质不仅具有很高医疗保健价值，还具消炎、止疼、活血化瘀、助消化、软化血管、降血压等功效（张虎翼等，1995；肖志勇等，2007）。本研究其他灌木如红果蔷薇、悬钩子和羊奶子也含黄酮类、鞣质、多糖、萜类、皂苷和甾类（陈新，2001；徐治国等，2003；陈青等，2011），救军粮和平枝栒子含烃类和萜类等（贾佳等，2010；陈青等，2011）。从而在山羊—灌丛放牧系统中，山羊通过采食充足具有这些特殊生物活性物质的灌木后，不仅能防治因活泼好动而造成的身体破裂出血和伤口愈合，还可防治因采食多样日粮植物种类而造成的消化不良等问题；同时，山羊也由于采食较多的多样性日粮成分和食疗保健灌木，而使其更健康，也使其肉质品质改善，口感增强。这说明，进行野生饲用灌木综合营养价值评定时，仅从矿质成分和常规营养价值两方面仍不能客观反映其综合营养价值，还需考虑灌木日粮中的特殊生物活性物质。

分析已有山羊—灌木放牧系统中灌木日粮养分和饲用价值评价研究，发现学者对灌木饲用价值的评定，多聚焦于灌木矿质成分、养分和营养价值（杨泽新等，1994；何蓉等，2001；黄芬等，2010a），少部分涉及家畜采食特性（万里强，2001）。本研究和以往研究对野生灌木营养价值评价中，均忽略了灌木中特殊生物活性物质。山羊与木本尤其是灌木饲料之间是否存在某种微妙的协同进化关系？能否从放牧山羊行为学与灌木养分和特殊生物活性物质结合角度，揭示草（灌木）—畜（山羊）之间的协同进化关系，以对饲用灌木营养价值和饲用价值评价提供新视野。

四、结论

聚类分析与隶属函数法和关联分析均能对 9 种灌木的营养价值进行客观评价，3 种方法对 9 种灌木的矿质成分或营养价值或综合养分价值评价结果和分类结果类似。9 种灌木的营养价值综合评价和聚类分析结果为，悬钩子和平枝栒子属优等饲料，老母七、中华柳、羊奶子、红果蔷薇和救军粮属良等饲料，黄花香和醉鱼草属中等价值饲料。未来灌木饲用价值评价中，在考虑灌木常规养分（如矿质和营养价值）与山羊采食特性和灌木特殊生物活性物质基础上，进行灌木养分和生物活性物质与山羊采食行为的整合研究，以更客观评价野生饲用灌木的综合饲用价值。

参考文献

[1] AARONS S R, HOSSEINI H M, DORLING L, et al. Dung decomposition in temperate dairy pastures. II. Contribution to plant-available soil phosphorus [J]. Soil Research, 2004, 42 (1): 115.

[2] ACUÑA P G H, WILMAN D. Some effects of added phosphorus on perennial ryegrass—white clover swards [J]. Grass and Forage Science, 1993, 48 (4): 416-420.

[3] ADAIR E C, REICH P, HOBBIE S E, et al. Interactive effects of time, CO_2, N, and diversity on total belowground carbon allocation and ecosystem carbon storage in a grassland community [J]. Ecosystems, 2009, 12 (6): 1037-1052.

[4] ADLER P, RAFF D, LAUENROTH W. The effect of grazing on the spatial heterogeneity of vegetation [J]. Oecologia, 2001, 128 (4): 465-479.

[5] AFZAL M, ADAMS W A. Heterogeneity of soil mineral nitrogen in pasture grazed by cattle [J]. Soil Science Society of America Journal, 1992, 56 (4): 1160-1166.

[6] ALEJANDRO D P, GARNIER E, ARONSON J. Contrasted nitrogen utilization in annual C3 grass and legume crops: Physiological explorations and ecological considerations [J]. Acta Oecologica, 2000, 21 (1): 79-89.

[7] ANSLOW R C. Frequency of cutting and sward production [J]. The Journal of Agricultural Science, 1967, 68 (3): 377-384.

[8] AARSSEN L W, IRWIN D L. What selection: Herbivory or competition? [J]. Oikos, 1991, 60 (2): 261.

[9] ASHER C J, OZANNE P G. The cation exchange capacity of plant roots, and its relationship to the uptake of insoluble nutrients [J]. Australian

Journal of Agricultural Research, 1961, 12 (5): 755.

[10] BACKHOUSE N, DELPORTE C, APABLAZA C, et al. Antinociceptive activity of Buddleja globosa (matico) in several models of pain [J]. Journal of Ethnopharmacology, 2008, 119 (1): 160-165.

[11] BACKHOUSE N, ROSALES L, APABLAZA C, et al. Analgesic, anti-inflammatory and antioxidant properties of Buddleja globosa, Buddlejaceae [J]. Journal of Ethnopharmacology, 2007, 116 (2): 263-269.

[12] BAKER A M, YOUNGER A. Factors affecting the leaf extension rate of perennial ryegrass in spring [J]. Grass and Forage Science, 1987, 42 (4): 381-390.

[13] BAKER A M, YOUNGER A. The effect of temperature on the spring growth of perennial ryegrass at three contrasting sites [J]. Grass and Forage Science, 1986, 41 (2): 175-178.

[14] BARTHRAM G T, GRANT S A, ELSTON D A. The effects of sward height and nitrogen fertilizer application on changes in sward composition, white clover growth and the stock carrying capacity of an upland perennial ryegrass/white clover sward grazed by sheep for four years [J]. Grass and Forage Science, 1992, 47 (4): 326-341.

[15] BELSKY A J. Dose herbivery benifit plant? A view of the evidence [J]. Am Nat, 1986, 127 (6): 2176-2183.

[16] BERG B, EKBOHM G. Litter mass-loss rates and decomposition patterns in some needle and leaf litter types. Long-term decomposition in a Scots pine forest. Ⅶ [J]. Canadian Journal of Botany, 1991, 69 (7): 1449-1456.

[17] BERGONZI M C, BILIA A R, GALLORI S, et al. Variability in the content of the constituents of *Hypericum perforatum* L. and some commercial extracts [J]. Drug Development and Industrial Pharmacy, 2001, 27 (6): 491-497.

[18] BINNIE R C, CHESTNUTT D M B. Effect of regrowth interval on the pro-

ductivity of swards defoliated by cutting and grazing [J]. Grass and Forage Science, 1991, 46 (4): 343-350.

[19] BIRCHAM J S, HODGSON J. The influence of sward condition on rates of herbage growth and senescence in mixed swards under continuous stocking management [J]. Grass and Forage Science, 1983, 38 (4): 323-331.

[20] BRERETON A J, CARTON O T, CONWAY A. The effect of grass tiller density on the performance of white clover [C]. Proceedings of the XV International Grassland Congress, 1985, 756-757.

[21] BRISEÑO DE LA HOZ V M, WILMAN D. Effects of cattle grazing, sheep grazing, cutting and sward height on a grass–white clover sward [J]. The Journal of Agricultural Science, 1981, 97 (3): 699-706.

[22] BUTTERWECK V, JÜRGENLIEMK G, NAHRSTEDT A, et al. Flavonoids from *Hypericum perforatum* show antidepressant activity in the forced swimming test [J]. Planta Medica, 2000, 66 (1): 3-6.

[23] CADISCH G R, SCHUNKE M, GILLER K Z. Nitrogen cycle in monoculture grassland and Legume–grass mixture in Brazil Red soil [J]. Trop Grasslands, 1994, 28: 43-52.

[24] CHAPMAN D F, ROBSON M J, SNAYDON R W. The carbon economy of clonal plants of *trifolium repens* L [J]. Journal of Experimental Botany, 1992, 43 (3): 427-434.

[25] CHAPMAN D F. Development, removal, and death of white clover leaves under 3 grazing managements in hill country [J]. New Zealand Journal of Agricultural Research, 1986, 29 (1): 39-47.

[26] COLE D N. Experimental trampling of vegetation. II. predictors of resistance and resilience [J]. The Journal of Applied Ecology, 1995, 32 (1): 215.

[27] CORNFORTH I S, SINCLAIR A G. Fertiliser Recommendation for Pasture and Crop in New Zealand [M]. No. 9. Wellington: Ministry of Agriculture and Fisheries, 1984.

[28] COWLING D W, LOCKYER D R. A comparison of the reaction of differ-

ent grass species to fertilizer nitrogen and to growth in association with white clover [J]. Grass and Forage Science, 1965, 20 (3): 197-204.

[29] CURLL M L, WILKINS R J. The effect of cutting for conservation on a grazed perennial ryegrass-white clover pasture [J]. Grass and Forage Science, 1985, 40 (1): 19-30.

[30] DAVIES A. The regrowth of grass swards [M]. The grass crop: The physiological basis of production. Dordrecht: Springer Netherlands, 1988: 85-127.

[31] DE KROONS H, HUTCHINGS M J. Morphological plasticity in clonal plants: The foraging concept reconsidered [J]. The Journal of Ecology, 1995, 83 (1): 143-152.

[32] DEVENDRA C T. Use of shrubs and tree fodders for Fann Animds (Ed. Devendra C) .1990, 42-60.

[33] DODD M B, MACKAY A D. Effects of contrasting soil fertility on root mass, root growth, root decomposition and soil carbon under a New Zealand perennial ryegrass/white clover pasture [J]. Plant and Soil, 2011, 349 (1): 291-302.

[34] DONALD C M. Competition among crop and pasture plants [J]. Advances in Agronomy, 1963, 15: 1-118.

[35] DUMONT B, CARRÈRE P, D'HOUR P. Foraging in patchy grasslands: Diet selection by sheep and cattle is affected by the abundance and spatial distribution of preferred species [J]. Animal Research, 2002, 51 (5): 367-381.

[36] ELDRIDGE D J, KOEN T B. Cover and floristics of microphytic soil crusts in relation to indices of landscape health [J]. Plant Ecology, 1998, 137 (1): 101-114.

[37] ELGERSMA A, LI F R. Effects of cultivar and cutting frequency on dynamics of stolon growth and leaf appearance in white clover grown in mixed swards [J]. Grass and Forage Science, 1997, 52 (4): 370-380.

[38] ELGERSMA, NASSIRI, SCHLEPERS. Competition in perennial ryegrass-white clover mixtures under cutting. 1. Dry-matter yield, species composition and nitrogen fixation [J]. Grass and Forage Science, 1998, 53 (4): 353-366.

[39] ELGERSMA A, SCHLEPERS H. Performance of white clover/perennial ryegrass mixtures under cutting [J]. Grass and Forage Science, 1997, 52 (2): 134-146.

[40] ENQUIST B J, BROWN J H, WEST G B. Allometric scaling of plant energetics and population density [J]. Nature, 1998, 395 (6698): 163-165.

[41] ERICKSON J P, MILLER E R, KU P K, et al. Wheat middlings as a source of energy, amino acids, phosphorus and pellet binding quality for swine diets [J]. Journal of Animal Science, 1985, 60 (4): 1012-1020.

[42] FORBES T D A, HODGSON J. The reaction of grazing sheep and cattle to the presence of dung from the same or the other species [J]. Grass and Forage Science, 1985, 40 (2): 177-182.

[43] FULKERSON W J, MICHELL P J. The effect of height and frequency of mowing on the yield and composition of perennial ryegrass—white clover swards in the autumn to spring period [J]. Grass and Forage Science, 1987, 42 (2): 169-174.

[44] GARAY A H, MATTHEW, HODGSON. Tiller size/density compensation in perennial ryegrass miniature swards subject to differing defoliation heights and a proposed productivity index [J]. Grass and Forage Science, 1999, 54 (4): 347-356.

[45] GARCÍA I, MENDOZA R. Impact of defoliation intensities on plant biomass, nutrient uptake and arbuscular mycorrhizal symbiosis in Lotus tenuis growing in a saline-sodic soil [J]. Plant Biology, 2012, 14 (6): 964-971.

[46] GOUGH L, OSENBERG C W, GROSS K L, et al. Fertilization effects

on species density and primary productivity in herbaceous plant communities [J]. Oikos, 2000, 89 (3): 428-439.

[47] GRACE N D. The Mineral requirements of grazing ruminants [M]. Hamilton: New Zealand Society of Animal Production, Occasional Publication No 9, 1983.

[48] GRIFFITHS W M, HODGSON J, ARNOLD G C. The influence of sward canopy structure on foraging decisions by grazing cattle. I. Patch selection [J]. Grass and Forage Science, 2003, 58: 112-124.

[49] GUEVARAT J C, SILVA COLOMER J H, ESTEVEZ O R, et al. Simulation of the economic feasibility of fodder shrub plantations as a supplement for goat production in the north-eastern plain of Mendoza, Argentina [J]. Journal of Arid Environments, 2003, 53 (1): 85-98.

[50] GÜSEWELL S. N: P ratios in terrestrial plants: Variation and functional significance [J]. New Phytologist, 2004, 164 (2): 243-266.

[51] HAMILTON N. In defence of the -3/2 boundary rule: A re-evaluation of self-thinning concepts and status [J]. Annals of Botany, 1995, 76 (6): 569-577.

[52] HAMILTON S NR, HARPER J L. The dynamics of *Trifolium repens* in a permanent pasture I. The population dynamics of leaves and nodes per shoot axis [J]. Proceedings of the Royal Society of London B Biological Sciences, 1989, 237 (1287): 133-173.

[53] HAMMOND K J, BURKE J L, KOOLAARD J P, et al. Effects of feed intake on enteric methane emissions from sheep fed fresh white clover (*Trifolium repens*) and perennial ryegrass (Lolium perenne) forages [J]. Animal Feed Science and Technology, 2013, 179 (1/2/3/4): 121-132.

[54] HARPER J. Population biology of plants [M]. London: Academic Press, 1977: 20-93.

[55] HILL M J, GLEESON A C. Competition between white clover (*Trifolium*

repens L.) and subterranean clover (*Trifolium subterraneum* L.) in binary mixtures in the field [J]. Grass and Forage Science, 1990, 45 (4): 373-382.

[56] Hodgson J, 弓耀明, 夏景新. 放牧管理: 科学研究在实践中的应用 [M]. 北京: 科学出版社, 1993.

[57] HODGSON J. Grazing Managent-Science into Practice [M]. Longman Science and Technical Press, New York, 1990, pp. 88-97.

[58] HÖGLIND, FRANKOW-LINDBERG. Growing point dynamics and spring growth of white clover in a mixed sward and the effects of nitrogen application [J]. Grass and Forage Science, 1998, 53 (4): 338-345.

[59] HUMPHREYS J, CASEY I, LAIDLAW A. Comparison of milk production from clover-based and fertilizer-N-based grassland on a clay-loam soil under moist temperate climatic conditions [J]. Irish Journal of Agricultural and Food Research, 2009, 48 (2): 189-207.

[60] HUTCHINGS M R, GORDON I J, KYRIAZAKIS I, et al. Sheep avoidance of faeces-contaminated patches leads to a trade-off between intake rate of forage and parasitism in subsequent foraging decisions [J]. Animal Behaviour, 2001, 62 (5): 955-964.

[61] HUTCHINGS M J. Ecology's law in search of a theory [J]. New Science, 1983, 98: 765-767.

[62] HUHTA A P, HELLSTRÖM K, RAUTIO P, et al. Grazing tolerance of Gentianella amarella and other monocarpic herbs: Why is tolerance highest at low damage levels? [J]. Plant Ecology, 2003, 166 (1): 49-61.

[63] JACKMAN R H, MOUAT M C H. Competition between grass and clover for phosphate [J]. New Zealand Journal of Agricultural Research, 1972, 15 (4): 653-666.

[64] JOFFRE R, VACHER J, DE LOS LLANOS C, et al. The dehesa: An agrosilvopastoral system of the Mediterranean region with special reference to the Sierra Morena area of Spain [J]. Agroforestry Systems, 1988, 6

(1): 71-96.

[65] KAYS S, HARPER J L. The regulation of plant and tiller density in a grass sward [J]. The Journal of Ecology, 1974, 62 (1): 97.

[66] KEBREAB E, FRANCE J, BEEVER D E, et al. Nitrogen pollution by dairy cows and its mitigation by dietary manipulation [J]. Nutrient Cycling in Agroecosystems, 2001, 60 (1): 275-285.

[67] KING J, GRANT S A, TORVELL L, et al. Growth rate, senescence and photosynthesis of ryegrass swards cut to maintain a range of values for leaf area index [J]. Grass and Forage Science, 1984, 39 (4): 371-380.

[68] KOZŁOWSKI J, KONARZEWSKI M. Is West, Brown and Enquist's model of allometric scaling mathematically correct and biologically relevant? [J]. Functional Ecology, 2004, 18 (2): 283-289.

[69] LABARBERA M. Analyzing body size as a factor in ecology and evolution [J]. Annual Review of Ecology and Systematics, 1989, 20: 97-117.

[70] LAWSON A R, SALE P W G, KELLY K B. Effect of defoliation frequency on an irrigated perennial pasture in northern Victoria. 1. Seasonal production and sward composition [J]. Australian Journal of Agricultural Research, 1997, 48 (6): 811.

[71] LEDGARD S F, STEELE K W. Biological nitrogen fixation in mixed legume/grass pastures [J]. Plant and Soil, 1992, 141 (1): 137-153.

[72] LEE D H, HA N, BU Y M, et al. Neuroprotective effect of Buddleja officinalis extract on transient middle cerebral artery occlusion in rats [J]. Biological & Pharmaceutical Bulletin, 2006, 29 (8): 1608-1612.

[73] LEE K H, CHOI E M. *Rubus coreanus* Miq. extract promotes osteoblast differentiation and inhibits bone-resorbing mediators in MC3T3-E1 cells [J]. The American Journal of Chinese Medicine, 2006, 34 (4): 643-654.

[74] LONSDALE W M. The self-thinning rule: Dead or alive? [J]. Ecology, 1990, 71 (4): 1373-1388.

[75] LOUAULT F, CARRÈRE P, SOUSSANA J F. Efficiencies of ryegrass and white clover herbage utilization in mixtures continuously grazed by sheep [J]. Grass and Forage Science, 1997, 52 (4): 388-400.

[76] LUSH W M, ROGERS M E. Cutting height and the biomass and tiller density of lolium perenne amenity turfs [J]. The Journal of Applied Ecology, 1992, 29 (3): 611.

[77] MACARTHUR R H. Fluctuations of animal populations, and a measure of community stability [J]. Ecology, 1955, 36: 533-536.

[78] MACDIARMID B N, WATKIN B R. The cattle dung patch 3. Distribution and rate of decay of dung patches and their influence on grazing behaviour [J]. Journal of the British Grassland Society, 1972, 27: 48-54.

[79] MANDIMBA G R. Contribution of nodulated legumes of the growth of *Zea mays* L. under various cropping systems [J]. Symbiosis, 1995, 19 (2-3): 213-222.

[80] MARRIOTT C A, BOLTON G R, DUFF E I. Factors affecting the stolon growth of white clover in ryegrass/clover patches [J]. Grass and Forage Science, 1997, 52 (2): 147-155.

[81] MARTINSEN V, MULDER J, AUSTRHEIM G, et al. Carbon storage in low-alpine grassland soils: Effects of different grazing intensities of sheep [J]. European Journal of Soil Science, 2011, 62 (6): 822-833.

[82] MATTHEW C. A modified self-thinning equation to describe size/density relationships for defoliated swards [J]. Annals of Botany, 1995, 76 (6): 579-587.

[83] MAZZANTI A, LEMAIRE G, GASTAL F. The effect of nitrogen fertilization upon the herbage production of tall fescue swards continuously grazed with sheep. 1. Herbage growth dynamics [J]. Grass and Forage Science, 1994, 49 (2): 111-120.

[84] MCDONALD P, EDWARDS R A, GREENHOUGH J F D. 动物营养学 [M]. 赵义斌, 胡令浩, 译. 兰州: 甘肃民族出版社, 1992.

[85] MENNEER J C, LEDGARD S F, MCLAY C D A, et al. The effects of treading by dairy cows during wet soil conditions on white clover productivity, growth and morphology in a white clover-perennial ryegrass pasture [J]. Grass and Forage Science, 2005, 60 (1): 46-58.

[86] MENSAH A Y, SAMPSON J, HOUGHTON P J, et al. Effects of Buddleja globosa leaf and its constituents relevant to wound healing [J]. Journal of Ethnopharmacology, 2001, 77 (2/3): 219-226.

[87] MORRISON J, DENEHY H L, CHAPMAN P F. Possibilities for the strategic use of fertilizer N on white clover/grass swards [M]. In: Corrall A J. Efficient Grassland Farming. Proceeedings of the 9th General Meeting of the European Grassland Federation published as Occasional Symposium of the British Grassland Society, 1983, 14: 227-231.

[88] MOUAT M C H. Competitive adaptation by plants to nutrient shortage through modification of root growth and surface charge [J]. New Zealand Journal of Agricultural Research, 1983, 26 (3): 327-332.

[89] NASSIRI, ELGERSMA. Competition in perennial ryegrass-white clover mixtures under cutting. 2. Leaf characteristics, light interception and drymatter production during regrowth [J]. Grass and Forage Science, 1998, 53 (4): 367-379.

[90] NELSON J. Wheat: Its processing and utilization [J]. The American Journal of Clinical Nutrition, 1985, 41 (5): 1070-1076.

[91] NEUTEBOOM J H, LANTINGA E A. Tillering potential and relationship between leaf and tiller production in perennial ryegrass [J]. Annals of Botany, 1989, 63 (2): 265-270.

[92] NIE Z N, MACKAY A D, BARKER D J, et al. Changes in plant population density, composition and sward structure of a hill pasture during a pastoral fallow [J]. Grass and Forage Science, 1997, 52 (2): 190-198.

[93] NORRIS I B. Relationships between growth and measured weather factors among contrasting varieties of *Lolium*, *Dactylis* and *Festuca* species [J].

Grass and Forage Science, 1985, 40 (2): 151-159.

[94] OEGAARD K. Nitrogen fertilization of grass/clover swards under cutting or grazing by dairy cows [J]. Acta Agriculture Scandinavica Science, Section-Soil & Plant, 2009, 59 (2): 139-150.

[95] PAPANASTASIS V P, YIAKOULAKI M D, DECANDIA M, et al. Integrating woody species into livestock feeding in the Mediterranean areas of Europe [J]. Animal Feed Science and Technology, 2008, 140 (1/2): 1-17.

[96] PARSONS A J, ROBSON M J. Seasonal changes in the physiology of S24 perennial ryegrass (lolium perenne L.). 1. response of leaf extension to temperature during the transition from vegetative to reproductive growth [J]. Annals of Botany, 1980, 46 (4): 435-444.

[97] PEI G T, LIU J, PENG B, et al. Nitrogen, lignin, C/N as important regulators of gross nitrogen release and immobilization during litter decomposition in a temperate forest ecosystem [J]. Forest Ecology and Management, 2019, 440: 61-69.

[98] PHELAN P, CASEY I A, HUMPHREYS J. The effect of target postgrazing height on sward clover content, herbage yield, and dairy production from grass-white clover pasture [J]. Journal of Dairy Science, 2013, 96 (3): 1598-1611.

[99] POLLOCK C J, JONES T. Seasonal patterns of fructan metabolism in forage grasses [J]. New Phytologist, 1979, 83 (1): 9-15.

[100] POWELL J M, IKPE F N, SOMDA Z C, et al. Urine effects on soil chemical properties and the impact of urine and dung on pearl millet yield [J]. Experimental Agriculture, 1998, 34 (3): 259-276.

[101] PHILLIPS C J C, JAMES N L. The effects of including white clover in perennial ryegrass swards and the height of mixed swards on the milk production, sward selection and ingestive behaviour of dairy cows [J]. Animal Science, 1998, 67 (2): 195-202.

[102] ROBSON M J, PARSONS A J. Entry, partition and utilization of carbon in grass production [J]. Annual Report Grassland Research Institute UK, 1977, 66-69.

[103] ROCHE J R, TURNER L R, LEE J M. Weather, herbage quality and milk production in pastoral systems. 2 [M]. Temporal patterns and intra-relationships in herbage quality and mineral concentration parameters. Animal Production Science, 2009, 49 (3): 200-210.

[104] ROHWEDER D A, BARNES R F, JORGENSEN N. Proposed hay grading standards based on laboratory analyses for evaluating quality [J]. Journal of Animal Science, 1978, 47 (3): 747-759.

[105] ROOK A J, HARVEY A, PARSONS A J, et al. Effect of long-term changes in relative resource availability on dietary preference of grazing sheep for perennial ryegrass and white clover [J]. Grass and Forage Science, 2002, 57 (1): 54-60.

[106] RUTTER S M, YARROW N H, CHAMPION R A. Dietary preference of dairy cows grazing ryegrass and white clover [J]. Journal of Dairy Science, 2004, 87 (5): 1317-1324.

[107] SACKVILLE HAMILTON N R, HARPER J L. The dynamics of *Trifolium repens* in a permanent pasture I. The population dynamics of leaves and nodes per shoot axis [J]. Proceedings of the Royal Society of London B Biological Sciences, 1989, 237 (1287): 133-173.

[108] SAKADEVAN K, MACKAY A D, HEDLEY M J. Influence of sheep rxcreta on pasture uptake and leaching losses of sulfur, nitrogen and potassium from grazed pastures [J]. Soil Research, 1993, 31 (2): 151.

[109] SCHWINNING S, PARSONS A J. Analysis of the coexistence mechanisms for grasses and legumes in grazing systems [J]. The Journal of Ecology, 1996, 84 (6): 799.

[110] SHEARER G, KOHL D H. N2-fixation in field settings: Estimations based on natural 15N abundance [J]. Functional Plant Biology, 1986,

13（6）：699.

［111］SIBBALD A M, HOOPER R J. Trade-offs between social behaviour and foraging by sheep in heterogeneous pastures［J］. Behavioural Processes, 2003, 61（1/2）：1-12.

［112］SIMPSON D, WILMAN D, ADAMS W A. The distribution of white clover（*Trifolium repens* L.）and grasses within six sown hill swards［J］. The Journal of Applied Ecology, 1987, 24（1）：201.

［113］SØEGAARD K. Nitrogen fertilization of grass/clover swards under cutting or grazing by dairy cows［J］. Acta Agriculturae Scandinavica, Section B-Plant Soil Science, 2009, 59（2）：139-150.

［114］Standing committee on agriculture（SCA）. Feeding standards for auatralian livestock: ruminant［M］. Melbourne: CSIRO Publishing, 1990.

［115］TEUBER N, LAIDLAW A S. Influence of irradiance on branch growth of white clover stolons in rejected areas within grazed swards［J］. Grass and Forage Science, 1996, 51（1）：73-80.

［116］THOMAS H, NORRIS I B. The growth responses of lolium perenne to the weather during winter and spring at various altitudes in mid-Wales［J］. The Journal of Applied Ecology, 1977, 14（3）：949.

［117］THOMPSON L, HARPER J L. The effect of grasses on the quality of transmitted radiation and its influence on the growth of white clover *Trifolium repens*［J］. Oecologia, 1988, 75（3）：343-347.

［118］THOMPSON L. The influence of the radiation environment around the node on morphogenesis and growth of white clover（*Trifolium repens*）［J］. Grass and Forage Science, 1993, 48（3）：271-278.

［119］TILMAN D, KNOPS J, WEDIN D, et al. The influence of functional diversity and composition on ecosystem processes［J］. Science, 1997, 277（5330）：1300-1302.

［120］TILMAN D, REICH P B, KNOPS J, et al. Diversity and productivity in a long-term grassland experiment［J］. Science, 2001, 294（5543）：

843-845.

[121] TILMAN D. Biodiversity: Population versus ecosystem stability [J]. Ecology, 1996, 77 (2): 350-363.

[122] TORRES F. Role of woody perennials in animal agroforestry [J]. Agroforestry Systems, 1983, 1 (2): 131-163.

[123] TRLICA M J, RITTENHOUSE L R. Grazing and plant performance [J]. Ecological Applications, 1993, 3 (1): 21-23.

[124] TURKINGTON R, HARPER J L. The growth, distribution and neighbour relationships of trifolium repens in a permanent pasture: II. inter-and intra-specific contact [J]. The Journal of Ecology, 1979, 67 (1): 219.

[125] VAN DEN POL-VAN DASSELAAR A, VAN BEUSICHEM M L, OENEMA O. Effects of nitrogen input and grazing on methane fluxes of extensively and intensively managed grasslands in the Netherlands [J]. Biology and Fertility of Soils, 1999, 29 (1): 24-30.

[126] VINTHER F P. Biological nitrogen fixation in grass-clover affected by animal excreta [J]. Plant and Soil, 1998, 203 (2): 207-215.

[127] WARDLAW I F. The effect of water stress on translocation in relation to photosynthesis and growth. I. Effect during grain development in wheat [J]. Australian Journal of Biological Sciences, 1967, 20 (1): 25-39.

[128] WEIHING R M. Growth of ryegrass as influenced by temperature and solar Radiation[1] [J]. Agronomy Journal, 1963, 55 (6): 519-521.

[129] WELLER R F, COOPER A. Seasonal changes in the crude protein concentration of mixed swards of white clover/perennial ryegrass grown without fertilizer N in an organic farming system in the United Kingdom [J]. Grass and Forage Science, 2001, 56 (1): 92-95.

[130] WEN Y Y, JIANG H F. Cutting effects on growth characteristics, yield composition, and population relationships of perennial ryegrass and white clover in mixed pasture [J]. New Zealand Journal of Agricultural Research, 2005, 48 (3): 349-358.

[131] WILLIAMS P H, HAYNES R J. Effect of sheep, Deer and cattle dung on herbage production and soil nutrient content [J]. Grass and Forage Science, 1995, 50 (3): 263-271.

[132] WINKEL V K, ROUNDY B A. Effects of cattle trampling and mechanical seedbed preparation on grass seedling emergence [J]. Journal of Range Management, 1991, 44 (2): 176.

[133] WOLEDGE J, REYNERI A, TEWSON V, et al. The effect of cutting on the proportions of perennial ryegrass and white clover in mixtures [J]. Grass and Forage Science, 1992, 47 (2): 169-179.

[134] WEN Y Y, JIANG H F. Cutting effects on growth characteristics, yield composition, and population relationships of perennial ryegrass and white clover in mixed pasture [J]. New Zealand Journal of Agricultural Research, 2005, 48 (3): 349-358.

[135] YU Y W, FRASER M D, EVANS J G. Long-term effects on sward composition and animal performance of reducing fertilizer inputs to upland permanent pasture [J]. Grass and Forage Science, 2011, 66 (1): 138-151.

[136] YU Y W, NAN Z B, MATTHEW C. Population relationships of perennial ryegrass and white clover mixtures under differing grazing intensities [J]. Agriculture, Ecosystems & Environment, 2008, 124 (1/2): 40-50.

[137] Yang Y F, Liu G C, Zhang B T. An analysis of age structure and the strategy for asexual propagation of Aneurolepidium chinense population [J]. Journal of Integrative Plant Biology, 1995, 37 (2).

[138] Zhang H Y, Pan J X. Phenylpropanoid glycosides and flavonoid glycosides isolated from buds of *Buddleja Officinalis* Maxim [J]. Journal of Chinese Pharmaceutical Sciences, 1996 (2): 52-54, 55.

[139] ZHANG Y J, JIANG W L, REN J Z. Effects of sheep night penning on soil nitrogen and plant growth [J]. New Zealand Journal of Agricultural

Research, 2001, 44 (2/3): 151-157.

[140]《贵州植物志》编辑委员会. 贵州植物志 [M]. 贵阳：贵州人民出版社，1982.

[141] 安裕伦. 威宁县土地分异因素初探 [J]. 贵州师范大学学报（自然科学版），1990，2：63-66.

[142] 包国章，李向林，白静仁. 放牧及土壤斑块质量对白三叶密度及分枝格局的影响 [J]. 生态学报，2005（5）：779-783.

[143] 包国章，李向林，白静仁. 放牧及刈割强度对鸭茅密度及能量积累的影响 [J]. 应用生态学报，2001，(6)：955-957.

[144] 包国章，陆光华，郭继勋，等. 放牧、刈割及摘顶对亚热带人工草地牧草种群的影响 [J]. 应用生态学报，2003，14（8）：1327-1331.

[145] 包乌云，赵萌莉，红梅，等. 刈割对人工草地产量和补偿性生长的影响 [J]. 中国草地学报，2015，37（5）：46-51.

[146] 包秀霞，廉勇，易津，等. 不同放牧方式下克氏针茅草原退化等级的评价 [J]. 中国草地学报，2015，37（6）：62-66.

[147] 鲍士旦. 土壤农化分析 [M]. 3版. 北京：中国农业出版社，2000.

[148] 蔡晓布，张永青，邵伟. 不同退化程度高寒草原土壤肥力变化特征 [J]. 生态学报，2008（3）：1034-1044.

[149] 曹国军，文亦芾. 我国灌木类饲用植物资源及其可持续利用对策 [J]. 草业与畜牧，2006（10）：26-29.

[150] 曹建华，袁道先，裴建国，等. 受地质条件制约的中国西南岩溶生态系统 [M]. 北京：地质出版社，2005：17.

[151] 柴立，郑亚玉，谢宝忠，等. 赤阳子营养成分及保健作用研究 [J]. 贵阳中医学院学报，1988（1）：38-40.

[152] 常会宁，李固江，王文焕. 刈割对羊茅黑麦草叶片生长的影响 [J]. 中国草地学报，1998（3）：9-12.

[153] 陈超，朱欣，陈光燕，等. 贵州饲用灌木资源评价及其开发利用现状 [J]. 贵州农业科学，2014，42（9）：167-171.

[154] 陈敬锋,安沙舟. 人工草地不同牧草组合产量及环境因素的统计分析 [J]. 中国草地, 1999 (6): 9-12.

[155] 陈青,李祝,孙媚. 蔷薇科火棘属和蔷薇属植物研究进展 [J]. 食品工程, 2011 (3): 11-13, 51.

[156] 陈青,朱海燕,杨小生,等. 黔产白刺花化学成分研究 [J]. 中成药, 2009, 31 (2): 269-27.

[157] 陈新. 川渝地区胡颓子属药用植物资源研究 [J]. 成都中医药大学学报, 2001, 24 (2): 40-42.

[158] 陈杏禹,邢真志. 蒲公英的食疗价值及人工栽培 [J]. 山东蔬菜, 1998 (4): 47.

[159] 陈艳琴,周汉林,刘国道. 山蚂蝗饲料资源研究进展 [J]. 草业科学, 2010, 27 (10): 173-178.

[160] 陈玉林. 饲料营养价值评定体系及分析方法的发展 [J]. 甘肃畜牧兽医, 1995, 25 (4): 22-23.

[161] 成若琳. 甘肃天然草地饲用植物营养价值评定 [M]. 兰州:甘肃科学技术出版社, 1994: 12.

[162] 邓聚龙. 灰色系统基本方法 [M]. 武汉:华中工学院出版社, 1987.

[163] 邓如福,王三根,李关荣. 野生植物——火棘果营养成分 [J]. 营养学报, 1990, 12 (1): 79-84.

[164] 杜有新,李恋卿,潘根兴,等. 贵州中部喀斯特山地三种优势灌木养分分布 [J]. 生态环境学报, 2010, 19 (3): 626-630.

[165] 凡非得,王克林,熊鹰,等. 西南喀斯特区域水土流失敏感性评价及其空间分异特征 [J]. 生态学报, 2011, 21: 6353-6362.

[166] 樊奋成,高振生,韩建国,等. 刈割对多年生黑麦草叶组织转化的影响 [J]. 草地学报, 1995a, 3 (1): 15-21.

[167] 樊奋成,王培,韩建国. 刈割对白三叶叶组织转化的影响 [J]. 草地学报, 1995b, 3 (4): 311-316.

[168] 冯冰,高玉红,罗春燕,等. 玛曲县草地退化成因分析 [J]. 草原

与草坪，2006，6：60-63.

[169] 付照武，廖加法. 羔羊缺铜症的治疗体会 [J]. 贵州畜牧兽医，2007，31（6）：35.

[170] 付秀琴，王梅. 留茬高度对黑麦草+白三叶草地植物补偿性生长的影响 [J]. 草业科学，2014，31（5）：927-934.

[171] 傅林谦，白静仁. 亚热带黑麦草—白三叶草地土壤——牧草中微量元素季节动态及分布规律 [J]. 草地学报，1995，3（4）：276-282.

[172] 傅林谦，余亚军. 亚热带黑麦草/三叶草草地牧草与群落中几种元素季节动态及分布 [J]. 草地学报，1996，4（1）：26-33.

[173] 傅正生，杨爱梅，梁卫东，等. 悬钩子属植物化学成分及生物活性研究新进展 [J]. 天然产物研究与开发，2001，13（5）：86.

[174] 甘肃农业大学. 草原生态化学实验指导 [M]. 北京：农业出版社，1987.

[175] 干友民，Schnyder H，Vianden H，等. 多年生黑麦草刈后再生草碳水化合物及氮素的变化 [J]. 草业学报，1999，8：65-70.

[176] 高渐飞，苏孝良，熊康宁，等. 贵州岩溶地区的草地生态环境与草地畜牧业发展 [J]. 草业学报，2011，20（2）：279-286.

[177] 高秀芳. 天然草地划区轮牧管理利用 [J]. 农业与技术，2018，38（18）：248-249.

[178] 古书鸿，谷晓平. 贵州喀斯特石漠化植被群落调查及其成因探讨 [J]. 贵州气象，2008，32（1）：9-11.

[179] 郭继勋，钟伟艳，郝风云. 羊草地上部分营养物质含量及其季节动态 [J]. 中国草地，1992（5）：8-12.

[180] 郭柯，刘长成，董鸣. 我国西南喀斯特植物生态适应性与石漠化治理 [J]. 植物生态学报，2011，35（10）：991-999.

[181] 韩国栋，毕力格图，高安社. 不同载畜率条件下绵羊选择性采食的研究 [J]. 草业科学，2004，21（12）：95-98.

[182] 何方. 中国中亚热带荒漠化及其防治 [J]. 中国水土保持，2003（5）：12-14.

[183] 何蓉，和丽萍，王懿祥，等．云南19种豆科蛋白饲料灌木的营养成分及利用价值［J］．云南林业科技，2001，97（4）：60-64.

[184] 何蓉，李琦华，和丽萍，等．云南7种豆科灌木的生态习性及饲用价值研究［J］．云南林业科技，2003（4）：59-66.

[185] 和丽萍，何蓉．云南6种豆科蛋白饲料灌木的营养成分测定［J］．云南林业科技，2000（4）：46-48.

[186] 侯建军，刘希林，魏文科，等．火棘消食健脾功效的动物试验［J］．湖北农业科学，2003（4）：84-86.

[187] 呼天明，王培，姚爱兴，等．多年生黑麦草/白三叶人工草地放牧演替及群落稳定性的研究［J］．草地学报，1995（2）：152-157.

[188] 胡廷花．黔西北区禾草/白三叶草地质量评价及稳定性管理模式研究［D］．兰州大学，2021.

[189] 胡小龙．内蒙古多伦县退化草地生态恢复研究［D］．北京：北京林业大学，2011.

[190] 胡自治．世界人工草地及其分类现状［J］．国外畜牧学：草原与牧草，1995（2）：1-8.

[191] 胡自治．人工草地在我国21世纪草业发展和环境治理中的重要意义［J］．草原与草坪，2000，1：12-15.

[192] 皇甫江云，卢欣石，张颖娟，等．贵州野生牧草资源与开发利用．中国草学会饲料生产委员会第15次饲草生产学术研讨会论文集（常州）［C］．北京：中国草学会，2009，33-37.

[193] 黄芬，曹建华，丁俊峰，等．黔西南岩溶区饲料灌木营养元素分析［J］．热带地理，2010a，30（3）：237-241.

[194] 黄芬，曹建华，梁建宏，等．黔西南岩溶区饲料灌木主要营养成分及其变量分析［J］．草业学报，2010b，19（1）：248-252.

[195] 霍成君，韩建国，洪绂曾，等．刈割期和留茬高度对混播草地产草量及品质的影响［J］．草地学报，2001，9（4）：257-264.

[196] 贾佳，张晶，杨磊．水枸子种仁挥发性成分和脂肪酸的GC-MS分析［J］．黑龙江医药，2010，23（2）：167-169.

［197］姜世成，周道玮．草原牛粪对牲畜取食影响的研究［J］．中国草地，2002，24（1）：41-45．

［198］姜世成，周道玮．牛粪堆积对草地影响的研究［J］．草业学报，2006，15（4）：1-3．

［199］姜世成，周道玮．松嫩草地牛粪中大型节肢动物种类组成及种群动态变化［J］．生态学报，2005，5（11）：2983-2991．

［200］姜宗庆，封超年，黄联联，等．施磷量对不同类型专用小麦籽粒蛋白质及其组分含量的影响［J］．扬州大学学报（农业与生命科学版），2006，27（2）：26-30．

［201］蒋建生．滇东北低山丘陵白三叶—鸭茅混播人工草地肉牛放牧系统优化研究［D］．兰州：甘肃农业大学，2002．

［202］蒋文兰，李向林．不同利用强度对混播草地牧草产量与组分动态的影响［J］．草业学报，1992（3）：1-10．

［203］蒋文兰，任继周．退化草地上菊科杂草的控制试验［J］．草业科学，1991，8（1）：5-9．

［204］蒋文兰，瓦庆荣．云贵高原草地畜牧业优化生产模式的研究［J］．草业科学，1996，15（1）：37-45．

［205］蒋文兰，文亦芾，张宁，等．云贵高原红壤人工草地定植期经济合理施肥量的确定［J］．草业学报，2002（2）：91-94．

［206］蒋文兰，张明忠，熊胜利．人工草地绵羊放牧系统优化生产模式研究Ⅰ原系统的监测及分析［J］．草业学报，1995，4（3）：36-54．

［207］靖德兵，李培军，寇振武，等．木本饲用植物资源的开发及生产应用研究［J］．草业学报，2003，12（2）：7-13．

［208］旷远文，温达志，闫俊华，等．贵州普定喀斯特森林3种优势树种叶片元素含量特征［J］．应用与环境生物学报，2010，16（2）：158-163．

［209］李本银，汪金舫，赵世杰，等．施肥对退化草地土壤肥力，牧草群落结构及生物量的影响［J］．中国草地，2004，26（1）：14-17．

［210］李昌林，陈默君．灌木类饲用植物研究动态［J］．黑龙江畜牧兽医，

1995（6）：18-21.

[211] 李锋瑞，Elgersma A. 气候因子和非气候因子对白三叶草叶片生长的影响［J］. 植物生态学报，1998，22（1）：8-22.

[212] 李富祥. 威宁县喀斯特草地生态畜牧业发展现状与对策［J］. 现代农业科技，2011，2：380-381.

[213] 李辉霞，王青，陈国阶. 高原牛粪：理想与生存的实证［J］. 生态经济，2003（8）：29-31.

[214] 李佳琪，赵敏，魏斌，等. 蘑菇圈形成对高寒草甸群落植被结构及稳定性的作用［J］. 草业学报，2018，27（4）：1-9.

[215] 李剑杨，刘丽，李政海，等. 呼伦贝尔草原根系分布特征及其与植物功能类群及草原退化的关系［J］. 中国草地学报，2016，38（4）：55-62.

[216] 李莉，王元素，王堃. 喀斯特地区永久性禾草+白三叶混播草地群落种间竞争与共存［J］. 草业科学，2014，31（10）：1943-1950.

[217] 李连友，杨效民，李军，等. 柠条的饲用价值及喂奶牛试验研究［J］. 中国乳业，2002（8）：31-34.

[218] 李梦瑶. 退化禾草/白三叶草地敏感草土指标及演变特征研究［D］. 兰州：兰州大学，2021.

[219] 李西良，侯向阳，吴新宏，等. 草甸草原羊草茎叶功能性状对长期过度放牧的可塑性响应［J］. 植物生态学报，2014，38（5）：440-451.

[220] 李馨，熊康宁，龚进宏，等. 人工草地在喀斯特石漠化治理中的作用及其研究现状［J］. 草业学报，2011，20（6）：279-286.

[221] 李向林，白静仁，张坚中. 波尔山羊杂交优势利用与南方灌丛草地开发［J］. 草业科学，1998，15（4）：37-40.

[222] 李有涵，唐然，解新明. 华南象草分株构件生长及其生物量分配的相关性［J］. 生态学杂志，2011，30（9）：1875-1880.

[223] 李玉平，龚宁，慕小倩，等. 菊科植物资源及其开发利用研究［J］. 西北农林科技大学学报（自然科学版），2003，31：150-155.

［224］梁成钦，苏小建，周先丽，等. 茅莓化学成分研究［J］. 中药材，2011，34（1）：64-66.

［225］梁天刚，蒋文兰，樊晓东. 北大营示范场黑麦草引种与品比试验研究［J］. 草业学报，2001，10（4）：77-84.

［226］梁小燕. 金丝桃属植物的研究进展［J］. 广西植物，1998，18（3）：65-71.

［227］梁燕，韩国栋，周禾，等. 羊草草原退化程度判定的植物群落学指标［J］. 草地学报，2006（4）：343-348.

［228］刘慧紧. 轮作改良下禾草/白三叶草地植被特征及生产效益［D］. 兰州：兰州大学，2019.

［229］刘金祥，周道玮，王德利. 羊草草原放牧动物选择性采食研究［J］. 草业学报，2004，13（2）：101-104.

［230］刘明生，李铣，朱廷儒. 悬钩子属植物化学成分的研究概况［J］. 沈阳药学院学报，1994，11（1）：68-72.

［231］刘楠，张英俊. 放牧对典型草原土壤有机碳及全氮的影响［J］. 草业科学，2010，27（4）：151-154.

［232］刘晓媛. 放牧方式对草地植被多样性与稳定性关系的影响［D］. 长春：东北师范大学，2013.

［233］刘新民，陈海燕，峥嵘，等. 内蒙古典型草原羊粪和牛粪的分解特征［J］. 应用与环境生物学报，2011，17（6）：791-796.

［234］刘学敏，罗久富，陈德朝，等. 若尔盖高原不同退化程度草地植物种群生态位特征［J］. 浙江农林大学学报，2019，36（2）：289-297.

［235］刘一兵. 贯叶金丝桃研究进展：原植物、采收、制剂和化学成分［J］. 国外医药（植物药分册），1998，13（3）：99-104.

［236］刘壮，刘国道，高玲，等. 山蚂蝗属13种热带绿肥植物营养元素含量及品质评价［J］. 中国农学通报，2009，4：145-148.

［237］卢德勋. 乳牛营养工程技术及其应用［J］. 内蒙古畜牧科学，2003，（1）：5-12.

[238] 卢德勋. 乳牛营养技术精要. 2001年动物营养学术研讨会论文集 [C]. 呼和浩特：内蒙古畜牧科学，2001.

[239] 鲁如坤. 土壤农业化学分析方法 [M]. 北京：中国农业科学技术出版社，2000.

[240] 陆江海，赵玉英，乔梁，等. 醉鱼草化学成分研究 [J]. 中国中药杂志，2001，26（1）：42-44.

[241] 罗天琼，莫本田，王小利，等. 豆科饲用灌木多花木蓝803在贵州喀斯特山区的生产表现 [J]. 草业科学，2016，33（2）：259-267.

[242] 罗京焰. 贵州草地畜牧业国际标准化人工草地围栏分区轮牧技术 [J]. 贵州农业科学，2006，34（3）：60-62.

[243] 吕桂芬，吴永胜，李浩，等. 荒漠草原不同退化阶段土壤微生物、土壤养分及酶活性的研究 [J]. 中国沙漠，2010，30（1）：104-109.

[244] 吕洪飞，初庆刚，胡正海. 金丝桃属植物的化学成分研究进展 [J]. 中草药，2002，33（12）：82-85.

[245] 马进. 我国饲草饲料资源开发及其利用前景 [J]. 四川草原，2000，(1)：17-21.

[246] 马彦军，曹致中，李毅胡. 胡枝子属植物研究进展 [J]. 草业科学，2010，27（10）：128-134.

[247] 马燕丹，郑秋竹，张勇，等. 滇西北退化高寒草甸植物群落结构对刈割的响应 [J]. 生态学报，2022，42（19）：8073-8081.

[248] 马玉寿，董全民，施建军，等. 三江源区"黑土滩"退化草地的分类分级及治理模式 [J]. 青海畜牧兽医杂志，2008（3）：1-3.

[249] 孟祥娟，刘斌，热增才旦，等. 悬钩子属植物化学成分及药理活性研究进展 [J]. 天然产物研究与开发，2011，23（4）：767-775，788.

[250] 宁晨. 喀斯特地区灌木林生态系统养分和碳储量研究 [D]. 长沙：中南林业科技大学，2013.

[251] 裴彩霞. 不同收获期和干燥方法对牧草WSC等营养成分的影响

[D]. 晋中：山西农业大学，2001.

[252] 裴世芳. 放牧和围封对阿拉善荒漠草地土壤和植被的影响 [D]. 兰州：兰州大学，2007.

[253] 彭永欣，郭文善，居春霞，等. 氮肥对小麦籽粒营养品质的调节效应 [J]. 江苏农业科学，1987（2）：9-11.

[254] 任继周，蒋文兰. 贵州山区人工草地退化原因及更新方法研究 [J]. 中国草业科学，1987，4（7）：13-17.

[255] 任继周. 草业科学研究方法 [M]. 北京：中国农业出版社，1998：45-56.

[256] 任文福. 红原县不同类型草地牧草的矿质成分含量及其季节变化趋势 [M]. 成都：四川民族出版社，1984，49-52.

[257] 史亚博. 放牧对典型草原群落地下生物量及植物个体根系功能性状的影响 [D]. 呼和浩特：内蒙古大学，2016.

[258] 宋新章，江洪，马元丹，等. 中国东部气候带凋落物分解特征——气候和基质质量的综合影响 [J]. 生态学报，2008，29（10）：5219-5226.

[259] 宋馨，祝建，吕洪飞. 金丝桃属植物研究进展 [J]. 西北植物学报，2005，25（4）：844-849.

[260] 苏大学. 中国南方草地的开发及生产潜力分析 [J]. 国外畜牧学——草原与牧草，1998，（3）：15-19.

[261] 孙红，于应文，马向丽，等. 畜粪沉积对贵州高原黑麦草+白三叶草地养分和植被构成的影响 [J]. 草业科学，2014，31（3）：488-498.

[262] 孙红，于应文，马向丽，等. 贵州威宁喀斯特山区野生饲用植物资源构成分析 [J]. 草业科学，2013，30（7）：1044-1051.

[263] 孙红，于应文，马向丽，等. 黔西北岩溶区九种灌木综合营养价值评价 [J]. 草业学报，2014，23（5）：99-106.

[264] 孙红. 贵州高原禾草+白三叶草地养分及植被异质性形成研究 [D]. 兰州：兰州大学，2014.

[265] 沈振西，陈佐忠，周兴民，等．高施氮量对高寒矮嵩草甸主要类群和多样性及质量的影响［J］．草地学报，2002，10（1）：7-17.

[266] 覃林．统计生态学［M］．北京：中国林业出版社，2009.

[267] 唐一国，龙瑞军，李季蓉．云南省草地饲用灌木资源及其开发利用［J］．四川草原，2003（3）：39-42.

[268] 田冠平，朱志红，李英年．刈割、施肥和浇水对垂穗披碱草补偿生长的影响［J］．生态学杂志，2010，29（5）：869-875.

[269] 万里强，李向林，白静仁．放牧和施肥对亚热带山区人工草地质量的影响（简报）［J］．草地学报，2000，8（2）：151-154.

[270] 万里强，李向林，苏加楷，等．三峡地区灌丛草地放牧山羊日粮组成及其喜食性［J］．草地学报，2000，8（3）：86-192.

[271] 万里强．长江三峡地区灌丛草地山羊放牧利用研究［D］．北京：中国农业科学院，2001.

[272] 王宝珍，解红霞．悬钩子属植物化学成分和药理作用研究新进展［J］．中南药学，2014，12（5）：466-469，487.

[273] 王彩华，宋连天．模糊论方法学［M］．北京：中国建筑出版社，1988.

[274] 王代军，黄文惠，苏加楷．多年生黑麦草和白三叶人工草地生物量动态研究［J］．草地学报，1995，2.

[275] 王栋，任继周，等．牧草学各论（新一版）［M］．南京：江苏人民出版社，1989.

[276] 王刚，蒋文兰．人工草地群落组成与土壤中速效氮磷的关系［J］．草地学报，1995，3（1）：42-48.

[277] 王刚，蒋文兰．人工草地种群生态学研究［M］．兰州：甘肃科学技术出版社，1998.

[278] 王合云，郭建英，李红丽，等．短花针茅荒漠草原不同退化程度的植被特征［J］．中国草地学报，2015，37（3）：74-79.

[279] 王立新，刘华民，吴璇，等．基于活力和恢复力的典型草原健康评价和群落退化分级研究［J］．环境污染与防治，2010，32（12）：

9-13.

[280] 王明莹. 呼伦贝尔天然草地野生菊科牧草资源及资源评价 [J]. 东北农业大学学报, 2011, 42 (4): 116-124.

[281] 王平. 半干旱地区豆—禾混播草地生产力及种间关系研究 [D]. 长春: 东北师范大学, 2006.

[282] 王钦. 川西北高原放牧草地植物群落数量特征及退化分类评价指标体系研究 [D]. 雅安: 四川农业大学, 2005.

[283] 王炜, 梁存柱, 刘钟龄, 等. 草原群落退化与恢复演替中的植物个体行为分析 [J]. 植物生态学报, 2000 (3): 268-274.

[284] 王文, 胡廷花, 刘慧紧, 等. 放牧牛羊对云贵地区禾草/白三叶草地群落稳定性的影响 [J]. 草业科学, 2020, 37 (3): 542-549.

[285] 王文, 李锦锋. 云南省种羊繁育推广中心人工草地中东非狼尾草的生态作用 [A]. 北京: 中国畜牧业协会. 第三届 (2014) 中国草业大会论文集 [C]. 北京: 中国畜牧业协会: 2014, 4.

[286] 王文, 刘国友, 于应文, 等. 放牧利用下气候因子和奶牛排泄物施肥对混播草地牧草生长的影响 [J]. 草原与草坪, 2007, 121 (2): 22-27.

[287] 王文, 苗建勋, 常生华, 等. 刈割对混播草地种群生长与产量关系及种间竞争特性的影响 [J]. 草业科学, 2003, 20 (9): 20-23.

[288] 王喜艳. 土壤酸化的原因及治理措施 [J]. 江西农业, 2018 (8): 51.

[289] 王艳萍. 沙图仕特性及可可西里牧草——土壤中主要养分含量的研究 [D]. 兰州, 甘肃农业大学, 2005.

[290] 王玉辉, 何兴元, 周广胜. 放牧强度对羊草草原的影响 [J]. 草地学报, 2002, 10 (1): 45-49.

[291] 王玉娟, 杨胜天, 温志群, 等. 贵州典型喀斯特灌丛草坡类型区土壤水分及其影响因子研究 [J]. 北京师范大学学报, 2008, 44 (5): 529-532.

[292] 王玉琴, 尹亚丽, 李世雄. 不同退化程度高寒草甸土壤理化性质及

酶活性分析［J］. 生态环境学报，2019，28（6）：1108-1116.

［293］王元素，洪绂曾，蒋文兰，等. 喀斯特地区红三叶混播草地群落对长期适度放牧的响应［J］. 生态环境学报，2007，16（1）：117-124.

［294］王元素，蒋文兰，洪绂曾，等. 白三叶与不同禾草混播群落17年稳定性比较研究［J］. 草业学报，2006（3）：55-62.

［295］王元素，王文，徐震. 人工草地绵羊系统母羊繁殖性能和羔羊育肥试验［J］. 草业科学，2003，（4）：20-22.

［296］王元素. 云贵高原山区混播草地初级生产力和群落时间稳定性研究［D］. 兰州，甘肃农业大学，2004.

［297］王智慧，张朝晖. 贵州云台山喀斯特森林生态系统苔藓植物群落生物量研究［J］. 贵州师范大学学报（自然科学版），2010，28（4）：88-91.

［298］王鹤龄，牛俊义，郑华平，等. 玛曲高寒沙化草地生态位特征及其施肥改良研究［J］. 草业学报，2008，17（6）：18-24.

［299］魏媛，喻理飞，张金池，等. 退化喀斯特植被恢复过程中土壤生态肥力质量评价——以贵州花江喀斯特峡谷地区为例［J］. 中国岩溶，2009，28（1）：61-67.

［300］魏忠宝，孙佳明，李朋飞，等. 山楂叶悬钩子根抗氧化活性成分研究［J］. 中国中药杂志，2012，37（23）：3591-3594.

［301］汪依妮，刘洪来，张明均，等. 贵州岩溶山区人工草地群落特征和生产性能对不同氮磷施肥组合的响应［J］. 江苏农业科学，2018，46（11）：228-233.

［302］文亦芾，曹国军，张英俊，等. 云南主要豆科饲用灌木营养成分含量的研究［J］. 草原与草坪，2009（1）：51-54.

［303］文亦芾，蒋文兰，冉繁军. 改良云贵高原退化红壤人工草地的施肥效应研究［J］. 草原与草坪，2001，（2）：46-48.

［304］文勇立，李辉，李学伟. 川西北草原土壤及冷暖季牧草微量元素含量比较［J］. 生态学报，2007，27（7）：2837-2846.

[305] 吴艳玲, 吕世杰, 刘红梅, 等. 不同放牧强度对短花针茅草原植物种群种间关系的影响 [J]. 生态科学, 2016, 35 (6): 34-40.

[306] 夏景新, 樊奋成, 王培. 刈牧对禾草草地的再生和生产力影响的研究进展 [J]. 草地学报, 1994, 2 (1): 45-55.

[307] 夏景新. 放牧生态学与牧场管理 [J]. 中国草地, 1993, 4: 64-70.

[308] 夏亦荠, 苏加楷, 熊德邵. 二色胡枝子和达乌里胡枝子若干生物学特性和营养成分的分析 [J]. 草业科学, 1990, 7 (1): 9-14.

[309] 向艳辉. 万峰山自然保护区灌木林特点及保护开发意见 [J]. 林业调查规划, 2004, 29 (2): 57-60.

[310] 肖志勇, 穆青. 金丝桃属植物化学成分研究进展 [J]. 天然产物研究与开发, 2007, 19: 344-355.

[311] 谢双红. 北方牧区草畜平衡与草原管理研究 [D]. 北京: 中国农业科学院, 2005.

[312] 辛晓平, 王宗礼, 杨桂霞, 等. 南方山地人工草地群落结构组建及其与环境因子的关系 [J]. 应用生态学报, 2004, 15 (6): 963-968.

[313] 徐满厚, 刘敏, 翟大彤, 等. 植物种间联结研究内容与方法评述 [J]. 生态学报, 2016, 36 (24): 8224-8233.

[314] 徐译荣. 多年生豆科牧草—截叶胡枝子 [J]. 国外畜牧学: 草原与牧草, 1987 (3): 46-52.

[315] 徐震, 于应文, 常生华. 放牧强度对黑麦草/白三叶混播草地种群牧草量构成与年生产力的影响 [J]. 草业学报, 2003, 12 (5): 31-37.

[316] 徐治国, 袁干军, 杜方麓. 蔷薇属植物的化学成分研究概况 [J]. 湖南中医药导报, 2003, 9 (5): 62-63.

[317] 徐明岗, 张久权, 文石林. 南方红壤丘陵区人工草地的合理施肥 [J]. 中国草地, 1998, (1): 62-66.

[318] 徐鑫磊, 宋彦涛, 赵京东, 等. 施肥和刈割对呼伦贝尔草甸草原牧草品质的影响及其与植物多样性的关系 [J]. 草业学报, 2021, 30

(7): 1-10.

[319] 宣文婷. 长期刈牧下禾草+白三叶草地植被和土壤特征研究 [D]. 兰州: 兰州大学, 2022.

[320] 杨犇, 陶靓, 李冲. 醉鱼草属植物化学成分及药理作用研究新进展 [J]. 中国中医药现代远程教育, 2009, 7 (10): 14.

[321] 杨定国. 川西北草原土壤微量元素的供给能力 [J]. 山地研究, 1989, 7 (3): 190-198.

[322] 杨凤. 动物营养学 [M]. 2版. 北京: 中国农业出版社, 2001.

[323] 杨荣和, 范贤熙. 贵州喀斯特木本观赏植物资源研究 [J]. 种子, 2010, 29 (9): 62-67.

[324] 杨胜. 饲料分析及饲料质量检测技术 [M]. 北京, 中国农业大学出版社, 1999.

[325] 杨新强, 陈效民, 李孝良, 等. 西南喀斯特地区不同石漠化阶段土壤黏土矿物组成及其含量变异研究 [J]. 地球科学与环境学报, 2011, 33 (4): 416-420.

[326] 杨允菲, 傅林谦, 朱琳. 亚热带中山黑麦草与白三叶混播草地种群数量消长及相互作用的分析 [J]. 草地学报, 1995, 3 (2): 103-111.

[327] 杨允菲, 傅林谦. 亚热带中山人工草地鸭茅种群及其分蘖丛数量性状的相关性分析 [J]. 草业学报, 1996, 5 (4): 18-22.

[328] 杨泽新, 蔡维湘, 吴建. 灌丛草地饲养山羊研究 [J]. 西南农业学报, 1994, 7 (1): 87-96.

[329] 杨泽新, 蔡维湘. 贵州灌丛草地几种常见灌木和草本类牧草营养成分含量变化规律研究 [J]. 中国草地, 1994, (4): 54-58.

[330] 杨振海. 加快喀斯特地区草地建设步伐实现草食畜牧业发展和石漠化治理双赢 [J]. 草业科学, 2008, 25 (9): 59-63.

[331] 姚爱兴, 李平, 王培, 等. 不同放牧制度下奶牛对多年生黑麦草—白三叶草地土壤特性的影响 [J]. 草地学报, 1996, 2 (4): 95-102.

[332] 于应文, 蒋文兰, 冉繁军, 等. 混播草地不同种群再生性的研究 [J]. 应用生态学报, 2002, 17 (8): 930-934.

[333] 于应文, 蒋文兰, 徐震, 等. 刈割对多年生黑麦草分蘖与叶片生长动态及生产力的影响 [J]. 西北植物学报, 2002, 22 (4): 900-906.

[334] 于应文, 梁天刚, 陈家宽. 温度、降水和日照时数对不同种群生长特性的影响及其种群消长特点 [J]. 应用与环境生物学报, 2003, 11 (5): 474-478.

[335] 于应文, 南志标, 侯扶江. 羊尿对典型草原不同生活型草地植物生长特性的影响 [J]. 生态学报, 2008, 28 (5): 2022-2030.

[336] 于应文, 南志标. 畜尿排泄特征及其对草地植被和家畜选择采食的作用 [J]. 生态学报, 2008 (2): 777-785.

[337] 于应文, 徐震, 苗建勋, 等. 混播草地中多年生黑麦草与白三叶的生长特性及其共存表现 [J]. 草业学报, 2002, 11 (3): 34-39.

[338] 于应文, 滩羊尿对陇东黄土高原草地植物生长和群落结构的影响 [D]. 兰州, 兰州大学, 2005.

[339] 袁福锦, 吴文荣, 金显栋, 等. 5个草地型草地牧草的生长速率和养分动态研究 [J]. 四川草原, 2005 (3): 24-27.

[340] 袁福锦, 吴文荣, 钟声, 等. 昆明小哨示范牧场草地植物资源调查及利用研究 [J]. 中国草食动物科学, 2013, 33 (01): 29-33.

[341] 云南省畜牧局. 云南野生饲用植物 [M]. 昆明: 云南科技出版社, 1989.

[342] 云南省畜牧局. 云南草地资源 [M]. 贵阳: 贵州人民出版社, 1989.

[343] 云南省畜牧局. 云南省常见草地植物 [M]. 昆明: 云南科技出版社, 1991.

[344] 张虎翼, 潘竞先, 陈雅妍. 醉鱼草属植物化学成分及生物活性研究进展 [J]. 国外医药·植物药分册, 1995, 10 (5): 195-200.

[345] 张建波, 李向林. 黑麦草—白三叶人工草地退化趋势研究生 [J].

安徽农业科学,2009,37(6):2444-2445.

[346] 张建贵,王理德,姚拓,等.祁连山高寒草地不同退化程度植物群落结构与物种多样性研究[J].草业学报,2019,28(5):15-25.

[347] 张健,殷志琦,叶文才,等.金丝桃属植物药理作用研究进展[J].中国医学生物技术应用,2003(2):14-17.

[348] 张金屯.数量生态学[M].北京:科学出版社,2004.

[349] 张明均,文克俭,熊先勤.天然草地改良技术研究[J].农技服务,2011,28(8):1227-1227.

[350] 张萍,章广琦,赵一娉,等.黄土丘陵区不同森林类型叶片-凋落物-土壤生态化学计量特征[J].生态学报,2018,38(14):5087-5098.

[351] 张茜,赵成章,董小刚,等.高寒退化草地不同海拔狼毒种群花大小与叶大小、叶数量的关系[J].生态学杂志,2015,34(1):40-46.

[352] 张仁平,于磊线.线叶野豌豆研究利用概况[J].牧草与饲料,2008,2(1):27-28.

[353] 张荣华.鸭茅对不同利用方式的生理生态响应研究[D].乌鲁木齐:新疆农业大学,2010.

[354] 张蕊,曹静娟,郭瑞英,等.祁连山北坡亚高山草地退耕还林草混合植被对土壤碳氮磷的影响[J].生态环境学报,2014,23(6):938-944.

[355] 张英俊.绵羊宿营法清除天然草地灌木无毛丑柳的效果与机理研究[D].兰州:甘肃农业大学,1999.

[356] 赵彦光,洪琼花,谢萍,等.云贵高原石漠化地区人工草场营养价值评价研究[J].草业学报,2012,21(1):1-9.

[357] 赵一军.不同利用年限禾草/白三叶草地植被和土壤演变特征研究[D].兰州:兰州大学,2021.

[358] 郑伟,朱进忠,加娜尔古丽.不同混播方式豆禾混播草地生产性能的综合评价[J].草业学报,2012,21(6):242-251.

[359] 中国数字植物标本馆.贵州植物志[M].http://v2.cvh.org.cn/difangzhi/guizhou/.

[360] 中国饲用植物志编辑委员会. 中国饲用植物志 [M]: 第三卷. 北京: 农业出版社, 1995.

[361] 中华人民共和国农业部畜牧兽医司. 中国草地资源 [M]. 北京: 中国科学技术出版社, 1996.

[362] 周姗姗, 孙红, 廖加法, 等. 放牧对黑麦草+白三叶混播草地植被构成的作用 [J]. 草业科学, 2012, 29 (5): 814-820.

[363] 周国英, 陈桂琛, 赵以莲, 等. 施肥和围栏封育对青海湖地区高寒草原影响的比较研究 Ⅱ 地上生物量季节动态 [J]. 草业科学, 2005, 22 (1): 59-63.

[364] 朱邦长. 贵州高产饲用植物的栽培与利用 [M]. 贵阳: 贵州科技出版社, 2008.

[365] 朱琳, 黄文惠, 苏加楷, 等. 不同放牧强度对多年生黑麦草—白三叶草地群体密度的影响 [J]. 草地学报, 1995, 3 (3).

[366] 朱珊, 刘岱琳. 蔷薇属植物中的化学成分和药理作用研究概况 [J]. 天津药学, 2010, 22 (4): 49-54.

[367] 字学娟, 李茂, 周汉林, 等. 4种热带灌木饲用价值研究 [J]. 西南农业学报, 2011, 24 (4): 1450-1454.